川と海

流域圏の科学

宇野木早苗＋山本民次＋清野聡子［編］

築地書館

序

　川が注ぐ海はそうではない海に比べて、水の色、水質、流れや海洋構造が異なるだけでなく、生物の種類と数が多く、漁業もさかんである。なぜなら、川は水と砂と栄養を海に運び、海岸と生態系を涵養するからだ。川がつくり出す干潟や浅瀬は、海の生きものの産卵や稚魚の育成場所となり、またアサリなどの有用な水産資源の宝庫である。このように豊かな沿岸の海をつくり出した川は、やがて沿岸を離れた外海にも少なからず影響を及ぼすようになる。このように、川は海の環境形成と海洋生産にとってきわめて重要な存在であり、限りない自然の恵みを生み出す源泉となるものである。

　したがって川の上流、中流、下流を問わず、ダムや河口堰の建設、河川改修、河床からの採砂など、各種の河川事業によって水や砂の流れが分断されたり、止められたとき、海の環境が悪化し、生物が減少し、漁業が衰退する。そこで漁民はダム当局に抗議を行なうが、海を遠く離れた上流のダムが海に影響を与えるはずがない、あるというのであればその証拠を示せといって、当局に一蹴されてきた。だが漁民自身がデータを集めて、明らかな証拠を示すのはきわめて困難なことである。

　このようなことが行なわれるのは、川と海の関係についてのわれわれの理解がはなはだ乏しく、被害発生の実態と機構を把握できていないためである。そうなったのにはいろいろな理由が存在する。基本的には、川と海が行政的にもまた学問的にも別々に扱われてきたためである。現在は国土交通省ひとつになったが、川は建設省、海は運輸省とわかれていて、さらに水産庁も加わって、統一された管理と調査がなされてこなかった。また自然科学や工学の学問分野においても、一部を除けば、川と海が独立して研究されることが多く、相互理解と交流が少なかった。そのために研究は遅れ、海域における地形、水質、底質、生物、さらに漁獲などの変化に対して河川事業が与える影響を、活発な沿岸開発が与える影響と分離して明らかにすることが困難であった。

　さらに川が海に与える影響は、川の中の現象と比べて、一般に時間的にも空間的にもスケールが大きく、広域的かつ長期的な観測と調査が必要であり、データ取得は容易でない。この結果、影響が海に現われるには時間を要するので、影響が現われたころには時すでに遅く、手遅れの状態になっていることが少なくないのである。この付近の実情は、編者の一人宇野木の著書『河川事業は海をどう変えたか』に述べてある。

　しかし最近ではこのような実態を憂慮して、川と海を含む流域圏全体を総合的にとらえて理解し、管理しなければならないという気運が高まってきた。すなわち地球表

面における水の動きと働きを、川と海を水系一体として考えようとするものである。そのためには、川と海との関係について現在われわれが科学的にどの程度理解しているかを明確にしておく必要がある。これによって、欠けているものがわかり、今後研究すべき方向も定まり、さらに海の保全を考慮した川の管理はどうあるべきかということも見えてくるはずである。

　本書は、このような期待に多少とも応えることを望んで科学の視点から編まれたものである。第Ⅰ部は総論として、川が海の地形、物理環境、水質、生物、漁業などに与える影響を概観する。第Ⅱ部においては、海の環境が河川の改変事業によってどのように変化するかを考察する。そして第Ⅲ部においては、いくつかの海域を選び、川と海の関係が具体的にどのような状況にあるかを調べる。それらの海域の選択にあたっては、データが比較的そろっていて地域の特徴が理解しやすいことを考慮した。すなわち、社会的に人の活動と関係が深い内湾の中から、東京湾、伊勢湾・三河湾、大阪湾、広島湾、有明海・八代海の5つの海域を選んだ。また外海に面する沿岸の代表としては相模灘を、日本周辺の海からは東シナ海・黄海、日本海、オホーツク海の縁海を取り上げた。最後の三縁海の例から、川の影響は陸近くの沿岸だけではなく、陸から遠い外海にまで及んでいることを理解していただきたいと思っている。そしてこれら海域と多少事情を異にするものとして、少雨乾燥地帯の地中海と、熱帯・亜熱帯のマングローブ水域を対象に取り上げた。最後に第Ⅳ部においては、以上に述べた川と海の関係を把握して、海への影響を考慮した河川管理はどうあるべきかについて考察する。

　このような目標をもって編集を行ない、これまでに欠けていたこの種の本が初めて世に出ることになった。本書が、この分野に関心のある人たちに新しい視点を与えるとともに、研究の発展に多少とも貢献し、また海を考慮した河川管理のあり方を考えるいとぐちになれば真に幸いであると思う。ただし、すでに述べたようにこの問題に関する従来の研究の乏しさのために、不足したところも少なくなく、不備な部分も見受けられる。また各章の記述内容も必ずしも統一されたものでなかった。これも利用できる情報の質と量に依存するものであって、われわれが置かれた状況を反映するものと考えられる。今後の研究の発展を待ちたい。

　最後に、これまで取り扱われることが乏しかった厄介な話題について、快く原稿の執筆を引き受けてくださり、編集者の面倒な注文にもよく応えて充実した原稿を書いていただいた各著者に深く感謝するしだいである。また図表の掲載については、各担当著者を通じて許可を得ているが、ご了解をいただいた方々に厚くお礼を申し上げる。さらに、編集作業に熱心に協力をしていただき、無事この本を生み出してくださった築地書館の橋本ひとみさんにも感謝しなければならない。

宇野木早苗・山本民次・清野聡子

目 次

序　3

第Ⅰ部　総論

第1章　地球表面における水の循環 …………………宇野木早苗　12
　　1.1　地球上の水の存在量と循環量　12
　　1.2　大気—海洋—河川による淡水の南北輸送　16
　　1.3　地球上の水問題と川　17

第2章　川が海の物理環境に与える影響 …………………宇野木早苗　19
　　2.1　河川流と海洋波動の相互作用　19
　　2.2　川と海の接触域における海水の循環と混合　23
　　2.3　川と海の接触域における堆積環境　25
　　2.4　河川水の海への流出　27
　　2.5　河川水と海洋構造の季節変化　29
　　2.6　エスチュアリー循環　30
　　2.7　外海へ広がる河川水　34

第3章　川が沿岸の地形と底質に与える影響 …………………宇多高明　36
　　3.1　はじめに　36
　　3.2　相模川河口に見る河口地形の長期的変化　37
　　3.3　河口砂州の短期的変化の機構　42
　　3.4　まとめ　43

第4章　森林・集水域が海に与える影響 …………………佐々木克之　45
　　4.1　森・川と漁場　45
　　4.2　森と川の関係　45
　　4.3　集水域と海の関係　51
　　4.4　森と海の関係　54
　　4.5　森・川・海のシステムの理解と維持　56

第5章　川が海の水質と生態系に与える影響……………山本民次　58

　5.1　川が海の水質と生態系に与える直接的影響　58
　5.2　川が海の水質と生態系に与える間接的影響　63
　5.3　エスチュアリーにおける生物生産　67
　5.4　洪水が海の水質と生態系に与える影響　68

第6章　川が海の生きものと漁業に与える影響……………佐々木克之　70

　6.1　栄養供給　70
　6.2　河口・汽水域生態系　74
　6.3　土砂供給　75
　6.4　海と川を行き来する魚類　76
　6.5　河川環境の変化が海の生きものと漁業に与える影響　82

第Ⅱ部　河川改変が海に与える影響

第7章　河川改変が海の物理環境に与える影響……………宇野木早苗　86

　7.1　河川改変による海域の物理環境の変化　86
　7.2　諫早長大河口堰の影響　88

第8章　河川改変が沿岸の地形と底質に与える影響………宇多高明　92

　8.1　まえがき　92
　8.2　遠州灘海岸の汀線変化　93
　8.3　天竜川河口部の地形変化と天竜川水系の主要ダム堆砂量および砂利採取量　96
　8.4　浜松五島海岸と中田島海岸の地形変化　99
　8.5　海岸への供給土砂量の減少がもたらす底質の変化　103
　8.6　まとめ　104

第9章　河川改変が海の水質と生態系に与える影響………山本民次　106

　9.1　さまざまな河川改変　106
　9.2　ダム湖内で起こること　107
　9.3　海の水質と生態系に与える影響　110

第10章　河川改変が海の生きものと漁業に与える影響…佐々木克之　120

　10.1　ダムによる水質悪化　120
　10.2　河口堰による水底質悪化と漁業被害　121

- 10.3 ダムと川砂採取による土砂供給の減少　123
- 10.4 ダムなどの河川改変が川と海を行き来する魚類に与える影響　125
- 10.5 今後の方向　129

第Ⅲ部　各海域における川と海の関係、現状と課題

第11章　東京湾とその流入河川 ……………………佐々木克之・風間真理　132
- 11.1 東京湾に流入する河川　132
- 11.2 東京湾における負荷量　138
- 11.3 東京湾の水質の推移　140
- 11.4 東京湾における生物と漁業の推移　142
- 11.5 東京湾再生の取り組み――東京湾再生推進会議　143
- 11.6 考察――流入河川の負荷と東京湾環境の関係　144

第12章　伊勢湾・三河湾とその流入河川 ……………………宇野木早苗　150
- 12.1 地形、流入河川、および伊勢湾と三河湾の関係　150
- 12.2 伊勢湾の海洋環境に及ぼす河川の影響　154
- 12.3 三河湾の海洋環境に及ぼす河川の影響　158

第13章　大阪湾とその流入河川 ……………………藤原建紀　164
- 13.1 はじめに　164
- 13.2 河がつくった内湾　164
- 13.3 内湾のエスチュアリー循環流と河川水の広がり　168
- 13.4 秋から冬の河川水の広がり　170
- 13.5 河川プルームの広がり　171
- 13.6 西宮沖環流のエネルギー　172
- 13.7 河川流量と貧酸素化　172
- 13.8 河川流量の短期的および長期的変動と海況変動　173

第14章　広島湾とその流入河川 ……………………山本民次　176
- 14.1 広島湾に注ぐ流入河川　176
- 14.2 淡水流入と広島湾の海水交換　179
- 14.3 河川負荷とカキ養殖　180
- 14.4 生態系代謝量の長期変化　184
- 14.5 環境収容力――一次生産をコントロールしてカキ生産量を維持　186

第15章 有明海・八代海とその流入河川　　　　　　　　佐々木克之　190

15.1 筑後川　190
15.2 緑川　193
15.3 本明川　194
15.4 球磨川　196
15.5 おわりに　198

第16章 相模灘とその流入河川　　　　　　　　　　　　岩田静夫　200

16.1 相模湾の特徴　200
16.2 相模湾の表層水の特徴　203
16.3 相模川・酒匂川からの取水　204
16.4 下水処理水の放流量と汚濁負荷量　205
16.5 河川水・下水処理水と海洋環境・生物相の変化とのかかわり　207
16.6 海岸侵食　208
16.7 今後の課題　208

第17章 東シナ海・黄海とその流入河川　　　　　　　　磯辺篤彦　211

17.1 東シナ海・黄海と長江　211
17.2 海洋観測から求めた長江河川水の行方　213
17.3 コンピュータによる長江河川水のシミュレーション　215
17.4 長江は海にどう影響するか　219

第18章 日本海とその流入河川　　　　　　　　　　　　藤原建紀　222

18.1 対馬暖流と中国大陸の河川水　222
18.2 日本海側の河川　225
18.3 河川水の広がり　225
18.4 河川水が沿岸海域の水質に及ぼす影響　228

第19章 オホーツク海とその流入河川　　　　　　　　　青田昌秋　234

19.1 はじめに　234
19.2 オホーツク海が海氷の南限である謎　234
19.3 海氷の生みの親・アムール川　238
19.4 オホーツク海対北極海　239
19.5 海を育てる森　239
19.6 氷海における栄養塩のリサイクル　240

19.7 海氷はプランクトンの棲み家、運び屋　240
19.8 おわりに──地球村の鎮守の森　243

第20章　地中海とその流入河川 ················· 小松輝久　245

20.1 地中海に流入する河川　245
20.2 ナイル川　247
20.3 ポー川　252
20.4 ローヌ川　254
20.5 まとめ　256

第21章　マングローブ林と河川と海 ················· 松田義弘　258

21.1 熱帯・亜熱帯の河口域　258
21.2 マングローブ環境の概要　259
21.3 河川を仲立ちとした遠隔作用による海岸侵食　262
21.4 隣接水域の相互依存性　263
21.5 干潟環境の維持と有効利用のための課題　265

第Ⅳ部　海と河川管理

第22章　海域を考慮した河川の管理 ················· 山本民次・清野聡子　270

22.1 はじめに　270
22.2 日本社会における「海のための水」　271
22.3 環境用水としての「海のための水」　272
22.4 海域生態系の保全を意識したダムの運営と管理　274
22.5 まとめ　278

用語解説　281
索引　290

第Ⅰ部
総論

第1章 地球表面における水の循環

宇野木早苗

　陸と海を貫く川の水系は、地球表面における水の循環、および生命体を含めた物質循環の中で重要な位置を占め、地球上に生存するわれわれ人類を含む多くの生命にとって、なくてはならない存在になっている。本書においては、川を通って輸送される水、土砂、栄養物質などが、海の環境形成に果たす機能が後の章で考察されるが、本章ではあらかじめ河川水系が地球上の水循環においてどのような位置を占めているかの概略を述べておく。かつて水循環の問題は、おもに水文学の範囲で議論されていたが、地球の気候変動に関連して、地球表層環境の形成と維持、変動メカニズムを理解するうえでも重要であり、近年注目をあびている。

1.1　地球上の水の存在量と循環量

　地球表面における水の存在量と循環量の推定には不確定要素が多く、研究者によって数値的にはかなりの散らばりがあり、精度の向上が強く望まれている。

(1) 水の存在量

　ここでは最近の沖（2007）の検討結果を紹介する。沖のデータにもとづいて、地球表面の各部分に含まれる水量とその比率をまとめると**表1.1**が得られる。なお比較のため、表には近藤（1994）の報告も付記してある。オーダー的には同じであるが、細部において相違が見られる。
　地球上の水の総量は約$1.4 \times 10^9 \mathrm{km}^3$の程度であり、この大部分の96.5％は海水であって、1.7％を氷河と積雪が占めている。これと同程度の1.7％が地下水として蓄えられている。残余の微小部分においては、0.02％が永久凍土、0.01％が湖である。これらより1桁少ないものは土壌水分、湿地であり、海洋と陸地を合わせた大気中の水蒸気量も0.001％の程度にすぎない。ところでわれわれが注目する河川水の総量はこれよりもさらに1桁小さくて、約0.0001％である。このように河川水が水圏全体に占める割合はきわめて微量であるが、地球上の物質循環や生態系にとっての重要性は、次

表1.1 地球表面における水の存在量と比率

	沖（2007）		近藤（1994）
	$10^3 \mathrm{km}^3$	%	%
海水	1,338,000	96.5	97.1
氷河と積雪	24,064	1.74	2.2
永久凍土	300	0.022	−
湖	176	0.013	−
湿地	11	0.0008	−
土壌水分	17	0.0012	0.002
地下水	23,400	1.69	0.7
河川	2	0.00014	−
生物中の水	1	0.00007	−
水蒸気量、海上	10	0.0007	0.001
水蒸気量、陸上	3	0.0002	
計	1,385,984	100.0	100.0

沖（2007）のデータをもとに作成。最後の列は近藤（1994）による

節に述べるように循環の速さにあって、単純に上記の存在量の比率で推し量ることはできない。ちなみに世界中の生物の体内に存在する水量は、河川水の存在量の半分程度になっている。

なお地球の表面積はほぼ$5.1 \times 10^8 \mathrm{km}^2$であるが、その中で海洋が71%を、陸地が29%を占める。そして海洋の平均の深さは約3800mであるのに対して、陸上の雪氷と地下水を陸上に広げるとすれば平均の厚さは約320mになり、海洋より1桁小さい。一方、大気中の水蒸気量は地球表面全体をわずか2.5cmの厚さの水で覆うにすぎず、河川水のみはさらに薄い皮膜になる。

(2) 水の循環量

いま地球上の水循環が定常であると仮定すれば、Pを降水量、Eを蒸発量、Rを陸から海への流出量としたとき、次の関係が成り立つ。添字Sは海洋、Lは陸地、Eは地球を表わす。

海洋について　　　　$P_S + R = E_S$ 　　　　　　(1.1)
陸地について　　　　$P_L = E_L + R$ 　　　　　　(1.2)
地球について　　　　$P_E = P_S + P_L = E_S + E_L = E_E$ 　(1.3)

この関係を満たすように、それぞれの値がこれまで数多く求められている。ユネス

表1.2　世界の水収支

著者	年	陸地			海洋			地球 $P=E$
		降水量	蒸発量	流出量	降水量	蒸発量	流入量	
Schmidt	1915	752	544	208	670	756	86	690
Wüst	1936	665	416	249	822	925	103	780
Budyko	1955	671	443	228	1025	1130	105	930
ソビエトIHD国内委員会	1975	800	485	315	1270	1400	130	1130
近藤純正	1994	800	510	290	1100	1220	120	1000
沖大幹	2007	750	440	310	1080	1210	126	980

単位：mm/年。最初の4例はUNESCOのデータ（榧根、1989）から抜粋、他は近藤（1994）と沖（2007）による

コ（UNESCO）は1860年代から1970年代まで110年余の期間における37例の推定結果をまとめて報告しているので（榧根、1989）、この中から選んだ4例を表1.2に載せておいた。なお表の残りの2例は、近年の近藤（1994）と沖（2007）によるものである。なお陸上における蒸発には、地面・水面からの蒸発とともに、植物の葉面からの蒸散が加わるので、両者を含めて蒸発散という用語もしばしば用いられる。

　表1.2から理解できるように、上記推定値にはかなりの開きがある。他に比べて精度が比較的高いと思われるものは、実測値が多い陸地の降水量（P_L）であるが、それでも差異は大きい。なお近年では、降水量は昔よりも増大している傾向が見られるが、これは観測密度の低かった山地や、過小評価の傾向にあった降雪量の見直しなどによって、推定精度が向上したことがおもな理由と考えられている。

　より詳細な水循環の内容を、最近の沖（2007）のデータをもとにしてまとめると図1.1が求まる。$10^3 km^3$/年の単位を用いると、陸地における降水量は111の大きさで、蒸発散量は65.5である。その差45.5は、われわれが注目する河川から海洋への流出量になる。つまり降水量の約40％が海洋に流出していることになる。前記のように河川における水の存在量はきわめて微少であったが、河川の流出量は非常に多量で、地球表面における水循環にとって河川がきわめて重要な役割を果たしていることが理解できる。海面の蒸発量は436.5と陸上の蒸発散量の約6.7倍と著しく大きい。海面からの蒸発量は海面への降水量391をかなり超過しているが、両者の差45.5は前記の陸から海への河川水の流出によって補われている。一方、陸地から海洋に加わったこの水量は、大気上空において逆に海側から陸側に返送されて収支が合っている。

　河川の流量は、降雨のさいに地表面を流れて直接川に注ぐ表面流出量と、地下水に蓄えられた後に平常時に川に注ぐ基底流出量からなっていて、後者が前者の約2倍

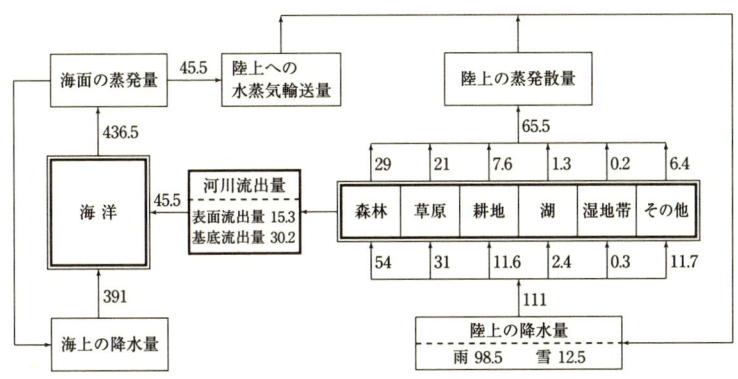

図1.1 地球表面における水循環
単位：$10^3 km^3$/年。沖（2007）のデータをもとに作成

なっている。なお陸から海への流出量には、河川を経由せずに地下水として直接海へ流出するものが10%程度含まれていると推定されている。

陸上におけるより詳細な水の循環は、図1.1に地面特性にわけて示してある。主要なものは森林、草原、耕地である。これらにおける蒸発散量と降水量の比をとると、森林が0.54、草原が0.68、耕地が0.66になっていて、草原・耕地に比べて森林の保水率が高いことが理解できる。

ここまでは循環量の大きさについて述べたが、次にわれわれになじみの深い水の厚さで表わした降水量と蒸発量に注目しよう。沖（2007）のデータから換算して、これらの大きさを表1.2の最後の行に示しておいた。地球表面全体の平均降水量は980mm/年程度であり、これは平均蒸発量に等しい。陸と海を比較すると、陸上の降水量は750mm/年であるが、海洋ではその約1.4倍の1080mm/年になる。一方、蒸発量は陸上では440mm/年と少ないが、海洋では陸上の2.8倍も大きく1210mm/年に達する。そして陸上の降水量と蒸発量の差が海への流出量になり、陸地に降った雨の約40%が海に流出していることになる。ただし流出量をmm/年の単位で示す場合には、陸地と海洋では表面積が異なるので、水柱で表わした陸地からの流出量と海への流入量の値は同じにはならないことに注意を要する。

(3) 日本の水収支

日本全国80の気象官署における1971～2000年までの30年間における平均の降水量は、最少が網走の802mm/年、最多が尾鷲の3922mm/年が報告されている。日本全体の平均としては国土庁によって1750mm/年という値が得られている。ただし最近は減少傾向にあるとの意見もあり、その真値については吟味を要する。それでも表1.2

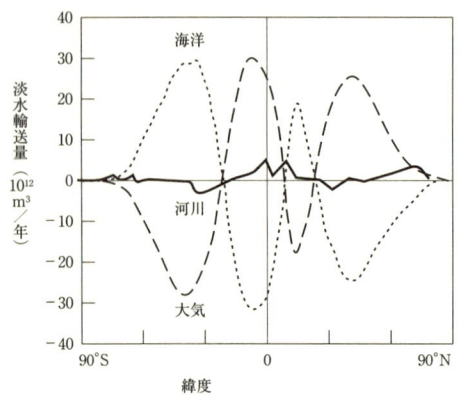

図1.2 淡水の大気、海洋、河川による南北輸送量（北向きが正）
1989～1992年の平均。単位：$10^{12}\mathrm{m}^3$/年。
沖（1999）による

に示す世界の陸地の平均降水量750～800mm/年に比べると、日本はその2倍以上もあることは確かで、世界でも降水の多い地域に属する。ただし狭い降水面積と大きな人口のために、国民1人当たりの降水量はそれほど潤沢とはいえず、世界平均の5分の1程度であって、むしろ少ないことに留意すべきである（土木学会関西支部、2000）。

一方、蒸発量の推定は降水量に比べてさらに困難が多く、信頼できる値が得られているとはいえない。河川流出量の推定も誤差が多いが、河川の流量測定結果によれば、日本の河川の年流出量は年降水量に比べておおよそ500mm/年少ない程度と推測されている。これを用いると河川からの流出量は降水量の約7割を占めることになり、この割合が約4割という世界の平均値に比べて非常に大きい。これは、山が険しくて流出距離が短く、森林が多いことなどの日本の地形的特性や降雨特性などと関係するものと思われる。

1.2　大気―海洋―河川による淡水の南北輸送

陸面水文過程においては、地表面における鉛直方向の熱エネルギーと水の交換過程が注目されている。一方、地球上の気候システムの形成にとって、水平方向の熱の南北輸送とともに、水の南北輸送が重要である。そこで沖（1999）が得た大気－海洋－河川における水の年平均の南北輸送量を**図1.2**に示す。図中の曲線は各緯度を横切る大気、海洋、河川による輸送量の寄与分を表わし、正（負）の値は輸送が北（南）向きであることを意味する。ただしこの輸送量は緯度を横切る正味の輸送量で、黒潮など個々の海流の輸送量ではないことに注意を要する。

水の輸送は、赤道をはさんで大気では北向きに、海洋では南向きである。赤道を少

し離れた亜熱帯では、北半球ではこれと逆の輸送が存在するが、南半球ではこれに対応するものは見られない。このような両半球における相違は、海陸の分布と、気象・海洋の条件の相違によると考えられる。一方、中緯度においては両半球とも、水は大気では極方向に、海洋では赤道方向に輸送されている。そして大気と海洋による輸送は、各緯度帯で符号が逆で大きさは同じ程度である。その差が河川による南北方向の輸送を表わしているが、その量は大きくても大気または海洋における輸送量の最大値の10％程度である。だが、大気－海洋－大陸間の水循環にとって無視できない大きさである。

一方において、河川流量は十分な注意を払えば1地点でも比較的精度よく観測可能であり、また数値モデルの格子間隔に対応するかなり広い領域の平均的な水収支をよく反映している。それゆえ河川流量は、大気の数値モデルあるいは気候モデルにおける水循環の再現性の検証に対して有用な働きをすることが最近注目されている（沖、1999）。

1.3 地球上の水問題と川

古いインカには「カエルは自分が棲む池の水を飲み干しはしない」ということわざがあるそうである。自然が与える水の恵みを感謝し、それを大切に守り維持していく古代人の知恵がうかがえる。しかるに現代社会においては、池の水を飲み干したり、汚したりし、さらには水を求めてあい争って、結局は自らが苦しむだけでなく、子孫にとって貴重な自然と資源を破壊する行為が目立つようになった。すなわち、豊かで快適な生活を営むための活発な現代人の活動にともなって、河川が激しく改変されて、水循環系のこの部分の自然環境が著しく悪化して大きな問題が生じている。しかもこの問題は、川が国境を越えて流れるために、少なからぬ地域で水資源や環境保全に関連して流域諸国間に深刻な国際紛争を引き起こしている。

水がなければ人類は生存できない。地球白書（Brown, 1996）によると、生存を支える直接的食糧および動物性タンパク質に転換される家畜飼料となる穀物の生産のために、現在世界全体では農業用水として河川、湖、地下水から取り出される水量の中の約65％が使用されているという。残りの25％が産業用水、10％が都市用水である。1トンの穀物生産には1000トンもの水が必要といわれるが、開発途上国を中心として世界的に急速に膨張する人口増加（この100年に15億人から65億人へ）や、食生活向上のための穀物生産に対する水の要求は非常に強い。また都市への人口集中も都市用水の増加への圧力となっている。これらの要求に応えるために過剰な水が利用されて、各地に深刻な水の枯渇が生じるのである。これには気候変動にともなう近年の降雨量の減少も影響しているといわれる。

また、中国大陸の大河黄河においては近年の雨の減少と上流側における過度の取水のために、年により距離は変化するが、下流数百kmにわたって水が消え、海へ流入する水がなくなる「断流」というまことにショッキングな現象が生じている。しかしこれは黄河が特別というのではなく、世界銀行の調査によって、「アジア全域で、乾季の大半を通じて実質的に海に流れる水がまったくないという流域の例が多く存在する」という報告もなされている（Brown, 1996）。流入河川水が海域の物理・化学・生物環境に与える重要性を考えるとき、川の水が海に流れなくなることが海洋環境に与える影響は、まことに重大であるといわねばならない。

　人間の利便のために、ダム・河口堰の建設、河川改修、取水、採砂などの各種の河川改変が世界各地で活発に行なわれている。一方でこれらは、河川流量の減少をもたらすだけでなく、水域の環境の悪化、生態系の崩壊、漁業の壊滅や衰退を引き起こしている。河川内におけるこのような変化は、海にも大きな影響を与えるものであって、海の立場からも看過できないことである。これらについては第Ⅱ部の各章で考察される。

引用文献

沖　大幹（1999）グローバルな水循環と河川. 気象研究ノート, 195, 53-71.
沖　大幹（2007）地球規模の水循環と世界の水資源. JGL（Japan Geoscience Letters）, 3巻3号, 1-3.
榧根　勇（1989）世界の水収支・日本の水収支. 気象研究ノート, 167, 169-175.
近藤純正（1994）地球上の水の量. 水環境の気象学－地表面の水収支・熱収支. 近藤純正編著, 朝倉書店, 21-24.
土木学会関西支部編（2000）川のなんでも小事典. 講談社ブルーバックス, 341pp.
Brown, Lester R. 編著. 浜中裕徳監訳（1996）地球白書1996-97. ダイヤモンド社, 393pp.

第2章 川が海の物理環境に与える影響

宇野木早苗

軽い河川水と重い海水が接触する海域は、潮汐の作用が加わり、さらに空、海、川における外的自然条件の短期的変動や季節変化の影響を受けて、興味深く多様な物理環境を形成している。

2.1 河川流と海洋波動の相互作用

河川感潮域においては、上流からの河川流と海からの海洋波動が遭遇して相互作用が働き、海洋波動は大きな変形を受ける。この付近は人口稠密で産業活動が活発であるので、両者の相互作用を理解しておくことは災害、取水、排水などの対策を考えるうえで重要である。

(1) 潮汐と潮流

図2.1は伊勢湾に流入する揖斐・長良川の河口における城南の潮汐と河川流量の関係を示したものである。伊勢湾内の潮汐は同じであるにもかかわらず、河川流量の増加につれて河口の潮汐は著しく減衰していて、河川流と海洋波動の相互作用の強さがよく理解できる（宇野木、1996）。河川流量の増加にともなう潮汐の減少の程度は、河口から上流にいくにしたがって顕著になる。

平常時の長良川筋における水位変化曲線の例を図2.2(a)に示す。河口の城南から上流の成戸まで約26kmの範囲の5地点が描かれている。河口から上流に進むにつれて潮差は減少し、山の前面は険しく後面はゆるやかになり、波形の非対称性が増大することが認められる。そして満潮の時刻は上流がやや遅れるが時間差は小さく、全域がほぼ同時に満潮になる。しかし干潮の時刻は上流に向けて大きく遅れる。このような潮汐の減衰と波形の非対称性は、河川流の存在、河床の傾きと大きな底面摩擦、および浅くなるにつれて波速が遅くなることによるもので、そこには水運動の非線形性が大きく寄与している。そして特定の条件下の河川では、段波すなわちタイダルボアとなって、波の前面は水壁をなして乱れ渦巻き、水しぶきを飛ばし大音響をともなっ

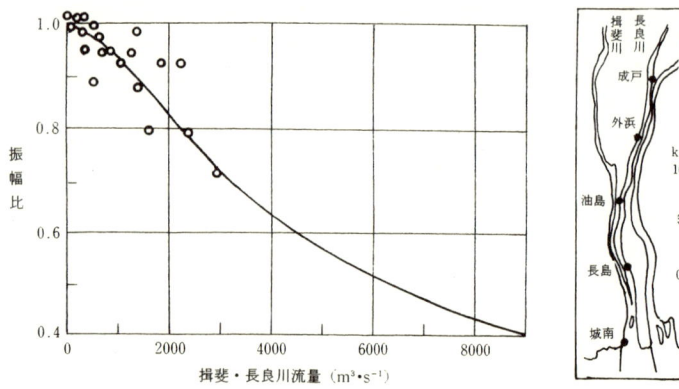

図2.1 揖斐・長良川の河口、城南における半日周潮振幅の河川流量にともなう変化。白丸は観測値、実線は伊勢湾を含めた数値シミュレーションの結果（宇野木、1996）

て激しく前進する。このような例は中国の銭塘江(セントウコウ)、フランスのセバーン川、アマゾン川などにおけるものが有名である。

　潮汐が河川を遡上する上限は、感潮距離が短い場合は、海域の満潮面を河川内へのばして河床と交わる地点付近である。しかし感潮距離が長くて潮汐の減衰が大きい場合には、およその目安として静水面交点付近かそれより少し上流側であると考えられる（宇野木、1996）。静水面交点とは、海域の平均水面を河川のほうへのばしてこれが河床と交わる地点を意味していて、平均海面より下方の河川断面積（河積）がゼロになる地点である。したがって河床の勾配がゆるやかであるほど潮汐の遡上可能な距離は長い。なお潮汐の大小にも関係して、遡上距離は大潮で長く、小潮で短くなる。そして流量が大きくなるにつれて遡上距離は短くなり、洪水時における潮汐の遡上は著しく困難になる。

　潮時にともなって流れの場も変化するが、**図2.2(b)**は数値計算で求めた長良川の各地点における断面平均流速の時間変化を描いたものである。斜線の範囲は流れが下流向き、その他は上流向きを表わす。前に感潮域全域にわたりほぼ同時に満潮になると述べたが、これに対応して転流時の下げ潮の始まりもほぼそろっている。しかし干潮の始まりは河口で早く上流で遅いので、河口側では上げ潮に転じて水位上昇が始まっても、上流側ではまだ下げ潮が続いて水面は低下している。そしてある地点より上流では転流はなくなり、水位と潮流の潮汐変化はあっても、流れの方向はいつも下流を向いている。

　静岡市清水の小河川、巴川の河口に近い羽衣橋における水位と断面平均流速の経時変化を**図2.3(a)**に、また上げ潮と下げ潮のときの流速分布を**(b)**と**(c)**に示した。上

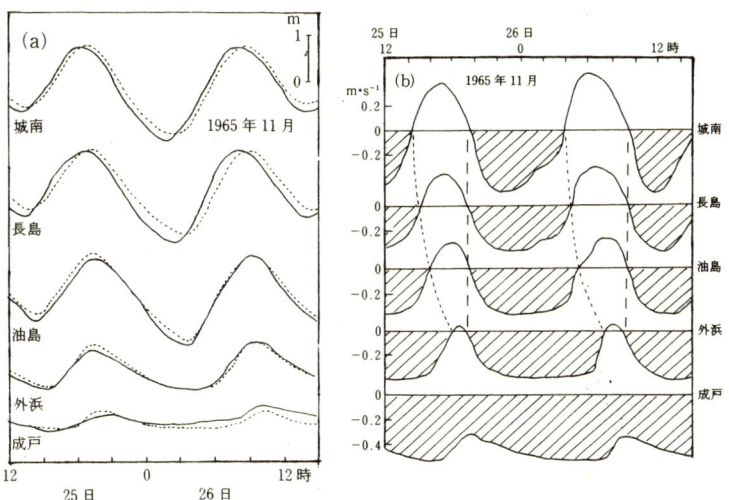

図2.2 長良川筋における (a) 水位の変化曲線 (実線は観測、破線は計算) と (b) 断面平均流速の変化曲線 (計算値)。地点位置は図2.1参照 (宇野木、1996)

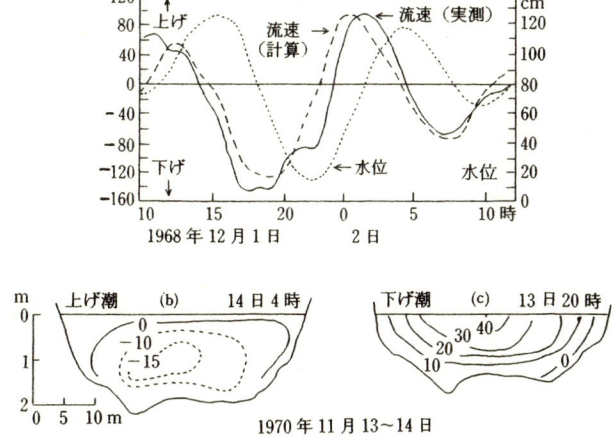

図2.3 (a) 巴川羽衣橋における水位と断面平均流速の時間変化。(b) と (c) は港橋の上げ潮と下げ潮における断面流速分布。(b) と (c) では下げ潮が正 (宇野木、1996)

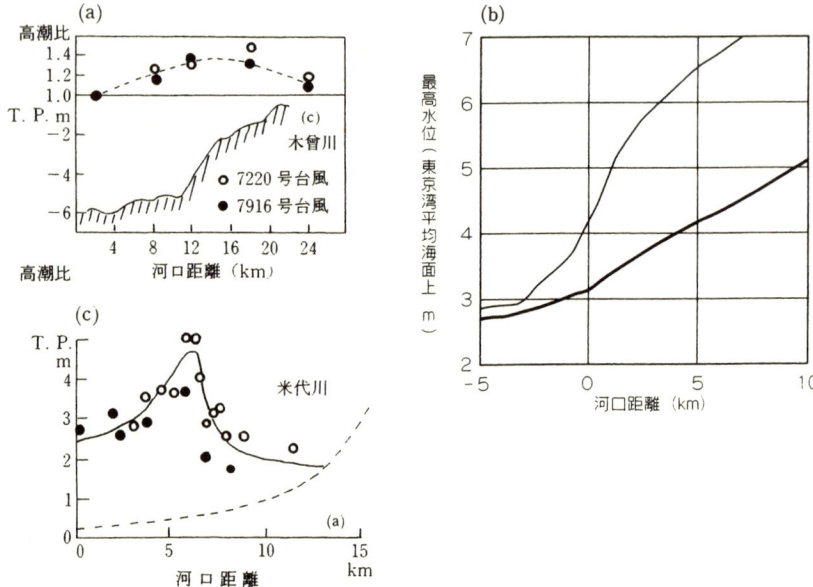

図2.4 (a) 木曾川の台風による高潮偏差の分布（河口との比）（小西・木下、1985）。(b) 長良川における高潮の計算水位の分布、太線は伊勢湾台風級の高潮と計画高水量にともなう洪水が同時に発生した場合、細線は両者を別々に計算して加えた場合（宇野木・小西、1997）。(c) 米代川の日本海中部地震（1983年）による津波の最大水位分布。白丸は右岸、黒丸は左岸（Abe, 1986）

げ潮の最大は干潮と満潮の中間付近に、下げ潮の最大は満潮と干潮の中間付近に出現していて、河川の潮汐も基本的には湾の潮汐と同様に定常波の性格を保持していることがわかる。しかし断面内の流れの分布は単純でない。図に示されるように、上げ潮が始まり、下層では上流に向けて潮が流れ出ていても、表層にはまだ下流に向く流れが存在している。流速は断面中央で大きく、底面および側面に向けて小さくなっていて、幅が狭くて浅いために摩擦の影響が強いことが理解できる。

(2) 高潮と津波

伊勢湾に注ぐ木曾川において、河川内高潮の最大偏差の河口に対する相対的分布を描くと、**図2.4(a)**に示す結果が得られる。高潮は河川内に入ってから発達して最大になり、他の河川の場合を含めると最大偏差は河口の値の1.2〜1.4倍にも達することが注目される（小西・木下、1985）。そして**図2.4(a)**には河床形状も描かれているが、これと比較すると河川高潮が最大に達する地点は、河床勾配が急激に変化する地点付近に生じていることがわかる。このことは数値計算によっても確かめられている。

災害としては台風高潮と洪水の発生が重なった場合が最も危険である。長良川河口堰の建設のための設計水位の決定にさいしてこの場合が想定されたので、この例について考察する。わが国で最大とみなされる伊勢湾台風級の台風による高潮と、計画高水量（7500m³/秒）にともなう洪水が重なった場合の長良川筋における水位の分布を求めると、図2.4(b)の太線を得る。この太線の水位は、高潮と洪水を別々に計算して単純に加えた細線の結果よりもかなりに小さく、安全側にあることがわかる。これは高潮と洪水の相互作用の働きである（宇都木・小西、1997）。したがって河川感潮域の設計水位の計算にあたっては、この相互作用を考慮することが本質的に重要であるが、これが考慮されていない例が認められる。

　津波の場合には、津波と洪水が重なる機会は非常に少ないと思われる。ただし津波の場合にも、河川内で津波が発達する場合があるので注意を要する。図2.4(c)は日本海中部地震津波における米代川の例であって、河口から数km上流で著しく津波が発達しているが、これは河川水域の固有周期と津波周期が接近していて、共振作用が生じたためと思われる（Abe, 1986）。

2.2　川と海の接触域における海水の循環と混合

　河川感潮域を含む河口付近では、陸側から河川水が加入し、海側から重い海水が加入する。これによって生じた水平圧力場の不均衡を解消するために、表層では下流に、下層では上流に向かう鉛直循環が発生する。図2.5(a)に示す深さh、長さlの水域を考え、海側の密度の代表値をρ、陸側の密度を$\rho - \Delta \rho$としたとき、圧力傾度力と底摩擦の釣り合いを考えると、鉛直循環の強さUに関して（2.1）式の比例関係が得られる（宇野木、1993）。gは重力加速度、K_zは鉛直渦動粘性係数である。

$$U \propto \frac{\Delta \rho g h^3}{\rho K_z l} \qquad (2.1)$$

　これによれば、水域両端の密度差と水深が大きいほど鉛直循環は発達し、逆に鉛直混合が強く、水域の長さが大きいと循環は発達しがたいことがわかる。
　地形条件が同じならば循環の強さは$\Delta \rho / K_z$に依存する。$\Delta \rho$は河川流の強さに、K_zは潮流の強さに関係する。ゆえにこの河口付近の鉛直循環の形態は、河川流と潮流の相対的強弱にともなって変化する。潮流の勢力が勝る場合は強混合型、河川流の勢力が勝る場合は弱混合型、両者の勢力が均衡する場合は緩混合型とよばれる。それぞれの場合の混合と循環の形態を模式的に図2.5(b)(c)(d)に示す。
　図2.5(b)の強混合型では、潮流が強いので河川水と海水は上下によく混合し、深さ方向に塩分は一様な傾向になり、塩分勾配は水平方向に生じる。この典型例はわが国

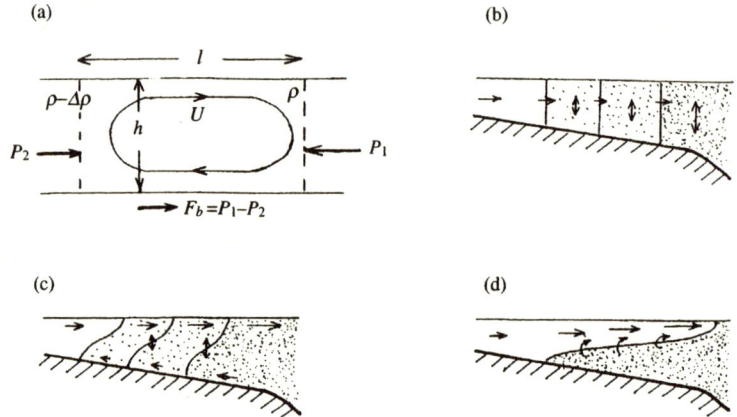

図2.5 (a) 河口付近の循環、(b) 強混合型、(c) 緩混合型、(d) 弱混合型の塩分分布と流れの模式図

で潮差が最大の有明海に注ぐ筑後川に見られる。図2.5(d)の弱混合型では、潮流の混合作用が小さいので、河川水と海水の境界面はかなりはっきりする。顕著なときは海水が下層でくさび状に上流側に進入する塩水くさびが形成される。弱混合の例は潮汐が小さい日本海側の河川によく見られる。塩水くさびの上面は乱れて下層の塩水が上層に取りこまれる連行加入作用が生じる。このため上層は、海側に向かうにつれて塩分は濃さを増し、下層に進入した海水に押し上げられるかたちで厚さを減じて流速が大きくなる。そして海に出た河川水の先端は河口フロントを形成する。これについては2.4節で考察する。

図2.5(c)に示す中間の緩混合型では、塩分は海側から上流に向け、また底層から表層に向けて減少し、中層に弱い塩分躍層が存在して鉛直循環が発達する。このタイプは太平洋側の河川に見られる。ただし同一河川でも、大潮と小潮、洪水時と渇水時では循環の形態は大きく異なることに注意を要する。

適当な条件のもとに理論的に求められた緩混合型の流れの鉛直分布が図2.6(a)(b)に示されている（Hansen, 1964）。図中の2つの無次元パラメータは次式で与えられる。

$$R_a = \frac{g\beta S_0 h^3}{K_z A_x} \quad (2.2)$$

$$T = \frac{h\tau_s}{\rho K_z u} \quad (2.3)$$

gは重力加速度、ρは密度、hは水深、uは河川の断面平均流速、K_zは鉛直渦動粘性係数、A_xは水平拡散係数、S_0は塩分の基準値、τ_sは風の海面応力、βは塩分に対す

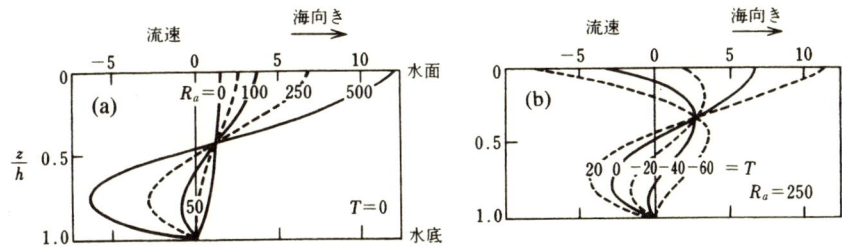

図2.6 緩混合型の相似解から求まった流れの鉛直分布、(a) 無風の場合、(b) 風が吹く場合、縦軸は相対水深、横軸は河川流速に対する相対値 (Hansen, 1964)

る密度の増加率である。R_aは河口レーリー数とよばれていて、鉛直循環の強さの指標となる。Tは無次元化した風の応力を表わして海向きを正にとっている。R_aは(2.1) 式の内容を含むが、水平拡散の効果も考慮されている (βS_0は$\Delta \rho$に対応する)。

風がない場合には図2.6(a)に示すように、流れの鉛直分布はR_aの値に大きく左右される。これが小さいときは全層とも海方向に流れるが、値が大きくなると上層と下層で流れの向きが逆になる。横軸はuに対する流速の相対値であるが、上層では河川流よりもはるかに強い流れが生じている。一方、風が吹くと(b)に示されるように流れの分布は著しく変化するので留意する必要がある。風が海に向いて吹くときは無風時の循環を強めるが、川上に向かって吹くときは弱めるように作用し、風が非常に強いときには上層において上流向きの流れが発生する。感潮河川における流れと塩分分布については奥田 (1996a) が詳細な解説を行なっている。

2.3 川と海の接触域における堆積環境

川と海が接触する水域の水質や生物の分布に顕著な影響を与える懸濁粒子のふるまいについて考える。懸濁粒子とは一般には0.45μmのフィルターを通過しない粒子を意味して、フィルターを通過する溶存物質と区別される。本節の内容に関しては杉本 (1988) や奥田 (1996b) の解説があるので詳細はこれらを参考にしていただきたい。なお沿岸の地形変化に密接に関係する河川からの土砂輸送については、第3章においてくわしく考察がなされる。

対象水域の堆積環境を支配するひとつの重要な要因は、懸濁粒子の凝集作用である。この原因として、従来は海水中の陽イオンによって粒子表面のマイナスの電荷が中和されて、粒子同士がファン・デル・ワールスの力 (異なる分子に属する荷電粒子間に働く弱い引力) でくっつきやすくなると説明されていたが、最近は粒子の表面に吸着

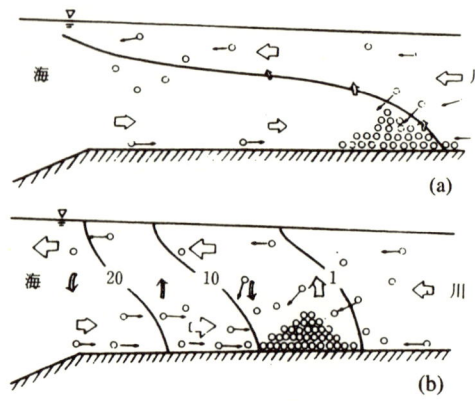

図2.7 河口付近における懸濁粒子の分布状況、(a) 弱混合 (塩水くさび)、(b) 緩混合 (杉本、1988)

された物質の生物化学的作用による効果が大きいという考えが強まっている。フロックと称される凝集した羽毛状の懸濁粒子は、粒子同士の衝突がきっかけで形成されるが、これの直径は数μm程度の粘土粒子に比べて著しく大きく、数十から数百μmの、ときにそれ以上の大きさになる。フロックは粒径が大きいために落下速度が大きく沈降しやすい。しかし流れが強くて乱れが大きいときには、落下途中に破壊されたり、また底に堆積したものも再び巻き上げられる。このように水中の懸濁粒子は新たに形成されたものと、巻き上げられた古いものとから成り立っている。懸濁粒子は、組成により粘土粒子などの粒状態無機物と、デトリタスやプランクトンなどの粒状態有機物にわけられる。

　河川感潮域における懸濁粒子の分布の顕著な特徴は、濁度極大 (turbidity maximum) の存在である。図2.7(a)(b)に、弱混合の場合と緩混合の場合について濁度最大域の出現状況が模式的に示されている (杉本、1988)。河川水と海水が初めて接触する付近では、上流から流れてきた粘土粒子などは強い凝集作用を受けて多数の懸濁粒子を形成して沈降しやすくなる。一方、前節に述べたように鉛直循環の一部として、下層では海から上流に向かう流れが存在する。往復する比較的強い潮流とこの一方向の鉛直循環が重なった流れによって、海域の懸濁物質や感潮域に形成または存在する懸濁物質は、徐々に上流側に運ばれる。そしてこれらは上流向きの流れが弱まった付近に集中して底に堆積する。弱混合型の場合には、塩水くさびの先端付近で上層から下層へ沈降する量は、下層で下流側から運ばれてくる量よりもかなり多い。これに対して緩混合型においては、海側から上流側に運ばれてくる粒子のほうが多くなる。

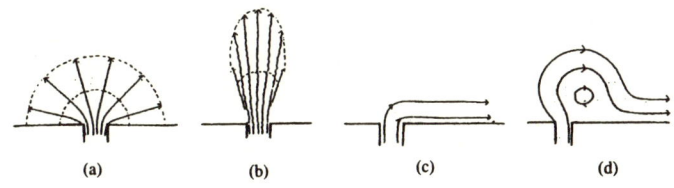

図2.8　河川水流出パターンの模式図（杉本、1982）

2.4　河川水の海への流出

(1) 河川水の流出パターン

　流れも風もない静止した直線状海岸をもつ海に、河川水が流出した場合を考えてみよう。このときの流出形態は模式的におよそ図2.8に示す4つのタイプにわけられる（杉本、1982）。(a)は河川流量が少なくて慣性力は弱く成層が強い状態で、流体力学でいうポテンシャル流の形状に近い。(b)は洪水時のように河川水が勢いよく流出する場合で、流線は不安定で噴流（ジェット）状になる。このとき噴流の境界は乱れて連行加入作用により、下方と側方から海水が取りこまれて噴流の流量は河口を離れるにつれて増大する。

　(c)は河川の規模が大きくて、地球自転に起因するコリオリの力が重要な働きをする場合である。コリオリの力は北半球では動いている物体を右方に逸らそうとする力で、流出水はこの力を受けて、図に見られるように河口の右側に海岸に沿って流れ去る傾向がある。(d)は(c)の場合よりもさらに流量が多くて慣性が強い場合である。これらについては2.6節で説明する。

　ただし実際の海への河川水の流出状況は、河川自体、海洋、気象、地形の条件に応じて複雑多様に変化して単純ではない。

(2) 内湾における河川水の行方と河口フロント

　さらに広い範囲における河川水の行方を考える。河川水を多く含む海水は塩分が低いので、海域内の塩分の分布を見ることによって流出後の河川水の行方を推察することができる。東京湾の表層における2月と8月の塩分の水平分布を図2.9(a)(b)に示す。東京湾では主要河川は湾奥から西岸北部にかけて多いが、図によれば河川水は河口を出て右方向に、塩分濃度を徐々に高めながら湾の西岸に沿って湾外へと輸送されていることがわかる。このことは上記のコリオリの力の影響をうかがわせる。

　なおこれらの図は長期間の平均値にもとづくものであるから平滑化されているが、実際には起源を異にする水塊が接するところの変化は急激でフロントが存在する。こ

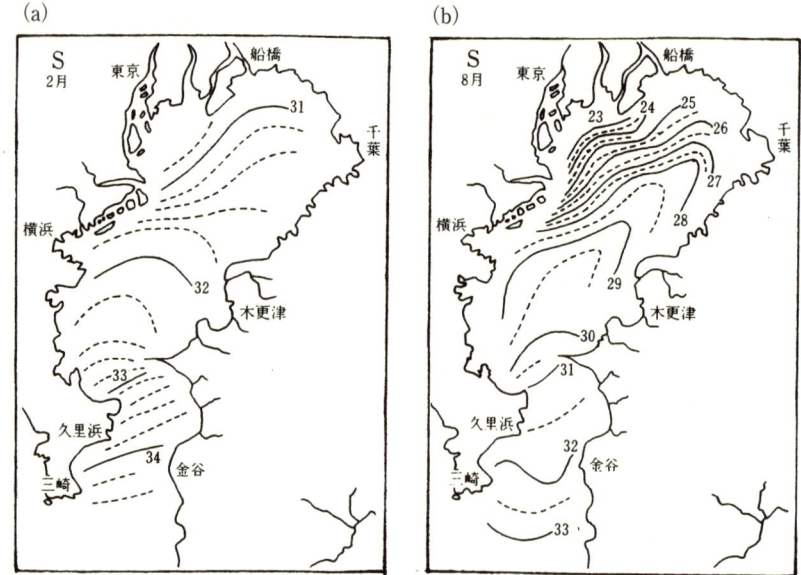

図2.9 東京湾の2月と8月における長期間平均の表面塩分の水平分布（宇野木、1993）

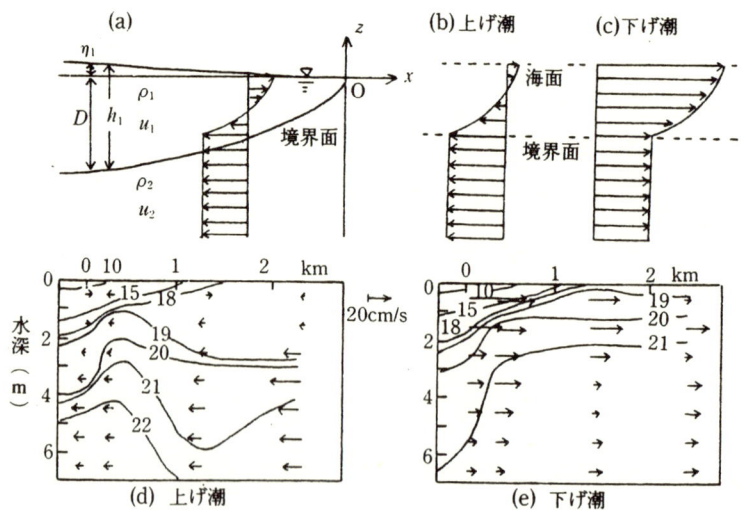

図2.10 河口フロントの流速分布(a)、これに上げ潮(b)と下げ潮(c)が重なった場合。広島県太田川河口フロント付近で観測された上げ潮(d)と下げ潮(e)における流れとσ_tの鉛直分布（上嶋、1987）

の状況は、河川流量が多い8月すなわち温暖期には湾北西部の河口前面海域に認められる。このフロントは河口フロントと称される。**図2.10(a)**に理論的に求められた河口付近のフロントの形状と流れの分布を示す。これは相対的な流れであるから、これに潮流が加わった場合を考え、**図2.10(b)**に上げ潮、**図2.10(c)**に下げ潮の状態を模式的に示す。一方、実例として、広島県の太田川前方海域において観測で得られた密度(ρ)を表わすσ_t（$=(\rho-1)\times 1000$）と流れの分布を、上げ潮の場合を**図2.10(d)**に、下げ潮の場合を**図2.10(e)**に示す（上嶋、1987）。河口前方に等σ_t線が密に混んでフロント状になっていること、および流速の分布は理論結果と同じような傾向にあることが認められる。

　一方、2月すなわち寒冷期には、河口付近では河川流量が少ないために河口フロントはあまり発達せず、内湾水と外海水が接触する湾口付近に、沿岸熱塩フロントと称される別種の不連続的変化が認められる。表面においてフロントの内湾側は低温低塩分、外海側は高温高塩分である。そしてフロントをはさんで水温と塩分の変化は急激であるが、両者が補償するために密度の不連続的変化は生ぜず、むしろ周辺よりもわずかに密度が高い。このことは、フロント付近では海水が沈みこんでその両サイドで、向きが反対の鉛直循環が存在することを示唆する。このフロントは、河川流量が多いときは湾外のほうへ、少ないときは湾内のほうへ移動する傾向がある。これらを含めて、沿岸海域に発生する各種のフロントの特性と機能については柳（1990）の解説がある。

2.5　河川水と海洋構造の季節変化

　海洋構造は海域における水温、塩分、密度などの空間分布を意味して、海域の物理的、化学的、生物的特性を理解するうえで不可欠な情報を与えてくれる。内湾は陸岸、外海、海面、海底の4つの境界に囲まれているので、これら境界を通してのエネルギーと物質のやりとりによって内部の海洋構造が決定される。ただしやりとりは必ずしも一方的でなく、外部と内部との相互作用によって定まることが多いことに留意しなければならない。

　海洋構造は季節的に大きく変化する。変化の状況を理解するために、**図2.11**に伊勢湾中央部における水温、塩分、密度の鉛直分布の年間にわたる変化を示す。なお密度はσ_tで、塩分Sは塩素量（$cl ≒ S/1.8$）で表わされている。季節変化の主要因は、陸岸から流入する河川流量と海面における大気・海洋間の熱交換量の季節変化である。河川流量は温暖期に多く寒冷期に少ない。一方、海面は温暖期には暖められ、寒冷期には冷やされる。また内湾の底の近くには、高塩分で水温変化が比較的小さい外海水の影響が年間を通して強く及んでいる。

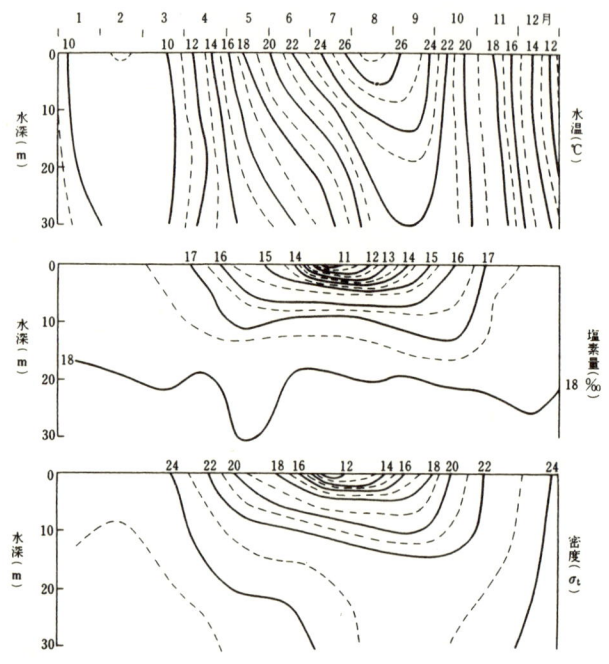

図2.11 伊勢湾中央部における長期間平均の水温（上）、塩素量（中）、σ_t（下）の鉛直分布の年変化

　このため、寒冷期には相対的に表層は低温低塩分に、下層は高温高塩分になり、水温と塩分の効果が消し合って上層と下層の密度差は非常に小さくなる。そして冷却が強いときには密度逆転が生じて対流が活発になる。したがって寒冷期には上下層の違いは少なく一様化の傾向が強い。一方、温暖期には相対的に表層は高温低塩分に、下層は低温高塩分になって、上層と下層の密度差は非常に大きくなり、密度成層が強まる。その結果、表層に近いところに変化が急激な躍層（水温躍層や塩分躍層など）が出現する。図2.11は長期間の平均状態であるから平滑化されているが、実際の躍層はもっと顕著である。なお現実には気象や外海の海況変動などのために、海洋構造も短期間に変動をくり返している。

2.6　エスチュアリー循環

　河川水と海水が接触する河川感潮域から河口付近にかけての海水の混合や循環の形

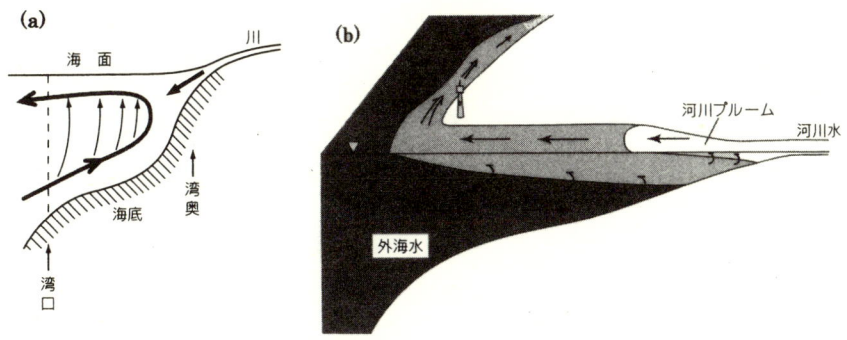

図2.12 エスチュアリー循環。(a) 鉛直断面内の循環、(b) 3次元模式図

態は、2.2節に述べたので、ここではさらに広い海域の循環について考察する。河川水の影響が有意である半閉鎖性海域はエスチュアリーとよばれる。エスチュアリーは河口域と訳されることが多いが、日本語の意味するところよりは広く、東京湾、伊勢湾、大阪湾などの内湾もエスチュアリーに含ませることが多い。しかしこれは拡大解釈であって、その代わりにROFI（Region of Freshwater Influence：河川影響域）という用語も提案されている（Simpson, 1997）。だがここでは従来どおりに、エスチュアリーという言葉を用いる。この海域の物理的特性については笠井（2003）の総説があり、流れと密度場の特性については万田（2003）が解説を行なっている。さらに最近では、内湾環境におけるエスチュアリー循環の役割に関するシンポジウムの内容が、「沿岸海洋研究」第44巻第2号（2007）に掲載されて、詳細な考察が加えれられている。

(1) 鉛直循環

　河川が流入する内湾では**図2.12(a)**に示す鉛直循環が発達する。すなわち上層では湾奥から湾口に向かい、下層では逆に湾口から湾奥に向かう鉛直循環である。これをエスチュアリー循環という。これは密度分布の不均一から生じる密度流の性格をもつ。この循環にともなう流量が河川流量の何倍であるかを調べた例を**表2.1**に掲げる（宇野木、2005）。季節や条件により違いはあるが、この鉛直循環は河川流量の数倍から10倍、場合によっては20倍からそれ以上にも達する発達した流れである。このように強い鉛直循環の存在は、内湾水と外海水の交換や物質の循環にとって非常に重要である。交換が悪いと、海水が停滞して汚濁しやすくなり、湾内の環境は悪化する。

　それでは、このように河川流量よりはるかに多い流量をもつ鉛直循環がなぜ発生するかを考える。力学的な関係は2.2節に述べたと同様であるが、ここではエネルギー的に考察する。河川水が湾の奥に流入した場合を考えると、湾口部では重い水が、湾

表2.1 鉛直循環の流量の河川流量に対する比率（宇野木、2005）

海域	季節	河川流量 R(m³/秒)	鉛直循環流量 Q(m³/秒)	流量倍率 Q/R	出典
東京湾	夏	396	2201	6	海の研究、1998
	冬	124	1635	13	宇野木
伊勢湾	夏	800	3000	4	海の研究、1996
	冬	250	6000	24	藤原他
三河湾	夏	137	1169	9	海の研究、1998
	冬	60	1272	21	宇野木
大阪湾	夏	130	3300	25	沿岸海洋研究、1994 藤原他
大阪湾	秋	120	4520	38	沿岸海洋研究、1993 湯浅他
広島湾	年	87	*（最大）	7 14	沿岸海洋研究、2000 山本他

奥では軽い水が存在するので、圧力の不均衡が生じて不安定になり、これを解消するために軽い水は表層に、重い水は下層に移動する運動が生じる。その結果軽い水が上に重い水が下に位置するようになり、最初に比べて系全体の位置エネルギーが減少する。そうすると力学の根本原理であるエネルギーの保存則が成り立つためには、減少した位置エネルギーが運動エネルギーに転換されて強い流れが生じる。さらにこの流れにともなって乱れによる下層水の上層への取りこみ、いわゆる連行加入作用が加わる。この過程が連続して行なわれて上記の強い鉛直循環が発生するのである。**表2.1**によれば、鉛直循環流量と河川流量の比は冬に大きく夏に小さい。これは夏には密度成層が強いために鉛直方向の混合や輸送が抑制されるためである。ただし夏には河川流量自体が多いため、比率は小さくても鉛直循環の流量はむしろ夏のほうが冬よりも大きい場合がある。

(2) 3次元循環

これまでは水平循環と鉛直循環を便宜的にわけて説明してきたが、実際にはエスチュアリー循環は3次元的な構造をもっている。この循環形態をSimpson（1997）にならって模式的に**図2.12(b)**に示す。この循環には前に述べたコリオリの力が影響しているので、河口を出て表層を外海へと向かう流れは右方の陸岸に沿って流れる（**図2.8(c)**参照）。湾口から外海に出た後にも右に曲がって岸に平行に進む傾向がある。しか

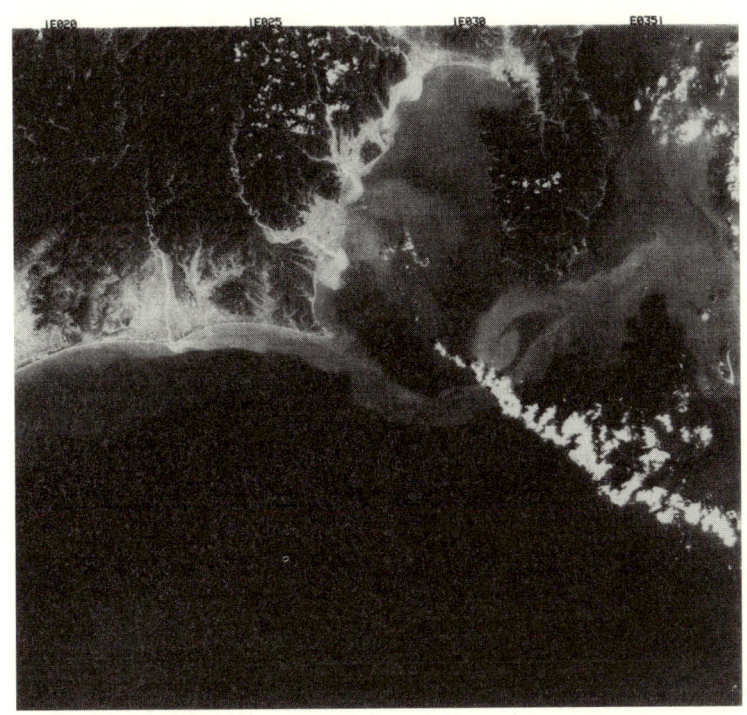

図2.13 洪水3日後の東海沿岸における河川プルームのランドサット画像(1979年10月22日、宇宙開発事業団地球観測センター提供)

し正確にいうと、河口を出て右に曲がる理由は、単にコリオリの力が運動の右方向に働くというのではなくて、回転地球上の渦のもつ性質のためと考えなくてはならないが、詳細は省略する。岸を右に見て岸に平行に進む流れでは、海水には岸向きのコリオリの力が作用しているので岸側の水面が高くなっている。そしてこのために生じた沖向きの圧力傾度力は、岸向きのコリオリの力と釣り合って安定した流れを形成する。

なお河川流量が多い場合には慣性力が強いので、**図2.8(d)**に示されるように河川水は流出直後はいったん沖へ突き出て、その後時計回りの渦を描いて岸のほうへもどり、それから岸に沿って流れることになる。一方、**図2.12(b)**において、底層で湾奥に向かう流れも右方に、それゆえ表層とは逆の陸岸のほうへ押しやられて、岸に沿って流れる。したがって湾内の横断面において、湾奥に向かって左側上層には、河川水の影響が強い外海に向かう低塩分水が、右側下層には外海水の影響が強い湾奥に向かう高塩分水が存在することになる。

以上はエスチュアリー循環の基本形態であるが、実際には地形、潮流、海面の風や

加熱冷却，外部海況などの条件の相違によっていろいろと変形を受け、また時間的にも変動している。その実態は各海域の特性を述べた第Ⅲ部において見出されるであろう。なお排出流量がきわめて多い原子力発電所などの温排水の場合にも、同様な流れが生じ、コリオリの力の効果も認められる。

2.7　外海へ広がる河川水

　さらに外海まで流出した河川水のふるまいを示す衛星画像の例を図2.13に示す。この画像は東海地方の大規模な洪水のときに、河川水を大量に含む河川プルームが駿河湾や遠州灘に流れこんだ状況を、海水が含む濁りを対象にして写したものである。駿河湾に注ぐ河川から流出した水は、すべて岸を右に見て南下していて、上記のコリオリの力の働きが理解できる。また湾内に形成された時計回りの大きな渦の存在も推察される。駿河湾西岸に沿って南下した河川水は、遠州灘に沿って東流してきた河川水と駿河湾口の御前崎沖で合流し、沿岸部の黒潮の流れに乗ってさらに東へと運ばれている。黒潮の流れは蛇行し、大きな渦をともなっていることが認められる。

　このように外海へ出た河川水は海流に運ばれて広い海洋に広がっている。第17章で述べられることであるが、対馬暖流が対馬海峡を通って日本海へ運びこむ淡水量は、中国大陸から東シナ海や黄海に流出する河川流量と同程度といわれている。このことは大陸の水は日本海の海水の涵養や生物生産に重要な役割を果たしていることを推測させる（第18章参照）。また第19章に示すように、アムール川から流入する河川水はオホーツク海における海氷の生みの親であり、この流入がなければオホーツク海が世界の海氷の南限になることもありえなかったのである。

　これらの例は、地球上の水や物質の循環にとっての河川の役割とその重要性を示すもので、広い視野から河川が海に与える影響を見る必要があることを教えてくれる。

引用文献

上嶋英機（1987）瀬戸内海の物質輸送と海水交換に関する研究. 中国工業技術試験研究報告, 第1号, 179pp.

宇野木早苗（1993）沿岸の海洋物理学. 東海大学出版会, 672pp.

宇野木早苗（1996）第1章 感潮域の水面変動. 河川感潮域－その自然と変貌. 西條八束・奥田節夫編, 名古屋大学出版会, 11-45.

宇野木早苗（2005）河川事業は海をどう変えたか. 生物研究社, 116pp.

宇野木早苗・小西達男（1997）河川感潮域の流動特性に基づく設計水位について. 沿岸海洋研究, 34, 161-172.

奥田節夫（1996a）第2章 感潮河川における流れと塩分分布. 河川感潮域－その自然と変貌. 西條八束・奥田節夫編, 名古屋大学出版会, 47-83.

奥田節夫（1996b）第3章 感潮河川における堆積環境. 同上. 85-105.

笠井亮秀（2003）河川水と海水の接合点. 沿岸海洋研究, 40, 101-108.
小西達男・木下武雄（1985）高潮の河川遡上に関する研究（II）. 防災研究報告, 34, 13-42.
杉本隆成（1982）開放型沿岸海洋の物理的諸問題. 沿岸海洋研究ノート, 19, 121-130.
杉本隆成（1988）第1章 河口・沿岸域の環境特性. 河口・沿岸域の生態学とエコテクノロジー. 栗原康編著, 東海大学出版会, 3-17.
万田敦昌（2003）河口域周辺の流れと密度場. 沿岸海洋研究, 40, 109-119.
柳　哲雄（1990）潮目の科学－沿岸フロント域の物理・化学・生物過程. 恒星社厚生閣, 169pp.
Abe, Kuniaki (1986) Tsunami propagation in rivers of the Japanese Islands. *Continental Shelf Research*, 5, 665-677.
Hansen, D.V. (1964) Salt balance and circulation in partially mixed estuaries. *Proc.Conf. on Estuaries, Jekyll Island*, 45-51.
Simpson, J.H. (1997) Physical processes in the ROFI regime. *Journal of Marine Systems*, 12, 3-15.

第3章 川が沿岸の地形と底質に与える影響

宇多高明

3.1 はじめに

　河川を流下してきた土砂は河口を経由して海岸へ、そして海へと供給される。この意味より、河口は陸と海の結節点として存在している。わが国の多くの河川は急峻な流域をもち、しかも降雨量が多いため従来は大量の土砂を海へと運び、そのため河口では土砂堆積が著しかった。これが各地の海岸に広い砂浜や砂丘を形成させた主因である。

　河川流下土砂が海に注がれる場合、外海・外洋に面した海岸では波浪作用が強いため、河口から沿岸漂砂の作用で両翼の海岸へと土砂が運ばれ、河口デルタを発達させる。その典型例は1922年に開削された、日本海に流入する新信濃川と、寺泊・野積海岸の関係に見られる（三浦ほか、2005）。一方、河川が内湾や内海あるいは湖など、相対的に波浪作用が弱い海（湖）岸に流入する場合には、河川起源のシルトや粘土が河口沖に大量に堆積して干潟を形成させる。

　一般に、河川流下土砂は礫、粗砂、細砂、シルト、粘土など多様な粒径の土砂から構成されているが、波浪作用が強い河口周辺においては土砂の分級が行なわれ、細砂より細かい粒径成分は河口で急速に拡散する。これに対して細砂より大きな粒径成分はいったん堆積して河口沖に平坦なテラス面や河口砂州をつくり、その後波の作用によって沿岸方向に運ばれることとなる。この場合、河口砂州は、河川と海との間に存在して陸水と海水の混合、および河川流によって運ばれる物質の混合において、いわば「弁」のような働きをしている。

　このような特徴を有する河口砂州は、洪水時は別とすれば沿岸方向に河川をふさぐようにのびるものであり、その上流側には潮汐変動にともなう汽水域が形成されるのが一般である。この汽水域は海から河川へと遡る回遊魚にとって浸透圧を調整するための大事な水域となっているのみではなく、さまざまな生物の生育場所でもある。その空間は、河川からの供給土砂量と海岸での漂砂との微妙なバランスのうえに存在している。このように、河口は河川から海岸への土砂の通過点というばかりではなく、河口および沿岸域の生態環境の保持から見ても重要な価値を有している。

このような河口砂州の形成は全国の河川でごく普通に見られるものであったが、1967年に禁止されるまで続いた河道内での砂利採取や、上流域における大ダムの建設によって流下土砂量が減少し、このため従来はしだいに海側へと発達していた河口砂州が、まったく逆に後退して河川の上流方向へと遡る現象や、消失する現象が各地で見られるようになった。また同時に第Ⅱ部第8章で実例をあげるように、河口沖にあって貯砂機能を有していた河口テラス（河口沖に流下土砂が堆積してできた舌状の浅瀬）が消失するという事態も生じるようになってきた。

　ここでは、河川流域の変化にともなう河口部の変化を、相模川河口の例を通じて調べ、川と海岸の関係について考えてみる。国土交通省関東地方整備局京浜河川事務所のホームページ（http://www.keihin.ktr.mlit.go.jp）によると、相模川は山中湖に源を発して山梨県東部を東に流れ、相模湖・津久井湖を経て流路を南に転じ、中津川などの支流を合わせて相模湾に注ぐ一級河川である。その流域面積は1680km^{2}であり、寒川堰より下流の河床勾配は1000分の1で、河床材料の代表粒径は1.6～2.0mmの砂河川である（第16章図**16.1**参照）。

3.2　相模川河口に見る河口地形の長期的変化

　河口砂州の変動を長期的意味から調べるには過去の空中写真の比較が有効であり、全国各地でこの方法が有効利用されてきた。ここでも空中写真をもとに河口の変遷について調べてみる。まず相模川河口について米軍や国土地理院が撮影した空中写真を入手し、それらを同一スケールで整理することにより、河口の変遷を調べてみる。ここで選んだ空中写真は、初年度が1946年で、その後1961、1967、1972、1977、1983、1988、1993年の8時期の写真である。1961年以降の各空中写真には、ひとつ前の写真の汀線位置を破線で記入し、各時期の汀線変化をわかりやすく表示する。

　1946年の河口状況を図**3.1**に示す。第二次世界大戦直後の海岸状況であるが、海岸線には幅約100mの砂浜が東西方向に連続的にのびるとともに、河口には右岸側から長さ約370mの細長い砂州が発達していた。また河口左岸の砂州は沖向きにゆるやかな凸状となっていた。そして河口周辺域では開発が行なわれておらず広い砂丘地が残されていた。こうした河口状況は相模川河口にとどまらず、全国の多くの河川の河口の共通的現象であり、河川からの供給土砂が潤沢にあった時代の典型的な姿である。

　1961年では、図**3.2**に示すように不透過構造を有する左岸導流堤がのばされ、これに応じるようにして左岸砂州がこの導流堤へとのび、導流堤と汀線が直角となって安定していた。一方、右岸側では河口へと長さ約100mの砂嘴がのび、左岸導流堤とこの砂嘴の間の狭い水路を通って河川流が海へと流出していた。沖合では白濁した砕波帯の状況よりわかるように、水深の小さな平坦面（河口テラス）が広域で発達し、し

図3.1　1946年における相模川河口部の空中写真

図3.2　1961年における相模川河口部の空中写真

図3.3　1967年における相模川河口部の空中写真

図3.4 1972年における相模川河口部の空中写真

図3.5 1977年における相模川河口部の空中写真

図3.6 1983年における相模川河口部の空中写真

第3章 川が沿岸の地形と底質に与える影響 39

図3.7 1988年における相模川河口部の空中写真

図3.8 1993年における相模川河口部の空中写真

かもその形状が東西非対称で、西側ではテラス外縁線の曲率が大きく、東側ではなだらかであった点が特徴である。また陸域では砂丘地での保安林（松林）の整備が進められた。とくに河口の西側隣接部では、従来砂浜であった場所に黒い帯状の保安林が新たに出現した。それと同時に陸域で開発が進み市街地が広がった。このように1960年代までには沿岸域でのさまざまな開発行為が行なわれはじめ、本来の緩衝帯としての砂浜幅が狭くなってきた。同時に、洪水対策としての河口の処理も始められた。

　1967年の空中写真を**図3.3**に示す。左岸河口導流堤の東側隣接部の汀線は1946年から1961年の間に大きく前進していたが、1967年にはその汀線前進域の汀線は後退することになった。また右岸側の河口砂州が河道内へと大きく発達している。

　1972年には、**図3.4**に示すように、1967年と比較すると、左岸河口導流堤の東側地

区の汀線後退傾向はほぼおさまった。また左岸導流堤の付け根から上流方向へと小規模な砂嘴の発達が始まった。この時期にはさらに右岸にも導流堤が建設され、西側からのびてきた砂州がそれとつながった。その右岸導流堤の上流端では、フック状の汀線が形成された。これは導流堤間の通過波浪によるものである。この時期、左岸砂州は全長約380mのびており、その背後には面積約5万4000m^{2}の干潟を抱えていた。

1977年には図3.5に示すように、1972年と比較すると著しい変化が始まった。すなわち、左岸導流堤の上流側には長さ約300mの長大な砂嘴が上流方向へとのびた。この砂嘴は左岸砂州の裏側にあった干潟の低水路に面した部分を砂で埋め、干潟と低水路を区分するように砂が堆積した。また河口左岸側の海岸では保安林前面の前浜の幅が非常に狭まり、汀線は護岸位置まで後退し、前浜がほぼ消失した場所も生じはじめた。このときから図示する柳島地区での侵食が顕著となったのであり、この時期以降、現在に至るまで柳島地区では再び前浜が復活したことは一度もない。

1983年の空中写真が図3.6である。1977年当時存在した左岸導流堤の付け根から上流へと長くのびていた砂州が洪水によって流出し、きれいになくなった。また旧右岸導流堤と右岸の間も水路となった。これに対し、左岸導流堤の付け根からは斜めに河道を横断して砂嘴がのびていた。この時期に現われた最も大きな変化は、河口左岸の柳島下水処理場前の保安林区域が著しく侵食され、その対策として護岸（写真では白く見える）が延長210mにわたって建設されたことである。この付近での最大汀線後退量は50mで、前浜は完全に消失した。以後河口東側の区域での人工化された海岸の延長がしだいにのびていく。このような汀線の後退は、河口から東側の海岸への供給土砂量の減少に起因して起きたものである。

1988年には、図3.7に示すように、河口左岸砂州は平均海岸線位置から後退しはじめ、河口左岸では護岸が直接波にさらされた区域が延長約550mにわたって続いていた。従来、河口左岸砂州は河口の外側から発達していたが、護岸下流端から上流側へ約40m後退した場所からようやく発達していた。このときをもって河口左岸付近の前浜は完全に消失した。これと対照的に、右岸側では右岸導流堤の先端まで砂州がのびている。これは河口部浚渫土砂がそこに運ばれて盛られたためである。すなわち、相模川河口にあっては河口から上流に約720m遡った位置に平塚漁港があるが、河口とこの漁港を結ぶ航路に対して左岸側から河口砂州がのびて航路をふさいだために、土砂が堆積するたびに浚渫され、その土砂は沖合へ運ばれ投棄された。このようにして航路が広げられても波の作用で再び砂州が航路をふさいだために、浚渫‐投棄がくり返された結果、河口にある砂の総量が大きく減少し、河口砂州は波の作用とバランスする位置まで上流へと遡ったのである。なお、この機構については3.3節で説明する。そして1988年に浚渫土砂の沖合投棄は中止され、浚渫土砂が右岸導流堤の脇に置かれた。この結果として図のように右岸砂州が大きく突き出たのである。

1993年の空中写真が図3.8である。1988年と比較し、左岸河口砂州の上流方向への

移動が激しくなった。1988年では左岸砂州は河口左岸護岸の下流点から約40m上流より河道内へとのびていたが、護岸と砂州の汀線との接点がさらに60m上流へと移動し、左岸導流堤が水中に孤立するようになった。河口左岸砂州は横断方向に長くのび、右岸との間にわずか90mの水路を残して大きく発達した。またこの時期、平塚新港の防波堤建設工事が始められた。東部では海岸に離岸堤状の施設が建設され、その背後に波の遮蔽域が形成されたために、この構造物から西側、河口にいたる区間の砂がこの構造物背後の静穏域へと運ばれて堆積した。

以上のように、相模川河口にあっては長期的に見ると1946年から1993年までの47年間に、河口を取り囲む地形が大きく変化し、多量の砂が海岸線を広く覆っていた時代から、局部的にしか砂浜が存在しないような姿へと変化してきた。

この変化の主要因は、上流部に建設された相模ダムにより土砂の流下が止まるとともに、砂利採取によって河川から供給され、海浜形成に役立つ細砂以上の粒径成分が極端に減少したうえに、航路維持のために河口部の土砂が除去されたことにある。その結果、河口砂州は新しいバランスを保つべく上流へ、上流へと遡ったのである。

扇状地を流下する急流河川などにあっては、河道内には交互砂州（比較的急勾配の河川に形成される砂州で、河川流の作用で形成される両岸から交互に発達した砂州）が発達し流れが網状流となることが知られているが、河道の空中写真においてこのような砂州の発達が見られること、そして河口にあっては河口から張り出した河口砂州が発達していることが河川からの供給土砂量が多いことを意味している。これに対して、砂州が上流方向へ遡り、かつ河口部の河道に砂州の発達がないような河川は、海への供給土砂量が大きく減少していることを暗に示しているのである。

3.3　河口砂州の短期的変化の機構

前節では約50年間と長期間の河口地形の変化を明らかにした。そこで示した汀線変化のみを見ると、河口部の地形は単調な変化をとげて現在の姿にいたったように見える。しかし実際には、河口部の地形、とくに河口砂州は洪水によるフラッシュ（短時間での急激な土砂流出）と、波の作用による砂州の復元とが動的意味でくり返され、長期的変化にこの短期的変化が重なっている。

河口砂州の変動は河川流と波の作用が関係するダイナミックな現象であり、河口砂州が洪水流の作用によってフラッシュされた場合、その構成土砂は沖合に一時的に堆積した後、波の作用のもとで再び河口へともどり、河口砂州が復元される。この作用は、砂のもつ平衡勾配と海底勾配のバランス関係から定まる岸向き漂砂と、沿岸漂砂とが均衡した状態として表わされ、砂州の回帰現象は等深線変化モデルにより計算が可能となっている（宇多ほか、2005）。河口部および河口沖テラスの表現においては、

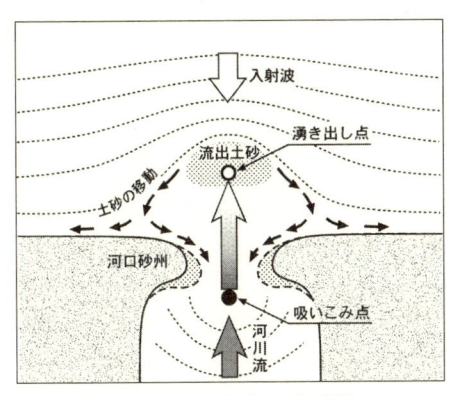

図3.9　砂の吸いこみ・湧き出しの概念図

芹沢ら（2002）のモデルに河川流の土砂輸送の効果を取りこむために、等深線変化モデルの基礎式の連続式に吸いこみ・湧き出し項を付加することで動的安定形状を再現することができる。図3.9は河口砂州への砂の回帰機構を表わす概念図である。

河川流による侵食作用は砂が吸いこまれて沖へ流出することとして表わされる。沖へ運ばれた砂は沖合で堆積しなければならない。これは砂が堆積した場所から「砂が湧いてきた」と表現できる。この間では実際には強い沖向きの河川流の作用によって砂が運ばれているのであるが、結果として起こる砂移動のみをモデル化するのである。また沖合へと流出した土砂は、砂の粒径に応じた平衡勾配と海浜縦断勾配のバランスにより、縦断勾配が砂のもつ平衡勾配より小さい河口テラス面上では砂は岸向きに移動する。そして汀線付近では河口部汀線が凹状となっていることから、河口内へと流れこむと考えるものである。以上の手法により、河口砂州が洪水流の作用によってフラッシュされ、フラッシュされた土砂が波の作用で再び河口へともどり河口砂州が復元されるという一連のプロセスをモデル化することができる。相模川河口での現地観測によると、河口砂州はおもに台風期の洪水でフラッシュし冬期に復元し、約1年のサイクルでフラッシュと復元をくり返すことがわかっている。2003〜2004年の観測では、洪水流量約600〜800m^3/秒でフラッシュし、約6カ月かけて復元した（海野ほか、2005）。

3.4　まとめ

以上、相模川河口を例として河口部の地形の長期的変化と、洪水起源による河口砂州のフラッシュと波による砂州の復元機構について述べた。砂州の復元については詳

細な予測計算の結果は省略したが、重要なことはその機構の詳細よりも、河口砂州とはそのような動的変動をくり返す、いわば弁の働きをしているということである。したがって河川流出土砂量の減少に起因して河口砂州が消失するという現象が起きている河川にあっては、海岸への土砂供給は望み得ない状況に近づいているといえる。一方、河口は河川から海岸への土砂の通過点というばかりではなく、河口および沿岸域の生態環境の保持から見ても重要な価値を有しているが、上述の例で見たように、河口部の地形は河川流域の人為的改変や、河口部周辺での土砂採取あるいは航路浚渫などの影響を非常に受けやすい場所でもあることから、開発にあたってはそれらの影響評価を十分行なうことが求められる。なお、ここで対象とした河川は、外海・外洋に面するため常時強い波浪作用を受け、したがって河川流出土砂が容易に拡散される場合である。

これらと対照的に、内海や内湾のように波浪作用が相対的に弱い場所に流入する河川にあっては、河川から運びこまれるシルト・粘土など細粒土砂が大きく拡散せず、河口沖に干潟を形成して堆積することが知られている。たとえば、大分県の八坂川の河口沖干潟では、洪水時に流出した土砂の干潟面上への集中的堆積が明らかにされている（宇多ほか、1999）。このように河口沖干潟では物質が堆積しやすい環境にあるため、ここで見たような外海・外洋に面した海岸のような侵食は起こりにくい。そこで侵食が起こるのは、主として航路や河口の浚渫によって過剰に土砂が系外へ運び出される場合である（宇多、2005）。この意味から河口沖干潟の保全においては、浚渫など人為的作用の影響について十分な注意が必要である。

引用文献

宇多高明・清野聡子・真間修一・山田伸雄（1999）台風9719号に伴う洪水による八坂川河口沖干潟の地形変化の現地観測. 水工学論文集, 43, 437-442.

宇多高明（2005）漁港・港湾・河川の基準における浚渫の取扱いと海岸侵食. 海洋開発論文集, 21, 463-468.

宇多高明・清田雄司・前川隆海・古池　鋼・芹沢真澄・三波俊郎（2005）等深線変化モデルによる河口砂州の変形の再現と予測. 海岸工学論文集, 52, 576-580.

海野修司・宇多高明・佐藤　勝・清田雄司・三波俊郎・前川隆海（2005）相模川河口砂州の変動に関する現地調査. 海洋開発論文集, 21, 481-486.

芹沢真澄・宇多高明・三波俊郎・古池　鋼・熊田貴之（2002）海浜縦断形の安定化機構を組み込んだ等深線変化モデル. 海岸工学論文集, 49, 496-500.

三浦正寛・宇多高明・芹沢真澄・小林昭男・酒井和也（2005）汀線変化モデルの新しい開境界処理法. 海岸工学論文集, 52, 536-540.

第4章 森林・集水域が海に与える影響

佐々木克之

4.1 森・川と漁場

　1988年に北海道漁協婦人部連絡協議会は、創立30周年記念事業として山に木を植える「お魚殖やす植樹運動」を始めた（柳沼、1999）。1989年に宮城県気仙沼湾に注ぐ大川の源流・室根山に漁師が木を植えた（畠山、2000）。その後漁民が山に木を植える運動は全国に広まっている。2004年には国は森と川と海の関係についての調査報告書を作成している（水産庁ほか、2004；2005）。森と海の関係についての調査研究は始まったばかりである。
　長崎（1998）は世界三大漁場には大河川が流入していることを述べている。カムチャツカ半島から日本周辺海域にかけてはオホーツク海に注ぐアムール川、カナダ・アメリカの大西洋沿岸（ニューファウンドランド島周辺）にはセント・ローレンス川、北海にはライン川とエルベ川が流入している。これらの大河川の水は森から流れてくるので、森が三大漁場の生産性を高めている可能性を指摘している。三大漁場のような大きな漁場以外にも、駿河湾のカタクチシラスやサクラエビと湾に注ぐ富士川、安倍川、大井川との関係も示唆している。白神山地のブナ伐採が青森・秋田沿岸の漁業被害をもたらしたとして漁業関係者が林道建設とブナ伐採に反対したことが白神山地を世界遺産に導いた契機となった。大漁時代のマイワシは薩南海域で産卵するが、この薩南海域の豊かさをもたらしているのは、大量の雨が降り、世界遺産の森が広がる屋久島の存在があるのではないかと長崎（1998）は考えている。
　このように、森と川が好漁場をつくり出しているのではないかと考えられているが、因果関係は十分明らかにされていない。漁師は体験から山に木を植えるのであり、その妥当性の検証を研究者に求めている。

4.2 森と川の関係

　森林の中には林業以外の役割があるとして、保安林が指定され、伐採の制限がされ

ている。長崎（1998）によれば、指定された保安林面積は1996年3月現在で857万haであり、これは全国森林面積の34％にあたる。この中で川や海と関係すると思われるのは、水源涵養林（保安林全体の72％）、土砂流出防備保安林（24％）および魚付き保安林（0.3％）である。そこで、これらの保安林の機能と考えられる点について検討してみた。

(1) 水源涵養林

　水源涵養林は、大雨のときに水を吸収して出水を防ぐ機能をもつものとされている。森林の中を歩くと、土がクッションのような感じがする。これは土の間に隙間がありそこに空気が入っているからである（体積の60～70％が空気で占められている）。雨が降ると水はそこへしみこんでいくので、土の表面を流れる水の量はしみこんだ分だけ減少する。しみこむ速さを浸透能とよぶ。中野ら（1989）によれば、この速さ（mm/時間）は広葉樹林では272、針葉樹林では211、自然草地では143、人工草地では107、畑では89、歩道では13である。したがって、広葉樹林では降った雨水が最も多く土にしみこむことになる。

　群馬県桐生市を流れて渡良瀬川に流入する桐生川流域で10年間測定された結果によれば、降った雨のうち44％が蒸発して大気にもどり、56％が流出する（海と渚環境美化推進機構、2003）。流出水のうち直接渓流に流出するものは21％で、残りの35％は地下水となる。地下水の一部は河川に流れこむが、一部は海底からの湧水となり、海の生産力に直接寄与する。

　水産庁ほか（2005）の資料によれば、ミシシッピ川流域のカシ林地の地表流下量は降雨量の0.77％なのに対して、牧場では3.77％、裸地では48％であり、森林では降った雨水が流れ出すのを抑えていることが示されている。中野ら（1989）は、東北地方の森林面積率が90％以上を占める流域の森林状態と流れ出す流量の比較を示している。森林を、「最良」「良好」および「不良」にわけて、それぞれの流域の河川の渇水時、平水時および洪水時の流量を比流量（m^3/秒/km^2）で比較すると、最良の森林流域では、渇水時と平水時に高く、洪水時に低いこと、逆に不良森林流域では渇水時に低く、洪水時に高いことが示された。また多摩川流域で森林が育つ前後10年間の河川流量分布を調べると、10年後に降雨量は河川で長い間かけて流出し、ピーク流量は10年前に比べて70％になったことも示されている。向井ら（2002）は、北海道厚岸湖流域の集水域環境の違いが保水力の違いを引き起こすことを報告している。集水域が牧場である大別川では72時間以内に大別川流域に降った雨の66％が厚岸湖に流入したが、集水域の20％が農地で80％が森林・湿原である別寒辺牛川ではわずか13％流出しただけであった。このように森林は、多くの雨が降ると水を一時的に貯留して洪水を防ぐとともに、河川や海域に安定して水を供給する機能をもっている。

(2) 森林からの生物生産物質の供給

　森林が良好な漁場海域環境の形成・維持に果たす役割について、自治体と漁業者団体にアンケートしたところ、森林の役割として83%が「水産動物の生育・生息に寄与する成分や元素の供給機能」と回答した（水産庁ほか、2004）。しかし、まだこのことについての科学的な根拠は見出されていない。

　雨水に含まれている窒素やリンは木の生長に用いられるので、森を通過した渓流ではこれらの元素は減少している。カルシウムやマグネシウムのような金属は、森の土壌にくっつくので渓流で減少しているという報告と、土壌から溶け出してきて渓流で増加しているという2種類の報告がある。森の地質が異なれば、異なる結果になる。日本の河川の地方別平均水質を見ると（海と渚環境美化推進機構、2003）、海の重要な植物プランクトンである珪藻の生長に必要なケイ酸塩の濃度は九州で最も高い（32.2mg/ℓ）。日本の平均値が19.0mg/ℓであり、2番目に高い北海道の濃度が23.6mg/ℓなので、九州の河川におけるケイ酸塩濃度が高いことがわかる。その結果、九州の河川が流入する有明海におけるケイ酸塩濃度も高く、珪藻が卓越する海になる。九州でケイ酸塩濃度が高いのは、河川水が火山性地質域を流れてくるからである。このように、河川の水質は地質によっても影響を受ける。

　松永（1993）は、沿岸域の生産性に鉄が重要と考え、森林の土の中で落ち葉などが分解を受けて作られる腐植物質とよばれる物質に注目した。腐植物質の中で酸によって沈殿しないものをフルボ酸、沈殿するものをフミン酸というが、松永はフルボ酸と鉄が結びついたフルボ酸鉄が海に流れこむことが、海の植物プランクトンや海藻の生長に重要であると述べた。水産庁ほか（2004）の報告書では鉄の分布調査は行なっているが、鉄と海の生産性に関する論議はされていない。また、研究者アンケートでは、鉄は沿岸のどこにでもあるのでフルボ酸鉄が生産を規定しているとは考えられないという意見が寄せられている。

　水産庁ほか（2004）は岩手県の宮古湾と大槌湾に注ぐ河川とその流域の森林域の調査を実施した。その中の全鉄とフルボ酸のデータを整理して図4.1に示した。鉄の分布を見ると、森林域で比較的高濃度で、河川で少し減少して、河口域で高濃度となり、湾央で再び減少している。フルボ酸は10月には河口から海域で濃度が高い傾向が見えるが、12月には河川で一番高濃度となっている。鉄の分布は上流より下流で濃度が高く、鉄の内訳を見ると、全鉄から溶存鉄とフルボ酸鉄を除いた部分が半分以上を占めることがわかる。報告書では鉄濃度が河口域で比較的高濃度な原因についてふれていないが、鉄の中の溶存鉄以外が占める割合が大きいので、鉄は河口域で凝縮・沈降して蓄積しやすくなり、沈降したものが巻き上げられるためではないかと推定した。水産庁ほか（2005）では愛知県の豊川流域の調査を行なっている。その結果によれば森林域の全鉄濃度は数十μg/ℓであり、岩手県の値と同程度であるが、河川域や河口域の濃度は100μg/ℓ前後であり、岩手県の値に比べて3〜5倍ほど高い濃度である。

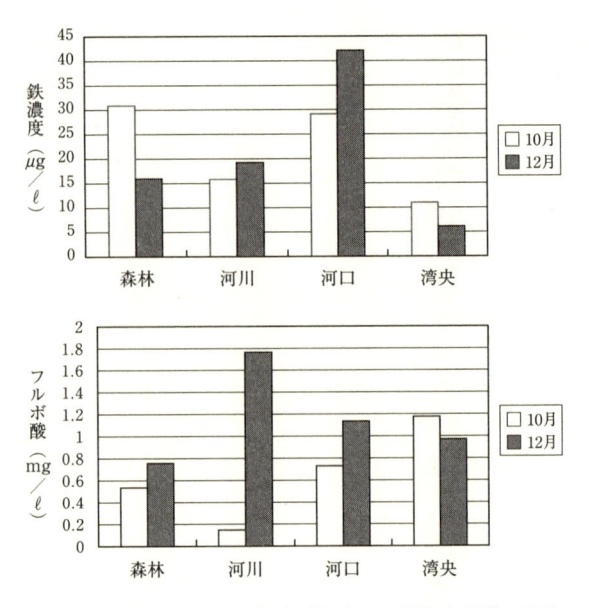

図4.1 集水域地域ごとの全鉄（上段）とフルボ酸（下段）の分布

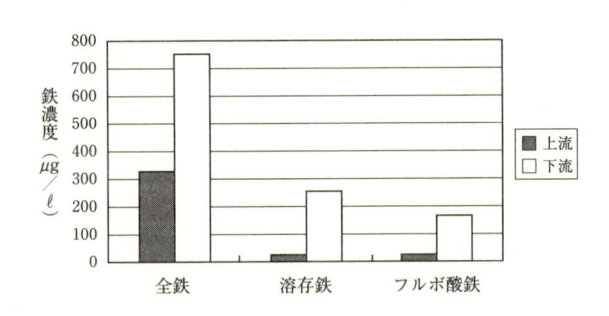

図4.2 宿野辺川における鉄の形態別濃度

　水産庁ほか（2004）に引用されている松永による北海道大沼に流入する宿野辺川の調査結果を図4.2に示した。河川の上流域より下流域で鉄濃度が高いことについて、松永は「平地の森林地帯では腐植土中での滞留時間が長い表層地下水が河川に流入するため」と考察している。松永の結果では全鉄濃度は300〜800μg/ℓであり、岩手県の結果に比べると1桁高い濃度である。

　松永（1993）は、北海道大沼とそこに流入する宿野辺川のフルボ酸鉄濃度と硝酸塩濃度に注目した。（湖水のフルボ酸鉄）／（河川のフルボ酸鉄）の比および（湖水の硝

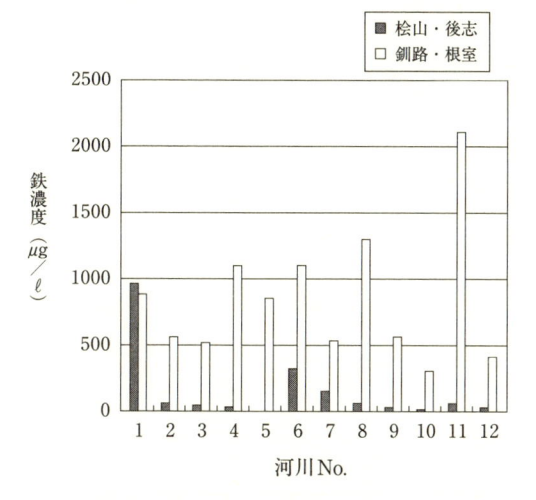

図4.3 北海道の桧山・後志と釧路・根室域に流出する河川の鉄濃度。桧山・後志と釧路・根室域のそれぞれのNo.の河川名を**表4.1**に示した

表4.1 **図4.3**で示された北海道道南の桧山・後志と道東の根室・釧路における河川名

	桧山・後志	釧路・根室
1	後志利別川	標津川
2	臼別川	春別川
3	見市川	床丹川
4	相沼市川	西別川
5	突符川	風連川
6	厚沢部川	別寒辺牛川
7	天野川	釧路川
8	石崎川	阿寒川
9	大鴨津川	庶路川
10	小鴨津川	茶路川
11	茂草川	浦幌十勝川
12	友部川	十勝川

酸塩)/(河川の硝酸塩)の比を調査した。この値は両方の比とも冬季には1.0に近く、夏季にはほとんどゼロとなる。硝酸塩は植物プランクトンの増殖に必要なので春季から夏季にかけて消費されるが、これとほとんど同じようにフルボ酸鉄も消費されているので、フルボ酸鉄が植物プランクトンに取りこまれていることを示していると推定した。松永(1993)はさらに、北海道の西海岸桧山・後志地方の海域では磯やけが起きているが、北海道東側の釧路・根室地方の海域では起きていないことに注目した。**図4.3**に北海道西海岸と道東地域の河川中の鉄濃度を示し、図中の河川No.に対応する河川名を**表4.1**に示した。両地域の12河川の鉄濃度を測定したところ、桧山・後志地方の鉄濃度は24〜960(平均147)$\mu g/l$であるが、釧路・根室方面では420〜2100(平均853)$\mu g/l$であり、平均値で比較すると釧路・根室海域は5.8倍鉄濃度が高い。松永は西海岸では鉄濃度が低いので磯やけになり、北海道の東側では鉄濃度が高いので磯やけにならないと推測している。

　窒素やリンなどの栄養塩が存在しても植物プランクトンが生長しない海の存在が知られていたが、これらの海に鉄を加えると植物プランクトンが生長したので、鉄が不足していることが明らかにされた。鉄を加える前の海の鉄濃度は0.05 $\mu g/l$前後であった。河川の鉄濃度は数十から数百$\mu g/l$である(**図4.1〜4.3**)が、海域の濃度の測定例は少なく、**図4.1**では5〜40 $\mu g/l$である。沿岸の鉄濃度は植物プランクトン生長に必要な濃度の100倍以上ということになる。一方、松永(1993)が述べた例は、鉄

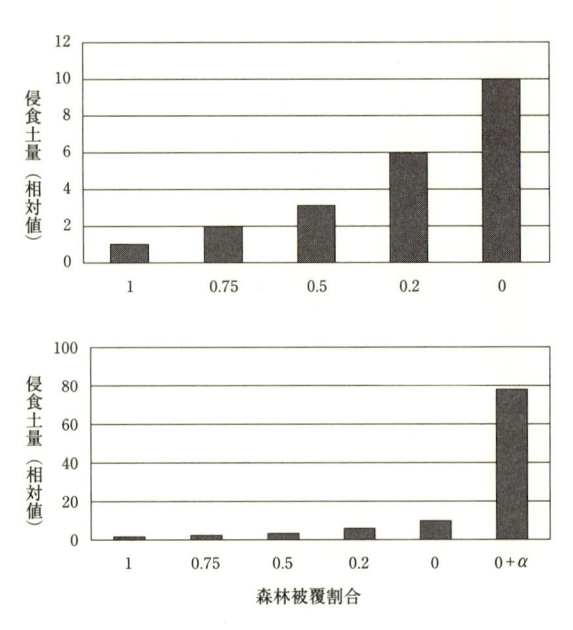

図4.4 岡山県アカマツ林における森林被覆割合と侵食土量の関係
（0＋α：全面伐採のうえ、切り株も取り除く）

またはフルボ酸鉄が沿岸の植物プランクトンや海藻の生産性に必要であることを示している。文献を見るかぎり、沿岸域における鉄の役割の研究は松永以外に見あたらないので、鉄濃度が高くてもフルボ酸鉄でなければ植物プランクトンに利用されないのかなど、今後の調査研究が必要である。

（3）土砂流出防備保安林

　傾斜30°のアカマツの天然林の年間土壌侵食量は0.35トン/haであるが、伐採すると侵食量は3.66トン/haに増加することや、森林の落葉が地面を覆っていると侵食土壌量は少ないが、落ち葉が覆っていない裸地になると侵食量は雨量の増加にともない加速度的に増加することが報告されている（水産庁ほか、2004）。長崎（1998）は、わが国の傾斜15°以上のところで調べた1ha当たりの年間平均侵食土量は、森林で2m³以下、農耕地ではこれの8倍、裸地では50倍、荒廃地では170倍になることを紹介している。また、斜面がどの程度森林によって覆われているのかによって侵食される土の量が変化することも紹介しているので、それを**図4.4**に示した。森林の被覆面積が減少するとき、減少幅が小さいと侵食土量は減少幅に比例して増加するが（**図4.4**上の被覆割合が0.5まで）、減少幅が増加すると侵食土量は加速度的に増加して、全面伐

採のうえに切り株も取り除くと侵食土量は飛躍的に増加する（**図4.4**下）。森林が土砂流出を抑制する大きな役割をもっていることが示されている。

(4) 魚付き保安林

　長崎（1998）は、昭和12（1937）年の調査によって全国各地で森林が伐採されて漁業が衰退して、その後森林を回復することによって漁業が回復した例が報告されていることを紹介している。昔から漁民は経験を通して、海近くまで木が繁っている付近の海域には魚が集まることを知っていたらしい。『広辞林』によると魚付き林は、「魚類を集め、またその繁殖・保護をはかる目的で設けた海岸林。魚類が暗所を好み、また森林が風波を防ぎ水温を安定させることを利用する」と述べている。魚付き林の面積は、昭和に入った1926年から1955年ごろまでは4万〜5万haであったが、その後急激に減少して、1968年には約3万haとなり、その後安定している。1937年の調査によって、魚付き林の効果は、陰影を魚が好むこと、水量・水質が安定してサケ・マスにも有用なこと、栄養を供給することと述べられている。これらの効果のうち、水量の安定、栄養の供給および土砂流出の抑制についてはすでに述べてきたので、それ以外について述べてみたい。

　サケ類は本来、親魚が川を遡って産卵し、稚魚が海に下って成長する。しかし、日本ではほとんどが孵化放流によって増やしていて、サケ類にとって河川の役割は小さい。しかし、サクラマスは他のサケ・マス類と異なって、1年間河川で稚魚時代を過ごすので、河川環境はサクラマスにとって重要である。近年サクラマス資源が減少傾向にあり、河川環境研究が進められている。日本自然保護協会が国土交通省に提出した「北海道・天塩川水系における『サンルダム計画』に対する意見書」の中で帰山雅秀北海道大学教授は、河川が森に覆われていて河畔林(かはんりん)があること、陰影があること、またそのことによって水温が低く保たれること、稚魚の成長を支える昆虫類が多いことなどが必要であるとしている。また、これは古くから魚付き林の特徴とされていることであり、サクラマスだけでなく、さまざまな淡水魚にとっても重要である、と述べている。

4.3　集水域と海の関係

(1) 水田の治水機能

　日本はアジアモンスーン地帯に位置しているため、雨量に恵まれているが、河川の勾配が大きく、降った雨水は短時間で海に流れ出てしまって、水を十分に利用することができない。そのため多数のダムが建設されているが、ダムは砂をためて海岸侵食を引き起こすなど多くの問題が指摘されている。森林は、すでに述べてきたように大

きな保水力を有しているので、近年は緑のダムと表現されている。長崎（1998）は、首都圏の水を確保するため集中的にダムが増設されている利根川上流域でも、その有効貯水能力は地域の年間降水量の5％程度であるが、利根川上流域の森林の有効貯水能力はダムの10倍にのぼると考えられると紹介している。

水田は、森林とは異なる機構で水をためる機能を果たしている。日本の場合、淡水摂取量の65％は農業用であり（工業用は17％、生活用は18％）、水田に蓄えられた農業用水は治水という意味ではある程度の役割を果たしていることになる。長崎（1998）は、水田が蓄える水量について永田（1989）の論文をひいて述べている。それによると、日本の水田面積は約300万haで、このうち30cmの畔高をもつ整備水田が約半分、残りは畔高10cmであり、雨水の貯水可能量は60億トンとなる。ここから水稲栽培に必要とされる9億トンを差し引いた51億トンが大雨のときに出水を抑制する水田の貯水能力と算定している。この算定では水田に水を張っていない状態を仮定している。水稲栽培時の水深が3〜5cm程度と考えると、水田の貯水能力は36億〜42億トンとなる。一方、1980年に完成しているダムの総洪水調節水量は24億トンであり、水田の調節水量はダムのそれの1.5〜2倍強となる。

ダムの建設費、償却費などから水田のもつ治水機能を経済的に換算すると約6000億円/年と試算されている。1980年当時と比べて休耕田が増えて、現在の水田の貯水機能は減少していると考えられるが、日本の水田は水循環において重要な役割を果たしていることは間違いない。

（2）集水域からの栄養塩の供給

集水域には森林以外に、田畑、耕作放棄地、牧場、都市域などさまざまな土地利用がある。これらからの河川への窒素やリンの供給量は次のように、「原単位法」で求められる。人口がわかれば人が1人当たりどれだけの窒素やリンを排出するのか、水田ならば面積当たりどれだけ排出するのか、などを集計して求める。しかし、原単位で求めたものがそのまま川や海に流出するのではなく、途中で浄化されるなどするので、実際に河川を通じて海に流出する量を求めるのはそれほど簡単なことではない。向井ら（2002）は北海道の厚岸湖に注ぐ河川で、集水域の違いと栄養塩供給の関係を報告している。別寒辺牛川の流域面積は447km^{2}であり、集水域の20％が農地で、残りの80％は森林と湿原・原野である。集水域の66％が牧場である大別川の流域面積は38.68km^2、農地開発が1％程度で残りは湿原・原野である。オッポロ川の流域面積は29.30km^{2}である。各流域からの面積当たりの負荷量を見ると（図4.5）、農地が占める割合の大きい大別川からの負荷量が一番大きい。興味深いのは、負荷量が大きい原因は硝酸塩によるものであり、懸濁物質流入量は河川による差が小さい。別寒辺牛川とオッポロ川では硝酸塩より懸濁物質量が多く、大別川では硝酸塩が多いので、農地開発によって硝酸塩供給が増加することがわかる。出水時にとくにオッポロ川からの

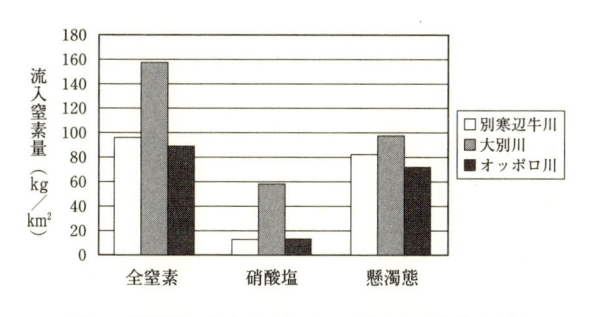

図4.5 厚岸湖に注ぐ3河川からの面積当たり窒素流入量

懸濁物質流入量が増加していて、向井ら（2002）はオッポロ川流域がほとんど湿原・原野であることと関係しているかもしれないと述べている。

窒素、リンは海の植物プランクトンの生長に必須であり、動物プランクトンの餌となる珪藻にはさらにケイ酸塩が必須である。このうち窒素とリンは森林からの供給は少なく、農村では田畑から、都市では生活排水や工場排水から供給される。東京湾、大阪湾、伊勢湾などの人口密集地域では窒素とリンの供給が過剰となり、海では富栄養化によって赤潮と貧酸素が生じている。ケイ酸は岩石や土壌の風化により生じるので人為的増減は少ない。三河湾周辺には大都市が少ないが、農畜産からの供給と海水交換が悪いため、赤潮や貧酸素が生じている。有明海では窒素やリン供給量が増加しないのに、赤潮や貧酸素が生じていて、諫早湾干拓事業との関連が問われている。このように集水域と海域との関連は複雑であり、海の環境悪化を検討するには集水域の変化と海における環境変化の両者を検討していかなければならない。

（3）集水域からの土砂供給

土砂は森林からだけでなく、田畑などからも海域に供給される。児玉・田中（2005）は、広島湾に流入する土壌物質の起源と量について推定している。それによると、73.5％の面積を占める森林原野からの土砂侵食量は27.5％、9.1％の面積を占める農用地からの侵食量は26.8％、面積で1.2％を占める耕作放棄地や開発地域のような荒廃地からの侵食量は46.1％である。荒廃地からの土砂供給がきわめて大きいとともに、農地からの供給も大きいことが示されている。児玉・田中（2005）は、2000年6月11～12日の東海豪雨による懸濁物質（SS）や栄養塩の矢作川から知多湾への負荷量を見積もっている。それによると、東海豪雨後1週間のSS負荷量は、豪雨がない平水年の4.9年分、窒素負荷量は2.5年分、リン負荷量は3.3年分に達すると述べている。多量の土砂と栄養塩が流入した知多湾では底生生物が土砂に埋まってアサリなどが死んでしまうだけでなく、堆積土砂から窒素やリンが溶出して赤潮の原因になるなど、影響

が数年続く。このように増水時の河川から海への物質供給を調査することは重要である。

4.4 森と海の関係

(1) 地下水の海底における湧水

　森林に降った雨水の一部は地下水となって河川に注ぎ、また一部は海底からの湧水となる。張・佐竹（2002）は、北アルプスの標高800～1200m起源の地下水が10～20年かけて富山湾の魚津沖や黒部沖に湧水していると述べている。海底湧水の栄養塩も調べられている（中口ほか、2005）。富山湾に注ぐ片貝川と黒部川の河口の海底（水深8～33m）の海底湧水、それぞれの河川扇状地の地下水および河川水の栄養塩を分析した。リン酸塩については河川水、地下水および海底湧水でともに低い値であった。片貝川流域と黒部川流域の結果を図4.6に示した。片貝川流域では海底湧水のケイ酸塩濃度は地下水より低濃度であるが、黒部川流域では反対であり、流域で異なっている。中口ら（2005）は、河川水が富山湾に120億m^3/年（実際に栄養塩の流入計算に用いたのは92.39億m^3/年）、海底湧水が33億m^3/年流入するとして、河川と海底湧水の栄養塩濃度を用いて、それぞれの海への負荷量を計算した。その結果年間の海への流入量は、硝酸態窒素は河川水から1660トン、海底湧水から2290トン、ケイ酸態ケイ素は河川水から12万7000トン、海底湧水から2万2900トン、リン酸態リンは河川水から185トン、海底湧水から22トンであった。したがって、富山湾への植物プランクトンの生産を支える栄養塩（とくに硝酸塩）が河川からだけでなく、海底湧水から供給されることが明らかにされた。中口ら（2005）は森林由来と考えられるフルボ酸を分析したところ、海水には含まれているが、海底湧水には含まれていないことを明らかにしている。森林域を起源とすると考えられる海底湧水にフルボ酸が存在しない原因を検討する必要がある。

　新潟県北部、佐渡島に面する五十嵐浜にはアミ類など多様な底生生物が多く存在しているが、この浜に流入している新川という小河川の栄養供給だけでは底生生物の生産力を説明できないと考えられている。小暮・佐藤（1997）は、この浜の底から滲出してくる水に注目して調査したところ、高濃度の窒素やリンを含んでいることが明らかとなった（図4.7）。塩分は汀線海水が28.7、滲出水が2.9、河川水が0.6であり、滲出水は淡水に近い。この滲出水のDIN（硝酸塩＋亜硝酸塩＋アンモニウム塩）は河川水の2倍強、リン酸塩濃度は河川水の約5倍であった。滲出水の供給速度は不明であるが、栄養塩濃度が高いので、この浜の底生生物の生産に寄与していることが推測される。

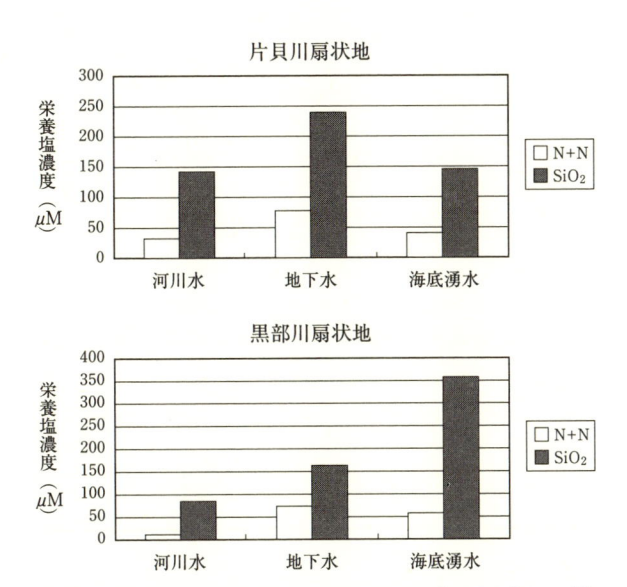

図4.6 富山湾に注ぐ片貝川と黒部川流域の河川水、地下水および海底湧水の硝酸塩＋亜硝酸塩（N＋N）およびケイ酸塩（SiO_2）濃度

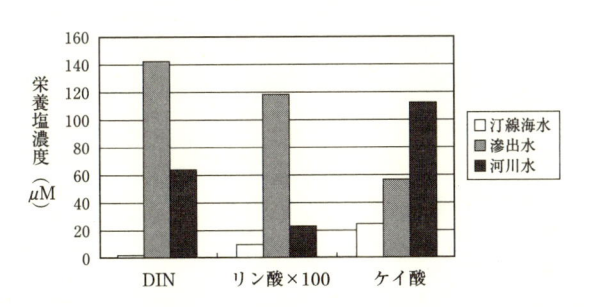

図4.7 新潟県五十嵐浜における海水、滲出水および河川水の栄養塩の濃度

（2）沿岸の魚類生産への落ち葉の寄与

　北海道日本海沿岸のある河口で、森林起源の落ち葉をトンガリヨコエビという動物プランクトンが利用して、この動物プランクトンをクロガシラカレイが餌とすることが明らかにされている（水産庁ほか、2004）。トンガリヨコエビの年間生産量の27％が落ち葉に依存して、クロガシラカレイ生産の81.6％がトンガリヨコエビに依存していることが明らかにされた。したがって、両者を掛け合わせると、カレイ生産の22％は落ち葉に依存していることになる。

第4章　森林・集水域が海に与える影響

4.5 森・川・海のシステムの理解と維持

　漁民は直感的に森が漁業に必要と感じている。戦後間もない1946年に、北海道別海町の野付半島の伐採計画に対して漁民が反対運動を展開して伐採中止となった（柳沼、1999）。このような漁民の運動は、海に近い森についてはいくつか見られるが、川の源流域の森に木を植える活動は1980年代後半になってからである。森の重要性は、いままで述べてきたように、貯水機能、土砂流出抑制機能、海の植物プランクトンの生長に必要な元素や有機物の供給などが考えられる。河野（2006）は、林野行政の赤字補填のために土砂流出防備や水源涵養の保安林の貴重な天然林が伐採されて、天然林生態系が荒れていることに警鐘を鳴らしている。森の伐採だけでなく、ダムも川や海の環境に悪影響を与えると考える人が増えている。しかし、科学的な証拠にもとづいた森と海の関係はまだ不明確である。

　現在私たちが考えるべきことがいくつかある。森と川と海の生態学的関連を学問的に明らかにすることが必要であることは間違いない。森・川・海のシステムは長い進化の過程で生まれてきた関係であり、人間がわからないことが多々存在する。また、漁民が森に木を植えてもその効果が表われるには50〜100年の年月が必要である。したがって、学問的に明らかにならない時点でも考えるべきことがある。野付半島の森林伐採問題から27年後の1973年に別海町で今度は牧場建設計画がもち上がり、漁民は反対運動を展開した（柳沼、1999）。このときは漁民の同意なしに河川開発計画は行なわないという事前協議制が確立された。沿岸漁業を守るためにはこのような制度が必要と考えられる。古くから漁民が感覚的に理解してきたことに対して、科学的でないとして検討しないことこそ科学的でないと考えられる。現在の考えでは、開発行為が川や海に悪影響を与えるということが明らかとならないかぎり開発行為が行なわれるが、今後は悪影響を与えないことが明らかにされないかぎり開発行為を行なわないという考えを導入すべきである。

引用文献

海と渚環境美化推進機構（2003）森が育てる豊かな海. 182pp.
河野昭一（2006）危機に瀕した日本の天然林. 北海道の自然（北海道自然保護協会）, 44, 2-9.
小暮陽一・佐藤善徳（1997）砂浜域の底生生物生産を支える栄養物質の供給機構. 水産界海洋研究, 61, 199-202.
児玉真史・田中勝久（2005）川から海への物質の流れと沿岸環境の保全. 農における自然との共生, 64-86, 農林水産技術会議事務局.
水産庁・林野庁・国土交通省（2004）森・川・海のつながりを重視した豊かな漁場海域か環境創出方策検討調査報告書. 699pp.

水産庁・林野庁・国土交通省（2005）河川を軸とした底質移動による良好な生態系の保全施策に関する検討調査報告書. 434pp.

張　勁・佐竹　洋（2002）富山湾における海底湧水. 海洋と生物, 24, 294-301.

中口　譲・山口善敬・山田浩章・張　勁・鈴木麻衣・小山裕樹・林　清志（2005）富山湾海底湧水の化学成分の特徴と起源－栄養塩と溶存有機物. 地球化学, 39, 119-130.

長崎福三（1998）システムとしての森－川－海. 農山漁村文化協会, 224pp.

永田恵十郎（1989）水田はどれだけの水を貯え養うか. 現代農業・臨時増刊号「もうひとつの地球環境報告」, 農山漁村文化協会.

中野秀章・有光一登・森川　靖（1989）森と水のサイエンス. 東京書籍, 176pp.

畠山重篤（2000）漁師さんの森づくり. 講談社, 173pp.

松永勝彦（1993）森が消えれば海も死ぬ. 講談社, 190pp.

向井　宏・飯泉　仁・岸　道郎（2002）厚岸水系における定常時と非定常時における陸域からの物質流入－森と海を結ぶケーススタディー. 月刊海洋, 34, 449-457.

柳沼武彦（1999）森はすべて魚つき林. 北斗出版, 246pp.

第5章 川が海の水質と生態系に与える影響

山本民次

　河川水の流出が海域の水質や生態系に与える影響は、大きくわけて直接的な影響と間接的な影響の2通り考えられる。直接的影響とは、海水とは成分が異なる河川水が流入することにより海水との混合過程で起こるさまざまな現象であり、間接的影響とは、淡水の流入により形成される強固な成層により上層と下層間の物質の交換が抑制されることによって引き起こされる結果や、すでに述べられているように（第2章）、エスチュアリー循環によって、海域の沖合下層からの物質の流入が引き起こされることによるものである。これらのことを総合的にとらえないかぎり、エスチュアリーでの水質や生態系の変化のプロセスを見誤ることになる。なお、本書はエスチュアリー生態系内での生物－環境間の物質循環に対する河川の影響をテーマとしているので、この章では生物を介して循環するいわゆる親生物元素（C、N、Pなど）について述べることとし、生態系に直接ダメージを与えるような有害・有毒物質などについては取り上げない。

5.1　川が海の水質と生態系に与える直接的影響

(1) 粒状物質と溶存物質

　河川水にしろ海水にしろ、濾紙で濾過して、濾紙上に乗るものを粒状物（質）、濾紙を通過して濾液に含まれるものを溶存物（質）という。粒状物は河川の速い流れによって運ばれるが、海に出ると流速が急に遅くなるので、沈降して河口域に堆積する。一方、溶存物質には海水と接しても溶けたままでいるものと、凝集して粒状物の仲間入りをするものがある。

　溶存物質のうち、通常、藻類がよく利用するのは栄養塩とよばれる無機物である。植物による光合成生産は無機物から有機物を作るプロセスであり、生態系の物質循環において、最初の生産という意味で「一次生産」ともいう。光、温度とともに、栄養塩類の負荷量の大小は、エスチュアリーの一次生産を決める主要な要因である。河川水がどのような物質を運んでくるかは、後背地の利用状況によって異なることは第4

章で述べられたが、たとえば畜産業がさかんな土地ではアンモニアが多かったり、田んぼにまいたケイ酸肥料が流れこむことでケイ酸塩濃度が高かったりする場合もある。

(2) 凝集作用

河川水が海水とぶつかり合うところでは凝集作用（フロッキュレーション、flocculation）が起こる（図5.1）。凝集作用による生成物を凝集物（フロック）といい、このメカニズムは2通り考えられる。1つは、電荷を帯びた粒子が引き合うことによる化学的な作用であり、もう1つは、河川水中の微生物が塩分の違いで死滅し、それらが出す粘液物質で凝集することによるものである。

1つ目の化学的凝集作用は次のようなものである。河川水中には、雨水が山林を流れる間に、落ち葉などが腐る（バクテリアにより分解される）ことによる溶存有機物（腐植物質）が含まれる。腐植物質はさまざまな物質群の総称であり、フルボ酸やフミン酸とよばれるものが含まれる。河川水には比較的高分子のフミン酸が多く、これらが河口域に出ると、海水中に多く含まれる陽イオン（Na^+、Ca^{2+}、Mg^{2+}など）と結合し（電気的中和）、凝集する。このことは河口域での高分子画分の減少によって裏づけられている（藤井ほか、2006）。

腐植物質はそれらがもつ官能基（おもにカルボキシル基とフェノール性水酸基）により鉄などの金属イオンと錯体を形成するので、河川水中には藻類が利用できる溶存鉄濃度は高い。ところが、海に出ると、上述の電気的中和が起こり、鉄が追い出されてNa^+、Ca^{2+}、Mg^{2+}などが代わりにくっついてしまう。これらの陽イオンや鉄とフミン酸との平衡常数は$Fe \gg Mg = Ca \gg Na$なので（Stumm and Morgan, 1996）、本来なら鉄はフミン酸にキレートされたままのはずである。しかしながら、海水中でのNa^+、Ca^{2+}、Mg^{2+}などの濃度は河川水のフミン鉄の$10^4 \sim 10^5$倍も高いので、これらが鉄からフミン酸を奪ってしまうということが起きる。実際に解離する鉄は90%以上ともいわれている（Boyle *et al.*, 1977；藤井ほか、2004）。

水中で溶存できる鉄イオン濃度は非常に低いので、フミン物質から解離した鉄はすぐに水酸化鉄（$Fe(OH)_2^+$、$Fe(OH)_3^0$）となる。これらもまた不溶性コロイドであり、凝集して沈降する。水酸化鉄コロイドはその表面にリン酸イオンを吸着する。これは水酸基にリン酸イオンが配位する反応なので、配位子交換反応とよばれ、植物プランクトンによるリン酸塩の利用可能量を低下させる。塩化物イオン、硝酸イオン、硫酸イオンなどは配位子交換して吸着したリン酸イオンとはほとんど交換しないが、シュウ酸、クエン酸、リンゴ酸などの有機酸はリン酸イオンと交換する。陸上植物の根はこれらの有機酸を分泌して土壌中からリン酸を吸収できるようであるが、植物プランクトンではよくわかっていない。

鉄は細胞内の窒素代謝や光合成明反応で作用するフェレドキシン生成に必要な元素であり、先に述べた栄養塩類とともに藻類の増殖には欠かせない物質である。一般に

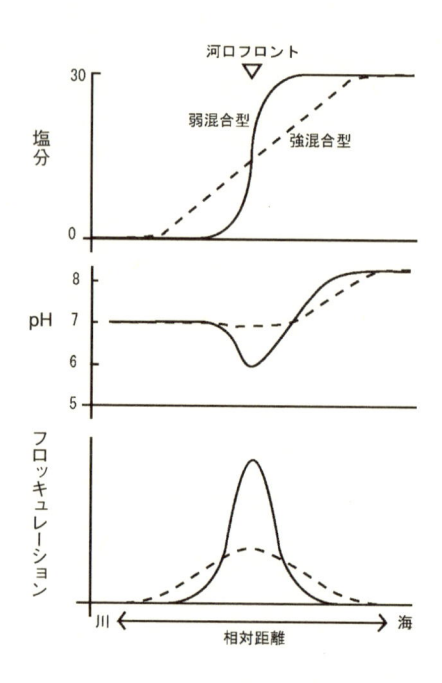

図5.1 河川水が海水とぶつかる場所（フロント）での現象。pHの低下や凝集作用が見られる（マクラスキー、1999より引用・改変）

温熱帯域の外洋表層は陸上でいえば砂漠のような海域が広がっており、一部の海域ではいわゆる上述の栄養塩ではなく、鉄の不足により植物プランクトンの増殖が律速されていることが知られている。これに対し、沿岸域では陸からの鉄の供給量が多いので、鉄不足による植物プランクトン増殖の律速はほとんど起こらないと考えられてきた。しかしながら、都市化を含め河川後背地利用の変化により、自然林などの面積が減ったりしたことにより、沿岸域でも藻類が利用できるかたちの鉄が不足し、一次生産の低下につながっていることが指摘されている（Lewitus *et al.*, 2004）。

2つ目の生物学的凝集作用については、河口域の水をサンプリングして顕微鏡で観察するとよくわかる。上述の化学的凝集作用によって形成されたと思われるアモルファス（不定形）の粒子に加え、微細な藻類がからまっていることが非常に多い。河川によって運ばれてきた淡水産微生物は塩分の急上昇により死滅する。それらの細胞が破壊されることにより、細胞質が浸出し、これらと化学的に凝集したものが混じり合っているのである（**図5.2**）。

（3）pHの変化

河川水と海水がぶつかり合うところではpHの低下が見られる（**図5.1**参照）。たとえば、陸の土壌を形成する石灰岩やケイ灰石の場合、雨が降ると、これに大気中の二酸化炭素が反応して、河川水中に重炭酸（HCO_3^-）が多く含まれることになる（式5.1、

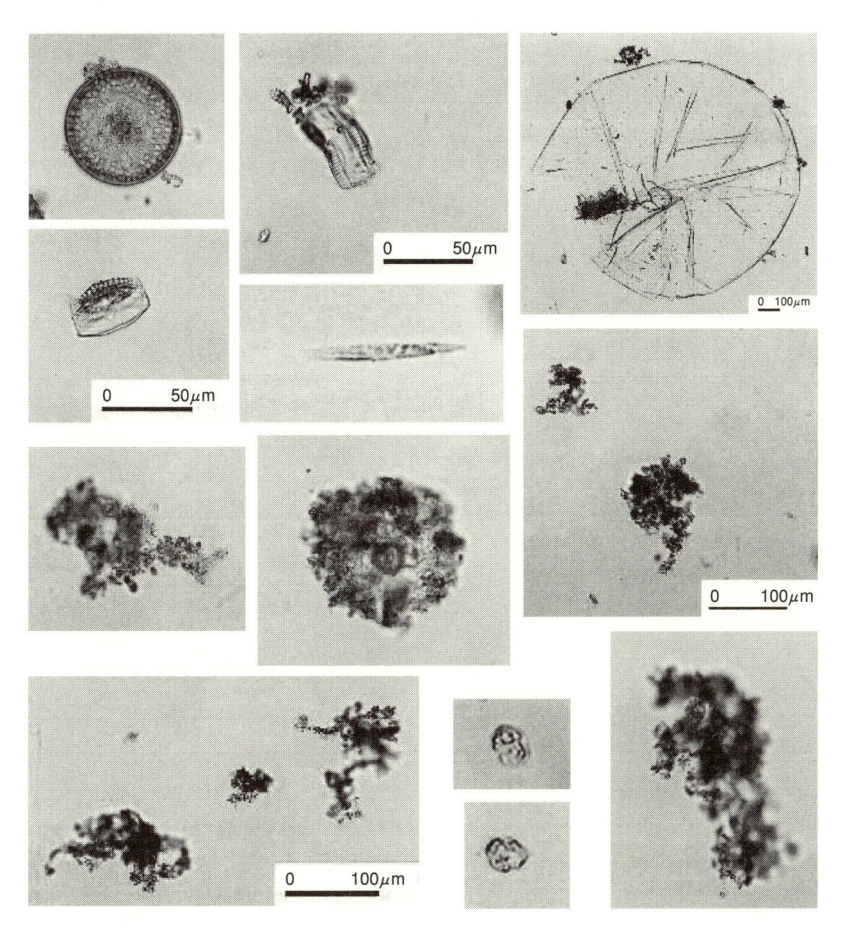

図5.2 河口域で見られる凝集物の顕微鏡写真。細胞が破壊した植物プランクトンや化学的に凝集した不定形のものが混在する

第5章　川が海の水質と生態系に与える影響　　61

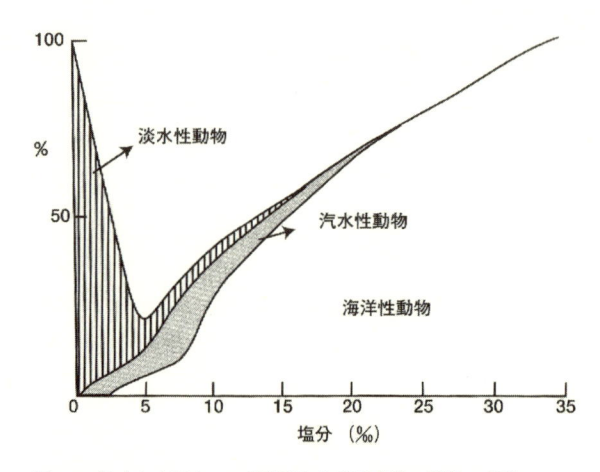

図5.3 淡水から海水への移行域における動物の種数の変化。エスチュアリーでは塩分変化が激しいので、動物の種数は減少し、多様性は低くなる（マクラスキー、1999より引用）

5.2)。これにより、河川水のpHは低下する。pHは水中に溶存する物質の形態やそれらの存在量（濃度）を決める要因であるので、生物の細胞生理レベルでの影響は大きく、とくに以下に示すように、炭酸系の変化と密接に関係しているので、植物の光合成反応に大きな影響を与える重要な環境要因のひとつである。

〈ケイ灰石〉 $CaSiO_3 + 3H_2O + 2CO_2 \rightarrow Ca^{2+} + 2HCO_3^- + H_4SiO_3^0$　　　(5.1)
〈石灰岩〉　 $CaCO_3 + H_2O + CO_2 \rightarrow Ca^{2+} + 2HCO_3^-$　　　(5.2)

ただし、海水中では以下の炭酸平衡が成り立っているので（ワイル、1972）、それほど大きなpH低下にはならない。

$$H_2O + CO_2 \Leftrightarrow H_2CO_3 \Leftrightarrow H^+ + HCO_3^- \Leftrightarrow 2H^+ + CO_3^{2-} \qquad (5.3)$$

(4) 生物の多様性

　生物の多様性は環境の時間的・空間的変動によって生じるといわれている。上述のように、河川水が流入することにより、エスチュアリーは塩分やpHなどが時間的にも空間的にもめまぐるしく変化する場所である。したがって、エスチュアリーは生物の生息にとって過酷な環境といえる。とくに環境の変化に対して敏感な動物にとっては、多様性は低いといわれている（図5.3）。

植物にとってのエスチュアリーは若干状況が異なる。植物にとっても塩分の急激な変化はあまり好ましくないが、低塩分を好む種や広塩性の種など、エスチュアリーの環境に適応して進化した種も多い。エスチュアリーのような浅海域は、無機栄養塩濃度が高く、光が十分に獲得できるので、植物にとっては好都合で、外洋には見られない大型藻・草類、底生性の小型・微小藻類、沿岸性植物プランクトンなど、さまざまな分類群の植物が生息している。このようなことから、エスチュアリーの植物種の多様性は沖合・外洋域よりも高いと思われる。

5.2　川が海の水質と生態系に与える間接的影響

(1) 成層の形成

　水圏の鉛直構造を議論するさいの常套的な考え方は水の柱が水面から水底まで存在する、とみなすやり方である。これを水柱 (water column) とよぶ。河川水が流入するエスチュアリーでは、重い（密度が大きい）海水の上に軽い（密度が小さい）淡水が乗ることになる（第2章参照）。このように密度の異なった水が層を成すことを「成層」という。軽い水が上に、重い水が下にある状態は鉛直的に安定している。しかし、海水の乱れのために上下方向に一様化しようとする混合作用が働いている。この一様化の働きに打ち勝つだけの淡水の供給があれば、安定した成層状態が保たれる。

　成層状態では上層と下層の物質の交換が妨げられる。上層は大気と接しているので、酸素やその他のガスの交換が容易であるが、成層状態ではそれらの物質は下層まで届かない。また、上層は光環境が良好であり、河川によって運ばれた栄養塩類も豊富なので、植物プランクトンなどの藻類はよく増殖し、酸素が光合成によって放出されるので、ときに過飽和（通常溶けこむ量以上に溶けた状態）になることもしばしばである。これらの植物プランクトンは枯死して沈降したり、動物プランクトンに食べられて糞となったりして下層に運ばれる。これらの生物起源の粒状態有機物をデトリタスという。下層には太陽光も届きにくいため光合成による酸素放出量が少なく、一方、上層から沈降してきたデトリタスの分解がさかんなため、酸素の消費が大きい。このような状況が続くと、下層は貧酸素状態になる。もともと海水中の溶存酸素濃度はせいぜい10mg/ℓ程度で、大気中に比べて30分の1以下であるので、容易に貧酸素化する。とくに暖候期には寒候期に比べて水温が高まり河川流量も多いので成層はより強固なものとなり、下層での有機物の分解速度も大きくなるので、貧酸素化の進行は速く、大規模化することがある。

　貧酸素状態がさらに進行すると、酸素を使って有機物を分解する酸化分解から、硝酸態の酸素や硫酸基の酸素を使う嫌気的分解がさかんになる。前者は硝酸還元、後者は硫酸還元とよばれ、後者では硫化水素（H_2S）が生成される。硫化水素は毒性が強

(a) 浄化作用

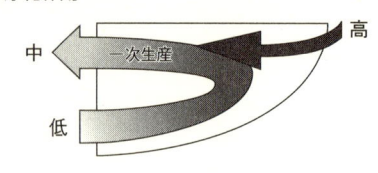

図5.4 エスチュアリー循環の2つのケース
(a) 河川水中の栄養塩濃度が高く、沖合下層水の栄養塩濃度が低い場合。鉛直循環（エスチュアリー循環）が起こることで、湾の水は浄化される。
(b) 河川水中の栄養塩濃度よりも沖合下層水の栄養塩濃度が高い場合。鉛直循環が起こることにより、湾内栄養塩濃度・一次生産は維持される（山本ほか、2000より）

(b) 富栄養化作用

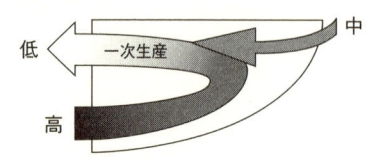

い物質なので、この状態ではほとんどの生物が死に瀕する。

貧酸素化や硫化水素の発生によって直接ダメージを受けるのは、海底に生息している底生生物であり、とくに固着生活をしている二枚貝などは大量死が起こることがしばしばある。二枚貝は植物プランクトンやデトリタスなどの懸濁粒子を濾過して食べているので、この作用が欠如することにより、さらに赤潮の発生をうながし、生態系は負のスパイラルに入りこむことになる。遊泳力のある魚類は底層の貧酸素化や硫化水素の発生を感知して逃避行動を起こすが、底層の貧酸素水塊は風などで岸に押し上げられ、たくさんの魚介類が斃死する場合がある。なお、青潮は貧酸素水塊が表層に湧昇して大気と接触し、貧酸素水塊中に存在していた硫化水素が酸化されて硫黄の単体が生じて青白く見える現象である。

(2) エスチュアリー循環

すでに第2章で述べられているように、河川水が沖合へ流出するのにともない、密度流効果で下層の海水は河口にもどり、一部が上層へ引きこまれる（連行）。このような一連の鉛直循環を「エスチュアリー循環」とよぶ。エスチュアリーや湾をひとつの入れ物とみなし、そこに流入する水の体積について比較すると、沖合から流入する海水の量は河川水の量より1桁程度多いことが普通である。また、人口密度が高く汚水処理が十分ではない場合には河川水中の栄養塩濃度は高いが、自然状態が残された河川の場合には相対的に沖合下層海水中の栄養塩濃度のほうが高い場合が多い。海域では表層で生産された有機物が底層に沈降して分解され、栄養塩濃度が高くなるためである。

そこで、河川水による栄養塩負荷量と沖合下層から運ばれる栄養塩負荷量のいずれ

表5.1 河川水とエスチュアリー循環による湾外下層水の連行の作用

	河川水	連行	合計
河川濃度（高）			
現状	2	1	3
河川水中栄養塩濃度 1/2	1	1	2
河川濃度（中）			
現状	1	1	2
河川水中栄養塩濃度 1/2	1/2	1	1 1/2
河川濃度（低）			
現状	1/2	1	1 1/2
河川水中栄養塩濃度 1/2	1/4	1	1 1/4
河川濃度（中）			
現状	1	1	2
河川水中栄養塩濃度 1/2 + 取水によって流量 1/2	1/2	1/2	1

河川水とエスチュアリー循環による湾外下層水の連行の作用について、栄養塩負荷の観点からまとめた。河川水中の栄養塩濃度が高い場合は、河川水中の栄養塩濃度の削減は影響が大きいが、栄養塩濃度が低下した状態での削減は湾内水の浄化としてはあまり効果が期待できない。また、ダムなどによる取水で連行水量が少なくなることも同様に栄養塩負荷量の低下に大きく寄与する

が相対的に多いかという観点でケースわけすると図5.4のようになる（山本ほか、2000）。(a)は、河川水による負荷量が多い場合であり、相対的に沖合下層からの栄養塩負荷量が少ないので、エスチュアリー循環によって、同海域は過度の富栄養化が進行せずにすむ。一方、(b)は、河川水経由よりも沖合下層からの栄養塩負荷が大きい場合であり、このような状態ではエスチュアリー循環は当該海域の一次生産をある程度のレベルに維持するように作用する。以上のように、エスチュアリー循環は河川による栄養塩負荷が大きい場合には浄化作用、小さい場合には湾内栄養塩濃度・一次生産を維持するように作用するという具合に、エスチュアリー生態系の恒常性の維持に大きく寄与している。

エスチュアリーに対する河川水由来の窒素負荷量は、地球全体で見ると、人間活動がなかったときに比べると現在では6倍にも増加していると見積もられているが、それでも自然現象であるエスチュアリー循環による負荷の10分の1程度である（Wollast, 1991）。自然の力がいかに大きいかが理解できる。

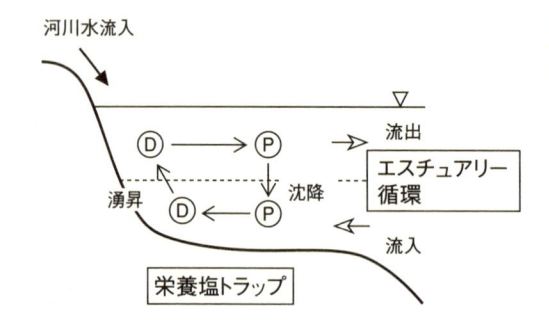

図5.5 エスチュアリー循環と栄養塩トラップ。D：溶存物質、P：粒状物質（武岡・村尾、1997を改変）

　陸域からの栄養塩負荷量の削減について考えてみる（**表5.1**）。河川水中の栄養塩濃度が高く、たとえば河川によって運ばれる栄養塩量が2、沖合下層から運ばれる物質量が1で、合計3の場合、河川経由の負荷を2分の1にすると、連行によって運ばれる量は変わらないので合計量は2に減る。同様に、河川によって運ばれる栄養塩量が1および2分の1の場合について試算してみた。いずれも連行によって運ばれる量は同じとすると、2分の1削減は同じであるにもかかわらず、合計量として現れる削減の効果は、河川水中の栄養塩濃度が低下するにつれて感じられなくなる。これが現実の閉鎖性海域の富栄養化対策において「いくら削減してもなかなか海がきれいにならない」理由のひとつである。もうひとつ大きな理由があるが、それについては第9章で述べる。

　また、河川水による負荷1、連行1の場合に、河川水の栄養塩濃度を2分の1削減に加え、ダムなどでの取水による連行水量の2分の1減少を考えてみる（**表5.1**最下段）。そうすると、合計量は1となり、これは河川水中濃度が低い場合の2分の1削減よりも小さくなってしまう。つまり、河川水中の栄養塩削減のみでは海域に対する栄養塩負荷量はなかなか小さくならないが、取水を行なうことで連行量が減ると大きな影響となり、湾の生態系は貧栄養になることがわかる。

　エスチュアリーにおける水や溶存物質の動きは上出下入であるが、粒状物は表層で生産されて沈降し、下層の逆もどりの循環に乗ってもどってくるので、エスチュアリー循環によってトラップされるかたちになる（**図5.5**；武岡・村尾、1997；山本、1997）。もちろん、粒状物が溶存物質に形態変換される分解過程もこの間に同時に起こっており、エスチュアリー内部に栄養塩がトラップされることになるので、この現象は「栄養塩トラップ（nutritent trap）」とよばれている。有機物の分解過程で酸素が大量に消費されるので、エスチュアリーの奥部下層で貧酸素水塊が発生するのもこのためである。東京湾、伊勢湾、大阪湾、広島湾など、まさに典型例である。比較的開放的であるように思える周防灘でも、南西部の下層では貧酸素水塊が形成されるこ

とが知られている。ここでは上層に流入する山国川の流量の変化と下層の貧酸素水塊の発達との間に密接な関連があり、山国川の流量や貧酸素水塊が形成されるまでのタイムラグなどに関する定量的な報告もなされている（馬込ほか、2002）。

エスチュアリーでの上出下入現象は、生物の分布や生活史にも影響を与えている。たとえば、アマゾン川の河口には大量の珪藻殻が堆積しているが、これらの多くは分裂増殖しながら沖に運ばれ、沈降して下層の逆向きの流れに乗ってもどってきたと考えられる。下層の流れが河口に向かうことは、はるか100kmほど沖合でも下層水が河口に向けて動いていることが底層に流したブイの動きなどからも観察されている。河川水の流出があるにもかかわらず浮遊生物がエスチュアリーからいなくなってしまわないのは、この上出下入の流動による。動物プランクトンなどのように鉛直移動できる生物では、この上出下入の水の動きを能動的に生活史の中に取り入れているものもいるようである。

ここまでは、エスチュアリーにおける水の動きが上出下入であるという一般論を前提に述べてきたが、時と場合によって中層に海水が貫入する場合があることが報告されていることを付け加えておきたい。伊勢湾の観測では、中層への海水の貫入により、底層の海水が滞留し、底層での貧酸素水塊の発生を助長しているようである（藤原ほか、1997；第12章参照）。このようなことは、湾の形状や湾内水の密度構造によって起こるものと思われる。

5.3 エスチュアリーにおける生物生産

河川水が流入するエスチュアリーの生物生産性は非常に高い。これまで述べてきたように、河川水による栄養塩類の負荷が大きいことに加えて、エスチュアリー循環による沖合からの栄養塩類の供給が多いこと、さらにはエスチュアリー奥部に堆積したデトリタスからの栄養塩の溶出、などに起因する。これらは、必ずしも川の直接的影響だけではないが、すべては河川水が流入することに起因している。エスチュアリーに特有なこれらの栄養塩供給機構は、藻類による生産（一次生産）を促進する。したがって、エスチュアリーにおける単位面積当たりの一次生産は、外洋生態系とは比較にならないほど大きく、湖沼生態系や陸上の熱帯雨林生態系と同等程度かそれ以上である。

生産された有機物は食物連鎖を通して食段階の高次の生物に回る。つまり、魚類や貝類の生産につながり、われわれはこれらの一部を漁獲して恩恵にあずかっている。すなわち、河川水の流入にともなう直接的・間接的作用によって生物生産性が高く保たれるのである。もし、河川水の流入がない場合を考えてみると、直接的な栄養塩負荷はもちろんゼロであり、それどころかエスチュアリー循環が起こらないので、外部

からの負荷もない。河川流入がないと海水が停滞するだけでなく、海域の生産性は極端に低下するのである。

5.4　洪水が海の水質と生態系に与える影響

5.3節までは、おもに平水時のことを想定して述べてきたが、降水量が多く、洪水となった場合には様相が異なる。豪雨ともなると、森林からは小枝や倒木、里部や都市域からはゴミなどが大量に海に出ることがあり、それらの回収には非常に大きな労力が必要とされる。増水すると河岸や河床の動植物が海に流されたり、普段は公園のように使われている河川敷も浸水したりする。海域の水質と生態系に対する影響という観点では、河床にたまった有機質の泥が流出することが大きいと思われる。

川には、水量が少なくても流れがある「瀬」と、水が淀む「淵」があり、流速が遅い後者では、有機物を含む粒状物がたまりやすい。洪水時にこれら河床の泥が一気に海域に出ることから「掃流」とよばれ、川にとっては「底さらえ」となるが、海にとっては大きな有機物負荷となる。

環境省が行なっている河川の水質モニタリング「公共用水域の水質調査」は平水時に調査することになっており、それらの観測頻度は多くて月1回である。洪水時に河川調査を行なうことは危険とも背中合わせであり、連続自動測定の測器類を設置したとしても、正常なデータが得られるとも限らず、最悪の場合、流失することも考えられる。このようなことから、洪水時のデータはほとんどないといってよい。近年、洪水時における河川から海域への物質負荷量の見積もりを行なうための実測の試みがいくつかなされるようになってきた。

平水時と比べて、洪水時に特徴的に流れ出るのは河床にたまった粒状有機物である。有機物の分解過程において、窒素の場合は多くは溶存態となるので、平水時でもつねに海域に流出しているが、リンは吸着しやすい性質があるので、掃流によって粒状物とともに大量に流出することがある (Inoue and Ebise, 1991)。田中ほか (2003) は三河湾に注ぐ矢作川において、測器類を用いた連続観測や高い頻度での採水による物質の濃度測定を行なっている。児玉ほか (2006) は矢作川において4年間にわたるデータを収集し、やはり、窒素の多くが溶存態で流出するのに対して、リンの多くは粒状態で流出することを確認するとともに、観測期間中に遭遇した「東海豪雨」(2000年9月) のときには、わずか1週間で年間の約65%に相当するリンが海域へ流出したと述べている。

洪水時に海域に流出した粒状物の多くは河口域の海底に堆積する。海水中に酸素が含まれる状態では、粒状物に吸着したリンは溶出してこないが、夏季になって水柱が成層し、下層での酸素消費が多くなって還元状態になるとリンは溶出してくる。河川

からの溶存態リンの直接的な負荷に加え、このことが温暖期の海域の一次生産を高めることにつながっている。したがって、粒状物に吸着したリンは洪水時の流出ですぐに海域の一次生産の増加に寄与するわけではないが、海底から水中に回帰して海域内の循環に加わるので、海域の水質と生態系の長期的解析を行なう場合には、無視できないプロセスであるといえよう。

引用文献

児玉真史・田中勝久・澤田知希・都築　基・山本有司・柳澤豊重（2006）矢作川から知多湾への窒素・リン負荷特性. 2006年度水産海洋学会研究発表大会講演要旨集, P.57.

武岡英隆・村尾　肇（1997）窒素,リンの流入負荷量の削減に対する水質の応答. 沿岸海洋研究, 34, 183-190.

田中勝久・豊川雅哉・澤田知希・柳澤豊重・黒田伸郎（2003）土壌流出によるリン負荷の沿岸環境への影響. 沿岸海洋研究, 40, 131-139.

藤井　学・佐々木陽・渡部　徹・大村達夫（2004）河口・沿岸域におけるフミン鉄の錯平衡と凝集特性. 環境工学研究論文集, 41, 389-400.

藤井　学・佐々木陽・大友　俊・渡部　徹・大村達夫（2006）松島湾における溶存有機物質と鉄の空間分布及び季節変化. 水環境学会誌, 29, 169-176.

藤原建紀・福井真吾・笠井亮秀・坂本　亘・杉山陽一（1997）伊勢湾の栄養塩輸送と亜表層クロロフィル極大. 海と空, 73, 55-61.

馬込伸哉・磯部篤彦・神薗真人（2002）周防灘における貧酸素水塊の流入河川水に対する応答. 沿岸海洋研究, 40, 59-70.

マクラスキー, D. C.（1999）エスチュアリーの生態学. 中田喜三郎訳, 生物研究社, 246 pp.

山本民次（1997）大気中二酸化炭素の吸収における沿岸海域の重要性. 水産海洋研究, 61, 381-393.

山本民次・芳川　忍・橋本俊也・高杉由夫・松田　治（2000）広島湾北部海域におけるエスチュアリー循環過程. 沿岸海洋研究, 37, 111-118.

ワイル, P. K.（1972）海洋科学－海洋環境の展望. 杉浦吉雄訳, 共立出版, 430 pp.

Boyle, E. A., J. M. Edmond and E. R. Sholkovitz (1977)The mechanism of iron removal in estuaries. *Geochemica et Cosmochimica Acta*, 41, 1313-1324.

Inoue, T. and S. Ebise (1991) Runoff characteristics of COD, BOD, C, N, P loadings from river to enclosed seas. *Marine Pollution Bulletin*, 23, 11-14.

Lewitus, A. J., T. Kawaguchi, G. R. DiTullio and J. D. N. Keesee (2004) Iron limitation of phytoplankton in an urbanized vs. forested southeastern U.S. salt marsh estuary. *Journal of Experimental Marine Biology and Ecology*, 298, 233-254.

Stumm, W. and J. J. Morgan (1996) *Aquatic Chemistry*, 3rd edition. John Wiley & Sons, Inc.

Wollast, R (1991) The coastal organic carbon cycle: fluxes, sources, and sinks. In *Ocean Margin Processes in Global Change*, eds. R. F. C. Mantoura, J. M. Martin and R. Wollast, Wiley, Chichester, pp. 365-382.

第6章 川が海の生きものと漁業に与える影響

佐々木克之

　川が海に供給するもので重要と考えられるのは、淡水、栄養物質および土砂である。これらの物質は河口域と内湾の生態系に影響を与える。森林生態系から供給される落ち葉や鉄が海の生産に結びつく問題は第4章で述べているので参照していただきたい。川の環境は、生活史の中で川と海の2つの水域で成長・繁殖する魚類にとって重要であるので、川と海を行き来する魚についても取り上げる。

6.1　栄養供給

　長崎（1998）は、好漁場が形成されている海域には大河川が流れこんでいると述べている。世界三大漁場の日本近海からカムチャツカ半島沿いの北西太平洋漁場ではオホーツク海に注ぐアムール川、カナダのニューファウンドランド島付近の北西大西洋漁場ではセント・ローレンス川、ヨーロッパのスカンジナビア半島周辺から北海漁場では北極海の氷由来の淡水供給があげられている。淡水供給が好漁場をもたらす最も大きな要因は、淡水が海の生産力に必要な、窒素やリンなどの栄養物質を供給することである。ここでは、河川から内湾へ栄養物質が供給される問題について述べる。

河口域の生産力
　植物プランクトンの生産力を一次生産力、植物プランクトンを餌とする生物（主として動物プランクトン）の生産力を二次生産力とよぶが、河口域では二次生産力が高い。Nixon（1988）は、世界のさまざまな水域の二次生産力を比較して、河口域の生産力が最も高いことを示した。彼は、河口域の生産力が高い理由のひとつとして、潮汐によって流動が引き起こされて、物質循環を活発化させるエネルギーが働いていることをあげている。エネルギーに加えて、河口域では河川からの栄養供給により一次生産力が高いこと、さらに河口域の二次生産を主として担っているのがアサリなどの二枚貝であることが、生産力が高い理由と考えられる。一般に生産力が低次から高次に移るとき、エネルギーが失われるので、生産力はおよそ10分の1になる。魚類生産力は、動物プランクトンを食べる魚に限っても、一次生産を出発点とすると、一次生

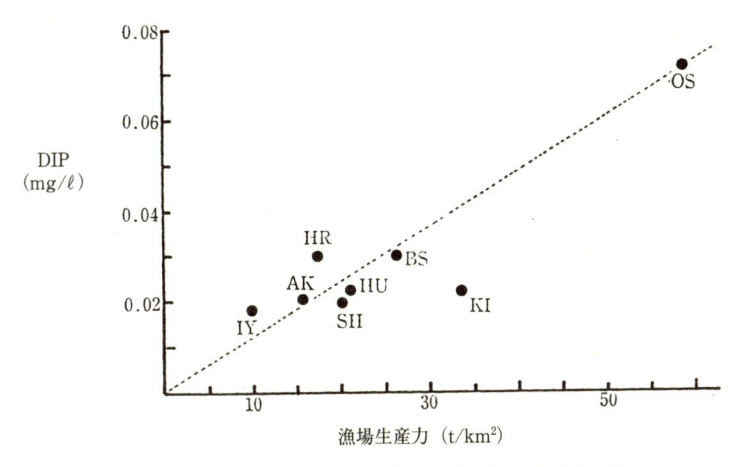

図6.1 瀬戸内海の灘別DIP濃度と漁場生産力の関係（城、1992より引用）
DIP（溶存態無機リン）：環境庁の資料による1978〜85年の表底層平均値
漁場生産力：灘別漁獲統計（1983〜87年の平均値）による
OS：大阪湾、KI：紀伊水道、HR：播磨灘、BS：備讃瀬戸、AK：安芸灘、HU：燧灘、SH：周防灘、IY：伊予灘

産→二次生産→魚類生産と2段階あるので、一次生産力の100分の1になるが、貝類生産は二次生産にあたるので10分の1になり、魚類生産に比べ生産力が高くなる。縄文時代から弥生時代の日本人が二枚貝を食料としたことが、貝塚によって明らかにされているが、河口域の高い生産力が古代人の食料を支えた。

窒素・リン供給と内湾漁業生産量

河川から窒素とリンが内湾に供給されると、これを利用して植物プランクトンが増殖し、海の色が変色するほど増殖する場合には赤潮とよばれる。赤潮が発生するようになると、植物プランクトンが大量に沈降して、下層で分解されるときに酸素を消費するので、下層や底層は貧酸素水となる。赤潮や貧酸素が生じるほど窒素やリンが多い状態を富栄養化したという。上層では植物プランクトンが多いので、それを餌とする動物プランクトンも多く、動物プランクトンが多いと魚類も多くなる。このため、富栄養化した内湾ではカタクチイワシなど上層を泳ぐ魚類（浮魚とよばれる）が増加するが、下層や海底に生息している底魚は貧酸素水のため、減少する。一般に下層や底層に生息する魚類は浮魚に比べ価格が高いので、富栄養化すると漁業生産額は減少する。富栄養化がさらに進み過栄養とよばれる段階になると、貧酸素水は上層にも及ぶようになり、浮魚まで減少することになる。したがって漁業振興の立場からすると、それぞれの内湾にはそれぞれに適正な窒素とリン供給量を検討しなければならないことになる。水産庁は、漁場の生産力を維持するために、漁場環境容量という概念を考

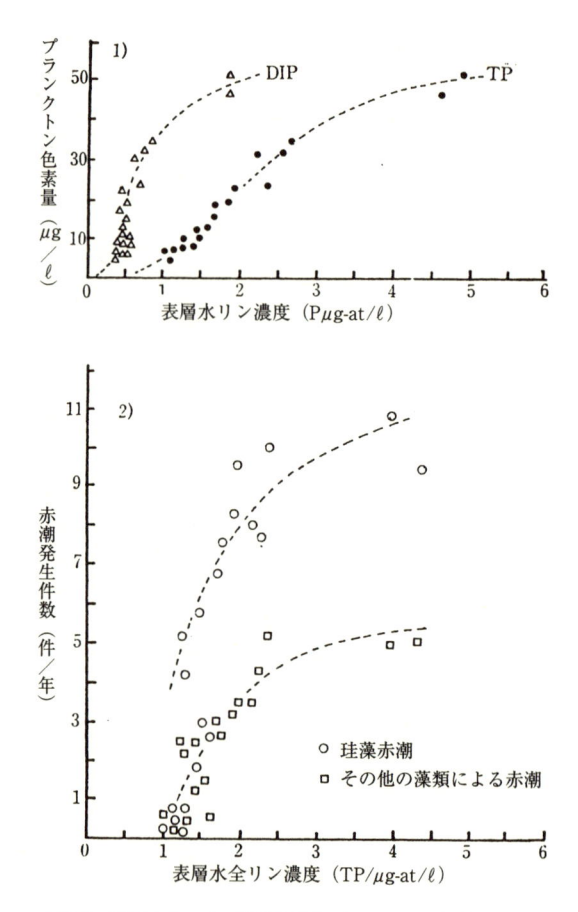

図6.2 表層水中のリン濃度と植物プランクトン色素の関係。
DIP：溶存態無機リン、TP：全リン（城、1992より引用）

えた。漁場の変化を引き起こすインパクトの質的・量的限界として漁場環境容量を定義した（日本水産資源保護協会、1989）。具体的には、内湾で貧酸素水を引き起こさない窒素とリンの供給量を大阪湾、伊勢・三河湾および東京湾で求めた。

城（1992）は、瀬戸内海における溶存態無機リン（DIP）濃度と漁獲統計による漁場生産力との関係を見た（**図6.1**）。**図6.1**を見ると、DIP濃度が高いほど漁場生産力が高く、漁獲量は海域の栄養塩濃度に制限されていることがわかる。DIP濃度が高いほど、プランクトン色素量や赤潮発生件数が高いので（**図6.2**）、河川からのDIP供給→海のDIP濃度上昇→植物プランクトンの増殖→漁場生産力の増加の間によい相関があることになる。漁獲量の組成を調べてみると、イワシ類などの浮魚とそれを餌とす

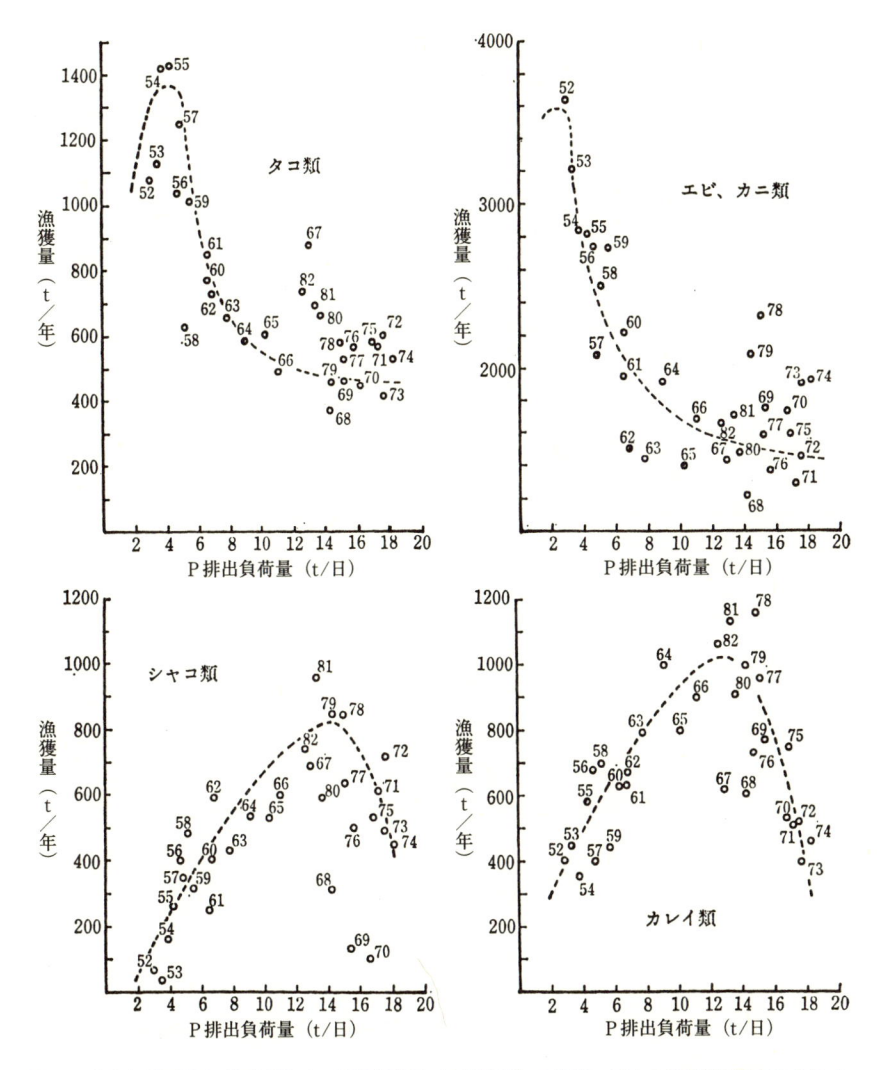

図6.3 底生魚類4銘柄の漁獲量とリン排出負荷量（大阪府域）の関係。図中の数字は西暦年次を示す（城、1992より引用）

第6章 川が海の生きものと漁業に与える影響

る魚食性魚類はリン供給の増加とともに増加しているが、底生魚類は必ずしもそうでなかった。大阪湾では、タコ類はリン負荷量が4トン/日、エビ・カニ類は3トン/日、シャコ類は14トン/日、カレイ類は13トン/日にピークを示し、それ以上負荷量が増加すると漁獲量は減少した（図6.3）。

　漁場環境容量の考え方によれば漁業が行なわれるために最低限維持されるべき底層の酸素濃度は$3ml/l$とされているので、城（1992）はモデル計算にもとづき、大阪湾の漁場環境容量はリン負荷量が8〜9トン/日が限界と述べている。図6.3によれば、タコ類とエビ・カニ類の漁獲は厳しいが、シャコ類およびカレイ類はそれなりの漁獲を上げることのできるリン負荷量である。

6.2　河口・汽水域生態系

　河川水と海水が混合する河口域では、塩分が0からおよそ30の間にあり、かつ変化が激しい。塩分が海水と淡水の間にある水域は汽水域とよばれるが、河口域も汽水域のひとつである。

汽水域に適応した二枚貝

　汽水域は、河川の流量変化にともない、環境、とくに塩分が激しく変化する場である。そのために、第5章（図5.3）で述べられているように、淡水域や高塩分域に比べて種類数が少ない。激しく変化する環境に適応した汽水域の生物は、競争種が少ないことによって有利になる。代表的な漁業種がアサリである。日本のアサリ漁獲量は近年減少傾向にあるが、おもな漁場は、東京湾、三河湾、瀬戸内海および有明海の河口干潟である。河口域では河川水量が多いと塩分は0に近づき、逆に渇水期には高塩分となるが、淡水に弱い生物や海水に適応できない生物が生息できない中でアサリは高い生産力を維持できる。たとえば、アサリ稚貝を捕食するキセワタガイは、低塩分に弱く、また高温にも弱いため、河口域近くにはあまり生存できない（瀬川・菅沼、1996）。このこともアサリが河口域で成長できる原因のひとつと考えられる。

　アサリの生活史は、卵が海水中に放出され、孵化したものは浮遊するので浮遊幼生とよばれる。浮遊幼生は海水中の植物プランクトンを餌としながら成長して、ある程度の大きさになると沈降し、海底で成長するようになる。この時期のものを着底稚貝とよぶ。浮遊幼生の殻長は最初約$100\mu m$で、2〜3週間で約$200\mu m$になると、沈降して着底する（鳥羽、1987）。アサリの浮遊幼生は繊毛を動かして鉛直的に遊泳できる。幼生は適度な水深を選択して、たとえば潮汐に対応してある水深の流れを利用して着底域に到達すると考えられているが（全国沿岸漁業振興開発協会、1997）、石田ら（2005）はその可能性は低いと述べている。彼らは、孵化後の幼生の成長と幼生の鉛直分布をくわしく観察して、受精後12日以降では低塩分を選択する傾向が強まって

いることを明らかにしている。もし、アサリ幼生がエスチュアリー循環に乗って河口域に達するとすれば、底層の高塩分に集まる傾向を示すはずであるが、そのような傾向は見られなかった。彼らは、成層期の湾内水の滞留時間と幼生の浮遊期間とのバランスおよび着底可能域の分布と面積が、着底アサリが多くなるために重要ではないかと推論している。三河湾の場合、幼生の浮遊期間は14〜19日であり、三河湾の東部渥美湾の滞留時間は約20日間なので、幼生にとっては好都合であり、また渥美湾には現在でも干潟域が残存していることが、渥美湾におけるアサリ稚貝が多い原因と推定している。アサリ資源回復のためにも、アサリ稚貝が河口域に分布する機構に関する今後の研究が期待される。

　ヤマトシジミは、塩分が0〜22の範囲で生息する（中村、2000）。ヤマトシジミに塩分が重要であることを示したのは八郎潟で見られた現象である。八郎潟は1961年に完成した防潮水門によって淡水化が進行し、年間約2000トンあったヤマトシジミ漁獲量は徐々に減少してほとんど漁獲されなくなった。しかし、1987年の台風で予期せぬ海水が八郎潟に侵入して、八郎潟内の池の塩分は1.8になった。その翌年からヤマトシジミが漁獲されるようになり、1990年には1万900トンも漁獲されたが、現在は再び漁獲量はほとんどなくなっている（佐藤、2000）。ヤマトシジミの漁獲量を維持するには、汽水域の塩分を適度に保つ方策が必要である。

汽水域の高い魚類漁獲量

　汽水域で貝類生産が高いことはすでに述べたが、魚類生産も高い例が示されている。川那部（1969）は、汽水域の中海の漁獲量生産が高い原因を示した。島根県と鳥取県の境界近くに、西から東へ宍道湖・中海・美保湾と続く水系がある。宍道湖はほとんど淡水で、美保湾は日本海の一部である海であり、間にある中海が汽水湖である。一次生産力の指標であるクロロフィルa濃度は、宍道湖・中海・美保湾でそれぞれ$1m^2$当たり2.2、1.5、1.8mgであった。これに対して漁獲量は$1km^2$当たり12、16、11トン/年であり、中海の漁獲量が多い。川那部（1969）の調査によると、中海における魚類の餌生物は、夏季には動物プランクトンであり、美保湾の2.5倍、宍道湖の5倍であるが、底生生物はほとんど0、一方冬季には動物プランクトンは少ないが、底生生物量は美保湾や宍道湖の10〜20倍であった。中海にやってくる魚類は夏季には豊富な動物プランクトンを、冬季には底生生物を餌としていた。汽水域は塩分変化が大きく、そのため餌の生産力も変化が大きいが、魚類はこれを効率的に利用するため、中海の生産力が高いことが示された。

6.3　土砂供給

　東京湾、伊勢・三河湾、瀬戸内海および有明海・八代海には以前には、広大な干潟

が広がっていたが、現在では多くの干潟が埋め立てなどで消滅して、現在では比較的広い干潟は瀬戸内海豊前海の山国川河口、有明海の筑後川や緑川などの河口および八代海の球磨川河口にのみ存在する。これらの干潟は、河川が運ぶ土砂によって形成されるので、すべて大きな河川の河口に存在している。ダムに堆積する土砂量を見ると、河川がどのくらいの土砂を供給するのか見積もることができる。宇野木（2005a）は、球磨川に1950年代後半に建設された3つのダムの堆砂量から、球磨川が運ぶ土砂量を見積もった。3つのダムは約43年間で480万m^3の土砂を堆積した。そこでダムがなければそれだけの土砂が河口に運ばれたと考えることは、近似的に許されるであろう。この量は、1年間に11km^2の広さの干潟に1mの厚さの土砂を供給することに等しい。八代海の球磨川河口域周辺の漁獲量が近年減少している問題は第15章で述べる。八代海の漁師の証言によると、以前にはアマモが船のスクリューに巻きつくほどあり、アサリもハマグリも砂の中に重なるようにいて、オオノガイは子どもでも1時間あれば、バケツいっぱい取ることができた（宇野木、2005b）。最近では干潟、河口域を利用する魚類、エビ・カニ類、貝類の減少が目立つ。筆者が河口干潟の漁師と懇談したとき、いま一番ほしいものは何かと聞くと、即座に砂という答えが返ってきた。これらの話をつなぎ合わせると、河川からの土砂供給が豊かな干潟を形成していたことがわかる。

6.4　海と川を行き来する魚類

　サケ目の魚類には、海と川を行き来するものが多い。日本でサケといえばシロザケのことであるが、シロザケが生まれた川にもどってくることはよく知られている。この性質を用いて、秋に川に帰ってきたサケを卵と精子をとるために河口近くで捕獲して、孵化場で孵化させて、しばらく大きくして、春に川に放流する人工孵化放流事業が行なわれている。図6.4にサケの放流数と漁獲量を示したが、全体として放流数に比例してサケの漁獲量が増加している。この結果を見ると、放流されたサケにとっては河川の環境はほとんど影響を与えない。一方、サクラマスについても放流事業が行なわれているが、漁獲量は増加しない（図6.5）。このように、サクラマスでは放流効果が十分でないのは、サクラマスが以下に述べるように河川に依存する割合が高いためと考えられている。また、アユも河川環境の影響を大きく受けるので（田子、2002）、ここではこの2つの魚を取り上げる。

(1) サクラマス
サクラマスの生活史
　日本海のサクラマスは、体長は50〜60cm、体重が2〜3kg前後である。名前は、桜

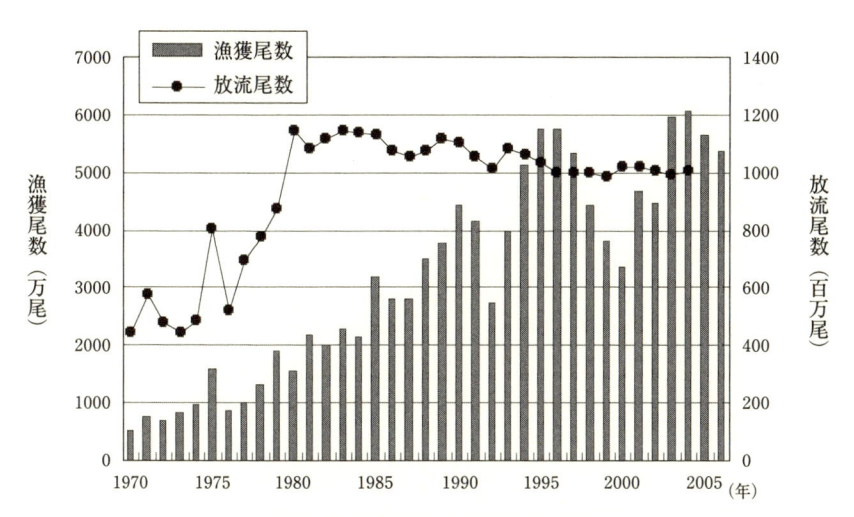

図6.4 北海道におけるシロザケ放流尾数と漁獲尾数（独立行政法人水産総合センター　サケマスセンターのホームページより引用）

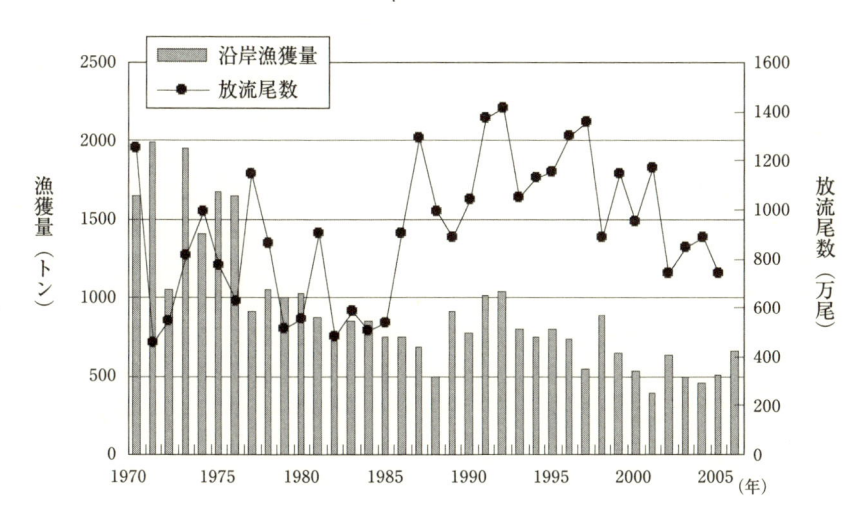

図6.5 サクラマスの放流尾数と漁獲尾数

第6章　川が海の生きものと漁業に与える影響　　77

北海道における一般的な生活史
サクラマス&ヤマメの一生

サクラマスとヤマメは同じ親の子 どうして名前がちがうのかな？

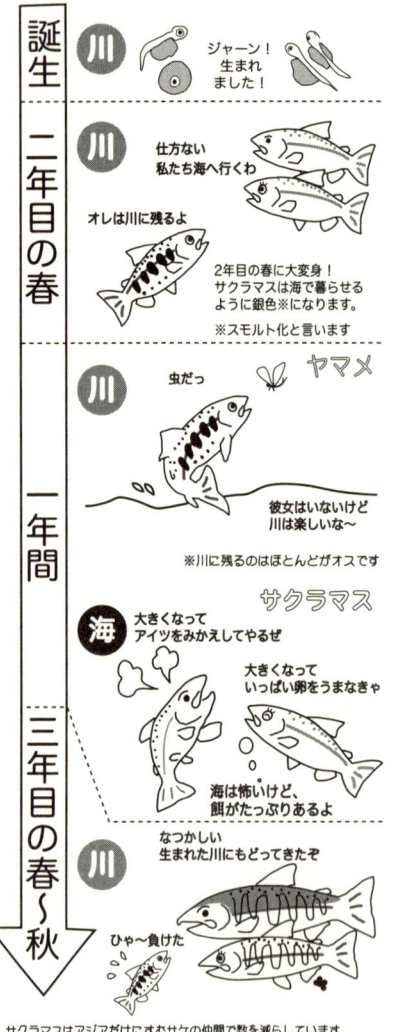

誕生
川
ジャーン！生まれました！

二年目の春
川
仕方ない 私たち海へ行くわ
オレは川に残るよ
2年目の大変身！サクラマスは海で暮らせるように銀色※になります。
※スモルト化と言います

一年間
川
ヤマメ
虫だっ
彼女はいないけど 川は楽しいな〜
※川に残るのはほとんどがオスです

サクラマス
海
大きくなって アイツをみかえしてやるぜ
大きくなって いっぱい卵をうまなきゃ
海は怖いけど、餌がたっぷりあるよ

三年目の春〜秋
川
なつかしい 生まれた川にもどってきたぞ
ひゃ〜負けた

サクラマスはアジアだけにすむサケの仲間で数を減らしています。

図6.6 サクラマスの生活史（橋本泰子氏作成）

の咲くころ河川遡上を始めるからとか、魚肉の色が美しい桜色に由来しているからといわれている。サクラマスは川から海に下って（降海）大きく育ったものをいい、河川のみに育つものはヤマメとよばれる。

生活史のイラストを図6.6に示した。サクラマスのひとつの特徴は、産卵を川の源流部で行なうことで、子ども（幼魚）を下流域に広く分散させようとしていることであり、川を目いっぱい利用しているともいえる。

秋から冬に源流部で孵化した仔魚は春まで砂利の中で過ごす。体長30mm程度の稚魚が遊泳生活を始めるのは春になってからである。次の年の春まで約1年間を幼魚（ヤマメ）として成長し、川で体長80〜150mmになる。ヤマメの重要な餌は水生昆虫であるので、ヤマメの成長には河川の生産力が豊かであることが必要である。また森林からの落下昆虫も餌として重要である。

孵化後2年目の春になると、幼魚は北海道ではメスのほとんどとオスの約半分が銀色（銀毛）に変化して（これをスモルト化とよぶ）、川を下って降海する。メスとオスの降海の割合は地域によって異なり、北海道などの北の地域ではほぼ1：1になるが、本州など南に行くほどオスの降海率は低くなり、富山県の河川で4：1ほどになる。残ったオスは引き続きヤマメとして成長する。

降海幼魚はオホーツク海で夏から秋を過ごす。晩秋に再び日本周辺にもどってくる。春になると、生まれた川を遡上しはじめて、秋に産卵後死ぬので、寿命は

表6.1 サクラマスの母川と移植河川への回帰率

河川名	孵化年	回帰年	グループ	回帰率	移植/地場
尻別川	1984	1987	地場	0.592	
			移植	0.046	0.078
	1985	1988	地場	0.212	
			移植	0.024	0.108
斜里川	1984	1987	地場	0.969	
			移植	0.106	0.109
	1985	1988	地場	0.910	
			移植	0.070	0.076

(真山、1992より引用)

満3年ということになる。

サクラマスは、寿命3年のうち、孵化後約1.5年と3年目に川を遡上する約0.5年の合計約2年間を河川で過ごすので、河川環境の影響を受けやすい。サクラマスの生態的特徴は真山（1992）にくわしい。河川改変がサクラマスに与える影響については第10章で述べる。

サクラマスの母川依存性

サクラマスは生まれた川（母川）へもどる習性があるだけでなく、母川への依存性も強い。真山（1992）は、サクラマス稚魚を孵化した母川に放流（地場放流）した場合と、母川と異なる川に放流（移植放流）した場合の、親魚の放流河川への回帰率を調べた。その結果、北海道南部の日本海に面する尻別川に放流した場合も、オホーツク海に面した斜里川に放流した場合でも、母川放流の回帰率に比べて移植放流の回帰率は、8～11％にとどまることが示された（**表6.1**）。サクラマスは生まれた河川への依存性が強い魚である。

(2) アユ

アユの生活史

秋に中下流域に下って、小砂利などが多い瀬の部分で産卵が行なわれる。産卵後ほとんどのアユは衰弱して死ぬ。小砂利などに産みつけられた卵は、水温によって異なるが、水温18℃では13日後に、夕暮れから真夜中の間に孵化して、仔魚はただちに水面に浮き上がる。仔魚はほとんど遊泳力がなく、河川の流れに乗って夜明けまでには河口まで運ばれる。仔魚は冬の間、河口域からその沖に分布して成長する。春になると、河口域に集まり、川を遡る。春から夏にかけて石に繁茂した付着藻類を口で削

って食べる。秋になると、産卵を終えて、1年の生涯を終える。アユは秋に孵化後すぐに河口域から海に降り、翌年の春までおよそ半年を海で過ごし、春に川を遡上して秋までの半年を川で過ごす。

　アユの生活史の中で、秋に仔魚が河口まで運ばれ、翌年の春に川を遡るまでの海における生態のことがよくわかっていなかったが、近年研究が進んできた。ここでは庄川のアユが富山湾で過ごすことを示した研究成果を見る（田子、2002）。

　①アユ仔魚の降下は20～22時にピークを示した。②河口域のピークは1～7時に見られ、降下のピークとの差は5～9時間であった。時間の違いは河川流量の違いにより生じると考えられている。③富山湾表層の仔魚は10～12月に出現し、ピークは11月であった。出現範囲は海岸線から2.5km以内に限られ、とくに1km以内で濃密であった。④仔魚は、富山湾の砂浜海岸の砕波帯に10～1月に出現した。平均体長は10月に12.1mm、1月に23.3mmであった。2月以降になるとしばらく仔魚は砕波帯では見られなくなる。おそらく、水温が低下するため、隣接する沖側に移動すると推定された。⑤庄川への遡上は、川と海の水温が約10℃に達する4月上旬ごろに始まり、海の水温が17℃を超える5月中下旬ごろに終わる。遡上した稚魚の体長は4.8～9.1cmであった。

(3) 遡河性サケ科魚類と河川環境

サクラマス幼魚の好適環境

　中野（2002a）は、北海道天塩川の支流・間寒別川水系の3つの異なる河道（大きな礫があって瀬や淵が少ないもの、大きな礫があり瀬や淵が多いもの、瀬・淵があるが礫が小さいもの）と2つの河畔タイプ（森林か草地）について、さまざまな環境要因とサクラマス幼魚数との関係について調査した。その結果、サクラマス幼魚密度と関連が見出されたのは、夏季最高水温とカバー率であった。カバーとは、魚類が捕食者や強い水流からの避難場所として利用できるもので、中野（2002a）によると、水中の倒流木、水中のブッシュ状構造、河岸部のえぐれ、水中または水面上40cm以内に張り出した植生である。最高水温が低いほど、カバー率が高いほどサクラマス幼魚の密度が高かった。一般に淵は魚類にとって生息好適な環境であり、本調査でもサクラマスの生息密度は高かったが、中野（2002a）は淵だけが重要ということではなく、カバーを提供し、水温を下げる役割をする河畔林が重要であると指摘した。

　サケ科魚類は、水中の水生昆虫と陸上からの餌を餌資源としている。このうち、春季には水生昆虫の羽化が大きな餌供給となり、夏季には陸上起源の生物が重要となる。中野（2002b）は、北海道南西部の幌内川で調査して、年間の森林区における陸生無脊椎動物の供給量は1564g/150m^{2}であり、草地区の852g/150m^{2}の1.8倍であること、サケ科魚類の消費量に占める陸生無脊椎動物供給量は、森林区で51%、草地区で35%になると報告している。したがって、餌供給から見ても、森林はサケ科魚類に

とって重要であると考えられる。

淵の必要性

昔の蛇行していた河川では瀬と淵が順に存在していたが、河道の直線化によって多くの淵が失われてきた。河川の魚類にとって淵は、夜間における睡眠場所、避難所などとして重要であるといわれてきたが、このことを示したデータは少ない。田子・辻本（2006）は、富山県庄川の浅瀬に人工的に深みを造成して、魚類への影響を調べた。1995年の調査では、造成前の瀬には4種113個体であったが、人工淵では10種1436個体へ大幅に増加した。魚種ではアユが最も多かった。田子・辻本（2006）は、水深30cmの瀬に水深1mの人工淵を造成することで、広い空間と遅い流速場が創出され、休息場、摂餌場、逃避場、夜間の睡眠場として多くの魚類に利用され、魚類に果たす淵の重要性を確認することができた、と述べている。

(4) サケの遡上が森林や湖沼に与える影響

最近、サケが海の栄養を川や周辺の森林に運ぶことが明らかにされてきた。Helfield and Naiman（2001）は、アラスカの2つの流域で遡上してきたサケ類（おもにカラフトマス）と河畔林の窒素安定同位体比を測定した。窒素原子のほとんどは原子量が14であるが、わずかに15のものが自然界に存在して、それぞれ^{14}Nや^{15}Nと記述される。この場合窒素全体の中の^{15}Nの割合を^{15}N安定同位体比という。窒素が陸上植物や海のプランクトンに取りこまれ、循環している間に陸の生物と海の生物の同位体比が変化する。Helfield and Naiman（2001）は、サケ類の産卵場周辺のトウヒの葉の同位体比は、産卵場でない場所やサケが遡上できない河川周辺と比較すると、明らかにサケ類の同位体比に近いことを明らかにした。また、同位体比を用いて計算すると、産卵場周辺のトウヒが取りこんだ窒素の22〜24％はサケから取りこんでいることが示された。これは、サケが産卵後死んで、またはクマなどに食べられたりして、分解されて、最終的に産卵場周辺の窒素源になっているためと推定される。また、トウヒの幹の直径と年輪の幅から成長量を求めると、産卵場周辺のトウヒは産卵場と関係ない場のトウヒと比較すると、最大で6倍速く成長していることが示された。Helfield and Naiman（2001）は、産卵場周辺の河畔林の成長がよいことは、その周辺の河川の生産力も高くなっていると推定した。そのため、遡上したサケが孵化した稚魚にもよい影響を与えるということになるので、遡上サケが多いほど孵化稚魚にとってよい環境が作られるという正のフィードバック機構が働いていると考えた。日本では、多くの場合サケ類は河口域で捕獲され、人工的に孵化、放流されているため、サケ類の運ぶ栄養が森林に寄与していないので、遡上サケの自然産卵も今後の検討課題である。

また、遡上するサケ類が湖沼に有害物質を輸送するという事実が明らかにされている。Krummel, *et al.*（2003）は、紅サケが遡上するアラスカの湖沼の底質のPCBs（ポ

リ塩化ビフェニル）濃度を遡上しない湖沼と比較した。サケが成長する大洋のPCBs濃度は1ng/ℓ以下である。一方、遡上してきた紅サケの脂肪1g当たりのPCBsは2500ng/ℓであり、PCBsは紅サケによって生物濃縮されている。100万尾のサケが産卵場に遡上したと仮定すると、0.16kgのPCBsを輸送することになり、この量は焼却場から年間に飛散する量に匹敵する。サケがほとんど遡上しない（5000尾/km^{2}以下）湖沼の底質のPCBs濃度は2ng/ℓ以下であるのに対して、サケが多く遡上する（4万尾/km^{2}以上）湖沼底質の濃度は約20ng/ℓになると報告されている。サケがほとんど遡上しない湖沼のPCBsは大気経由であることも述べられている。日本では紅サケはほとんど回遊してこないので、同様な問題は生じないが、日本で最も多く漁獲されるシロザケのPCBs含量について検討されることを期待したい。

6.5　河川環境の変化が海の生きものと漁業に与える影響

　河川は、地球上の水循環の一部を構成し、独特の環境を作り上げてきた。河川の影響を受ける河口域に生息している生きもの（アサリやシジミを取り上げた）および河川と海とを行き来している生きもの（サクラマスとアユを取り上げた）は、地球の歴史の中で環境との関係を作り上げてきた。また、大阪湾などの内湾は陸上からの栄養を蓄積しやすく、そのために生きものが豊富であった。河川環境が変化することは、当然これらの生きものと環境の関係（生態系）に多くの影響を与える。人間は、まだこの生態系についてよく知らないうちに河川環境を変化させてきて、これらの生物に大きな影響を与えてきた。第10章で取り上げる河川改変が海の生きものに与える影響を知るためには、河川環境と生きものとの関係をさらに明らかにしていくことが必要である。川の専門家と海の専門家の共同に加えて、河口域など両者の境界域を専門とする研究者の調査研究の発展が期待される。

謝辞

　サクラマスおよびアユに関する多数の資料を提供していただき、また本文を校閲していただいた、富山県水産試験場の田子泰彦博士に感謝します。

引用文献

石田基雄・小笠原桃子・村上知里・桃井幹夫・市川哲也・鈴木輝明（2005）アサリ浮遊幼生の成長に伴う塩分選択行動特性の変化と鉛直移動様式モデル. 水産海洋研究, 69, 73-82.
宇野木早苗（2005a）球磨川のダム建設後の八代海. 河川事業は海をどう変えたか. 生物研究社, 91-105.
宇野木早苗（2005b）海の環境を悪化させた河川事業. 河川事業は海をどう変えたか. 生物研究社, 8-15.
川那部浩哉（1969）中海水系の魚たち. 川と湖の魚たち. 中公新書, 60-82.

佐藤　泉（2000）八郎潟．日本のシジミ漁業．中村幹雄編，たたら書房，93-103．
城　久（1992）大阪湾．漁場環境容量．平野敏行編，恒星社厚生閣，49-68．
瀬川直治・菅沼光則（1996）漁場および飼育にみる捕食者キセワタガイと被食者アサリの関係について．愛知県水産試験場研究報告，3, 7-15．
全国沿岸漁業振興開発協会（1997）沿岸漁場開発事業増殖場造成計画指針　ヒラメ・アサリ編．平成8年度版，123-164．
鳥羽光春（1987）アサリ種苗生産試験II　人工種苗生産したアサリの成長．千葉県水産試験場研究報告，45, 41-48．
中村幹雄（2000）ヤマトシジミの生息環境．日本のシジミ漁業．中村幹雄編，たたら書房，5-14．
長崎福三（1998）システムとしての森－川－海．農山漁村文化協会，224pp．
中野　繁（2002a）北海道の小河川におけるサクラマス幼魚の生息量と生息環境との関係．川と森の生態学・中野繁論文集．北大図書刊行会，171-192．
中野　繁（2002b）森林と草地を流れる小河川におけるサケ科魚類の餌資源に対する陸生無脊椎動物の寄与．川と森の生態学・中野繁論文集．北大図書刊行会，207-226．
日本水産資源保護協会（1989）漁場環境容量策定事業報告書（第一分冊），1003pp．
田子泰彦（2002）富山湾産アユの生態，増殖および資源管理に関する研究．富山県水産試験場研究論文，1号，151pp．
田子泰彦・辻本　良（2006）河川の浅瀬に人工的に造成した渕における魚類の出現．応用生態工学，8, 165-178．
真山　紘（1992）サクラマス*Oncorhynchus masou*（Breviiot）の淡水域生活および資源培養に関する研究．北海道さけ・ますふ化場研究報告，1-156．
Helfield, J. M. and R. J. Naiman (2001) Effects of salmon-derived nitrogen on riparian forest growth and implications for stream productivity, *Ecology*, 82, 2403-2409.
Krummel, E. K., R. W. Macdonald, I. E. Kempe, I. Gregory-Eaves, M. J. Demers, J. P. Smol, B. Finney and J. M. Blais (2003) Delivery of pollutants by spawning salmon, *Nature*, 425, 255-256.
Nixon, S. W. (1988) Physical energy inputs and the comparative ecology of lake and marine ecosystems. *Limnology and Oceanography*, 33, 1005-1025.

第Ⅱ部
河川改変が海に与える影響

第7章 河川改変が海の物理環境に与える影響

宇野木早苗

7.1 河川改変による海域の物理環境の変化

　第2章で河川が海域の物理環境に与える影響について考察した。そして漁師たちの体験から、たとえばダムや河口堰などの建設後に、海の流れの状況が変化したことを聞くことも少なくない。しかし、「序」に記したような理由のために、埋め立て・干拓・浚渫などの沿岸開発にともなう物理環境の変化と区別して、河川改変によって海域の物理環境がどのように変化したかを、観測結果にもとづいて具体的に示すことは非常に困難である。海に近い河口堰の場合においてすらも、その影響の詳細が明らかにされたのは長良川河口堰問題以後のことで、しかもそれは河川内部に限られていて、河口沖の海域に対する河口堰起因の物理環境の変化はほとんど調べられていない。この問題は今後の研究に俟つところが大きい。なお、河川改変は沿岸の地形変化を生じて流れに変化をもたらすが、地形変化については第8章で述べられる。

　一方、洪水時にダムから大量の放水が行なわれたときに、栄養豊富な濁水が河口周辺で広範囲に広がり、その後静穏で晴天が続くなどの条件がそろえば、赤潮が発生することが多い。たとえば、日本水産資源保護協会の報告書にもとづいて、1991年12月に黒部川の出し平ダムから大量の排砂が実施されたときの、河口付近の濁水の拡散範囲を図7.1に示す。濁水は河口から沖合3km、長さ5km以上の広い範囲に広がっている。そして排砂1カ月後であっても、海底にはヘドロ状に黒ずんだ底質が広がって腐敗臭を放っていた（宇野木、2005）。この排砂のために沿岸漁業は壊滅的打撃を受けた。洪水時における濁水の広がりの状況は、航空機や衛星による画像によって知ることができる。関根ら（1988）は航空機から撮影した画像を用いて、洪水時における関東・東海地区の主要河川水の流出状況を比較検討した。衛星による例は図2.13のランドサット画像に示されている。

　河川が流入したとき、内湾には図2.12(a)に示すような鉛直断面内のエスチュアリー循環が発達する。この循環の沿岸環境にとっての重要性は十分に注目されなくてはならない（宇野木、2005）。本書においても第5章をはじめとする複数の章で具体的に指摘されている。河川内の取水によって河川流量が減少すると、この鉛直循環が弱

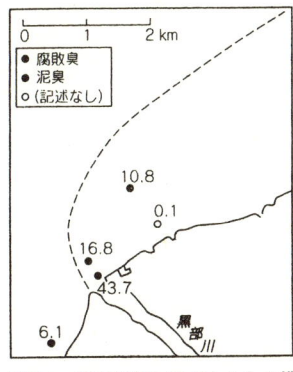

図7.1 黒部川出し平ダムからの排砂（1991年12月）による黒部川河口付近における濁水の拡散範囲（破線）と、排砂約1カ月後における底質のCOD (mg/g) の分布。日本水産資源保護協会の資料にもとづく

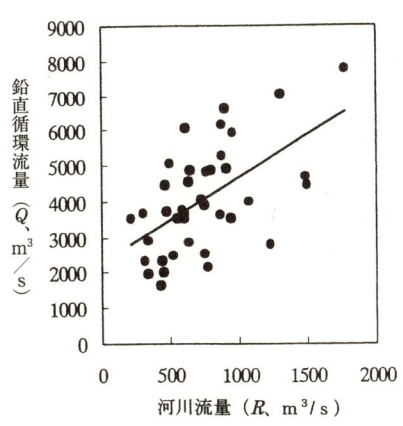

図7.2 伊勢湾における各月ごとの河川流量Rとボックスモデルで求めた鉛直循環流量Qの関係（山尾ほか、2002より引用）

まり、内湾の海水交換や物質循環に大きな影響を与える。河川内の取水の結果、海域の鉛直循環がどのように変化したかを直接的に示すデータは見出せないが、対象河川における河川流量と鉛直循環流量の一般的な関係を知ることによって、その程度を理解することはできる。

　図7.2は山尾ら（2002）が伊勢湾における浅海定線観測結果をもとに、伊勢湾に流入する河川流量Rとボックスモデルを用いて求めた鉛直循環流量Qとの関係を調べた例である。値の散らばりは大きいが、河川流量が減少すると鉛直循環流量も減少する傾向が認められる。両者の間の線形関係を仮定すると、相関係数0.58をもって図中の直線を得る。両者の比Q/Rの値は河川流量が小さいと大きくなる。たとえば河川流量が500m³/秒のときはこの比は6.9となって、エスチュアリー循環の流量は3450m³/秒というきわめて大きな値に達し、その影響の重要性が推察できる。またこの比は、河川から取水すると、取水量の6.9倍に及ぶ鉛直循環流量の減少を生じることを意味する。なお、季節平均または年平均で見た場合の鉛直循環流量と河川流量の関係は、いくつかの湾について第2章の**表2.1**に示されている。

　河川改変が海域の物理環境に与える影響を具体的に示す観測データはきわめて限られているので、その実態をくわしく紹介することは残念ながら難しい。そこで次節では、河口堰である諫早湾の潮受堤防が諫早湾や有明海の物理環境に与える影響について述べる。

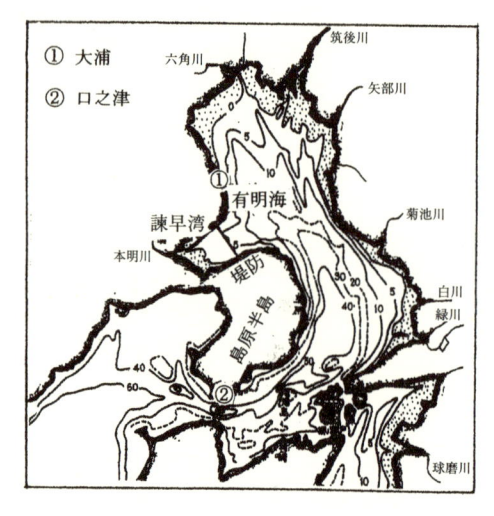

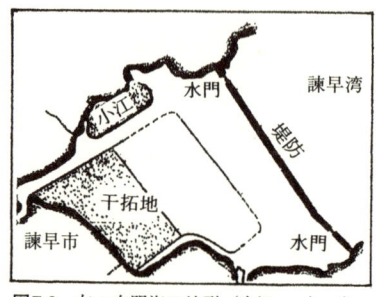

図7.3 左:有明海の地形（水深、m）、右:諫早湾干拓事業地域

7.2 諫早長大河口堰の影響

　農林水産省が推進した諫早湾干拓事業では、図7.3に示す長さ7kmの潮受堤防で諫早湾西部を締め切り、一級河川の本明川その他の諸河川からの流出水を調整池にためこんで、河川水が諫早湾へ流出することを遮断している。つまり、この堤防はいわば長大河口堰であり、調整池は河口湖といえる。ただし通常の河口堰では水は常時流れているが、この場合には調整池の水位が外海の水位より高い干潮時にのみ水が排出されるという相違がある。潮受堤防の締め切り面積は3542haで、この中で調整池は2600haの面積を占める。この事業の着手は1986年、着工は1989年、堤防の締め切りは1997年である。なおこの事業の影響に関しては、物理面のみならず、有明海の生態系の崩壊や漁業の衰退との関係について多くの研究や報告がなされている（たとえば、日本海洋学会編、2005；宇野木、2006）。

　図7.4に、有明海湾奥付近の大浦と湾口の口之津におけるM_2分潮振幅と、両地点の比すなわち潮汐の増幅率の経年変化を示す。これはノイズを消すために3年間の移動平均を行なったものである。両地点とも振幅は減少傾向にあるが、これには外海における潮汐の減少も加わっている。外海の影響を除いて有明海内部の地形変化の影響のみを見るためには、増幅率に注目する必要がある。図によれば増幅率は、地形変化がない干拓事業開始前と堤防締め切り後の両期間においてそれぞれ一定である。そしてその間の地形変化をともなう工事期間中は一方的に減少を続け、かつ堤防締め切りのさいには、移動平均のためになまってはいるものの、急激に減少している。以上のことから、この増幅率の減少は諫早湾干拓事業にともなう地形変化が、潮汐減少の原因

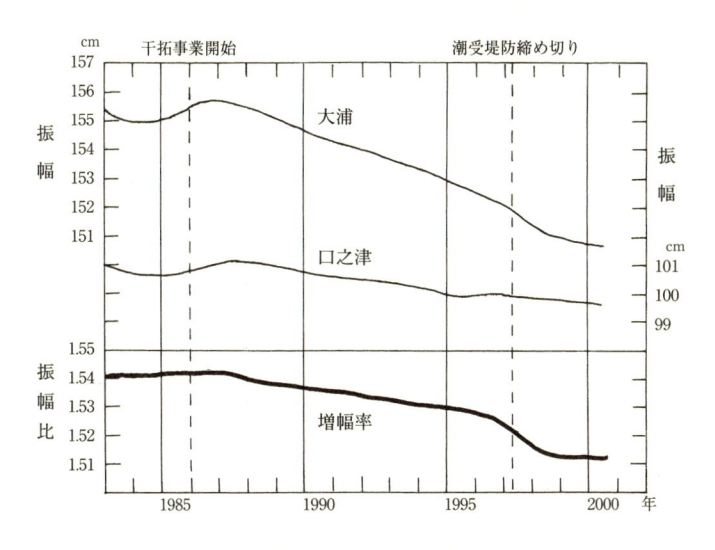

図7.4 大浦と口之津におけるM_2分潮の振幅、および両者の比（増幅率）の経年変化（宇野木、2006より引用）

であることを強く示唆するものである。

なぜかといえば内湾の潮汐は共振潮汐とよばれていて、強制波として外海から進入する潮汐波の周期に、湾が備えている自由振動の周期（固有周期）が近ければ、共振のために湾内の潮汐は発達する特性をもっているからである。したがって、大規模な締め切りによる面積の減少や、浚渫による水深の増大などのために湾の固有周期が短くなると、強制波の潮汐周期との違いが大きくなって共振作用が弱まり、湾内の潮汐は減少せざるをえなくなるのである。なお有明海の潮汐の減少には外海の影響が加わっていると述べたが、干拓事業の影響は全体の減少の半分程度を占めていることが、異なる2つの手法、すなわち数値シミュレーション（灘岡・花田、2002）とデータ解析（宇野木、2006）によって認められている。

潮汐の減少とともに、締め切りという地形変化の直接的影響のために当然ながら潮流も弱まる。図7.5は農水省のデータを用いて、潮受堤防締め切り前後における大潮時の潮流の変化率を示したものである。マイナスは締め切り後に潮流が弱くなったことを表わす。締め切り堤防付近では当然のことながら80～90％と潮流が著しく減少している。堤防から離れると減少率は小さくなるが、諫早湾口付近でも10～30％と潮流の減少は依然として大きい。

さらに有明海においては、その中央の測点でも13％もの潮流の減少が認められる。なお諫早湾口より外の北側沿岸部では潮流が増加した海域も存在するが、これは地形

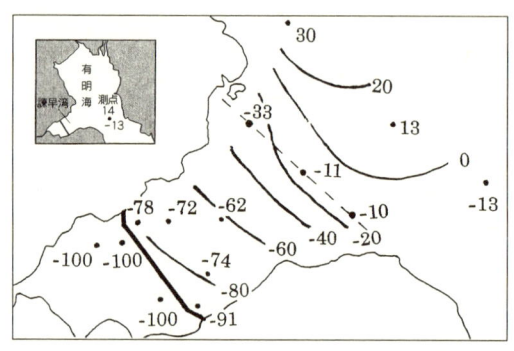

図7.5 潮受堤防の締め切り前後における大潮時の潮流の変化率（％）。マイナスは減少。農水省のデータをもとに作成（宇野木、2006より引用）

の影響による局所的なものと考えられる。さらに小松らの研究グループの測流結果によれば、島原半島の有明町沖や、島原市沖の湾中央に近い地点においても、堤防締め切り後に数％から20数％以上に及ぶ潮流の減衰が報告されている（西ノ首ほか、2004）。これら以外のものも含めて、数は限られているが、これまでに得られている堤防締め切り前後の状態が比較できる潮流の実測データのほとんどは、堤防締め切り後に潮流が減少していることを示している。これらの詳細は宇野木（2006）がまとめている。

一方、有明海異変の原因を裁定するために設けられた公害等調整委員会の専門委員（2004）は、数値シミュレーションを実施して、有明海奥部において河口を流出して沖に出た河川水が、南方の大牟田・荒尾方面へ広がることが弱まり、西方の佐賀県沿岸から諫早湾方面へより多く輸送されるという結果を得た。この結果は漁師の経験とも一致している。これに関して程木（2005）は、浅海定線観測結果が示す表層塩分の経年変化、および観測データの統計的解析にもとづいて、上記の数値シミュレーションの結果が妥当であることを立証した。

また、堤防締め切り後に生じた上述の潮流の減少と河川水の輸送経路の変化にともなって、有明海奥部の表層において、密度成層が筑後川河口の南側では弱まり、西側では強まることが予想される。この結果も上記の公害等調整委員会専門委員（2004）の数値シミュレーションによって認められる。そして程木（2005）も浅海定線観測で得られる0mと5mの塩分を比較して、その可能性を支持した。なお、程木の結果は表層の密度成層に対するものであるが、専門委員の結果は表面から海底にわたる全層に対するものであった。しかし全層の密度成層については、柳・下村（2004）はこれと逆の解析結果を報告しているので、今後の検討を必要としている。以上のような堤防

締め切り後における表層の密度成層の強化は、赤潮の発生規模の拡大、ひいては底層の貧酸素水塊の発生と密接に関係している（日本海洋学会編、2005）。

　なお2533億円を要した諫早湾干拓事業の主目的は、意外にも沿岸防災対策であって、これが事業の全効果の約70％を占めている。これは、事業が環境と漁業へ与える悪影響や米余り時代の農地造成などの観点から生じた広範囲の反対を説得するために、農水省が事業目的に付け加えたものである。そして潮受堤防すなわち長大河口堰の建設が、諫早湾の防災に「最も有効な手法」と主張している。だが高潮に関しては、海岸堤防の嵩上げの従来方式と機能的には変わらず、建設費用は約3倍も割高と推定される。洪水に関しては、1957年の諫早大水害級の洪水も防ぐことができると主張しているが、本明川の危機管理に責任をもつ国と長崎県の河川当局は、これに反して干拓事業後における洪水の危険性を数値的に明示し、諫早市は洪水ハザードマップを公表している。さらに有明海異変の主原因とみなされる甚大なマイナス効果を考えれば、この長大河口堰の建設が、沿岸防災に最も有効な手法であると主張することはできず、むしろ避けるべき手法といわねばならない。

引用文献

宇野木早苗（2005）河川事業は海をどう変えたか. 生物研究社, 116pp.

宇野木早苗（2006）有明海の自然と再生. 築地書館, 264pp.

公害等調整委員会専門委員（2004）有明海における干拓事業漁業被害原因裁定申請事件・専門委員報告書. 136pp.

関根義彦・木下　章・松田　靖（1988）関東・東海地区の主要河川水の流出状況の航空機観測. 沿岸海洋研究ノート, 25, 165-176.

灘岡和夫・花田　岳（2002）有明海における潮汐振幅減少要因の解明と諫早堤防閉め切りの影響. 海岸工学論文集, 49, 401-405.

西ノ首英之・小松利光・矢野真一郎・斎田倫範（2004）諫早湾干拓事業が有明海の流動構造へ及ぼす影響の評価. 海岸工学論文集, 51, 336-340.

日本海洋学会編（2005）有明海の生態系再生をめざして. 恒星社厚生閣, 211pp.

程木義邦（2005）有明海浅海定線調査データでみられる表層低塩分水輸送パターンの変化. 有明海の生態系再生をめざして. 日本海洋学会編, 恒星社厚生閣, 55-62.

柳　哲生・下村真由美（2004）有明海における成層度の経年変動. 海の研究, 13, 575-581.

山尾　理・笠井亮秀・藤原建紀・杉山陽一・原田一利（2002）河川流量の変動にともなう伊勢湾のエスチュアリー循環流量・栄養塩輸送量の変化. 海岸工学論文集, 49, 961-965.

第8章 河川改変が沿岸の地形と底質に与える影響

宇多高明

8.1 まえがき

　近年、全国的に海岸侵食が進んできている。その原因を大きくわけると、海岸での土砂移動の変化にともなって生じる侵食と、海岸への土砂供給量の減少に起因した侵食とにわかれる。海岸での土砂移動の変化にともなう侵食については、防波堤などの人工構造物の建設によって波浪場が変化し、それに起因して沿岸漂砂が変化するパターンと、人工構造物が沿岸漂砂の連続的移動を阻害することによって生じるパターンにわけられる（宇多、2004）。一方、第二次世界大戦後わが国では海岸への土砂供給量にも大きな変化が起き、その影響が各地の海岸で顕在化してきた。

　海岸への土砂供給は、河川において洪水により河口へと土砂が運ばれる場合と、海蝕崖からの崩落土砂が海岸に供給される場合とにわかれる。千葉県の屏風ヶ浦をはじめとして、茨城、福島、宮城県南部の海岸のように、未固結の地層が波の作用で削りとられるのが後者の例であり、これに対しては直接的に国土が削りとられるので防護すべきとの理由から、1970年代以降海蝕崖の基部に沿って消波ブロックを連続的に並べるという対策がとられた。一方、河川からの土砂供給にあっては、高度成長期に過剰な砂利掘削が行なわれるとともに、上流域に大ダムが造られた結果、全国の河川で供給土砂量の減少が起きた。ここではこれらさまざまな現象のうち、河川からの供給土砂量の減少が河口周辺海岸に及ぼす影響について、**図8.1**に示すように中部山岳地帯に源を発し、扇状地河川として太平洋に流入する天竜川と遠州灘海岸を実例として検討してみる。ここで遠州灘海岸とは、天竜川河口を中心として東端の御前崎から西端の伊良湖岬まで延長約110kmの海岸線を指す。

　この海岸に関するおもな既往研究として、宇多（1997）は沿岸漂砂が阻止された場合の海浜土砂量の変化をもとに、遠州灘海岸の代表地点で沿岸漂砂量の算定を行なった。また河田・植本（1998）は、天竜川におけるダム堆砂および砂利採取と海岸侵食の関係を調べ、海岸侵食が河川からの土砂供給量の減少に起因することを明らかにした。また青木ら（2003）は、空中写真や測量データにもとづく汀線変化解析、土囊袋の漂流データから、天竜川河口から伊良湖岬にいたる遠州灘西海岸では全域にわたっ

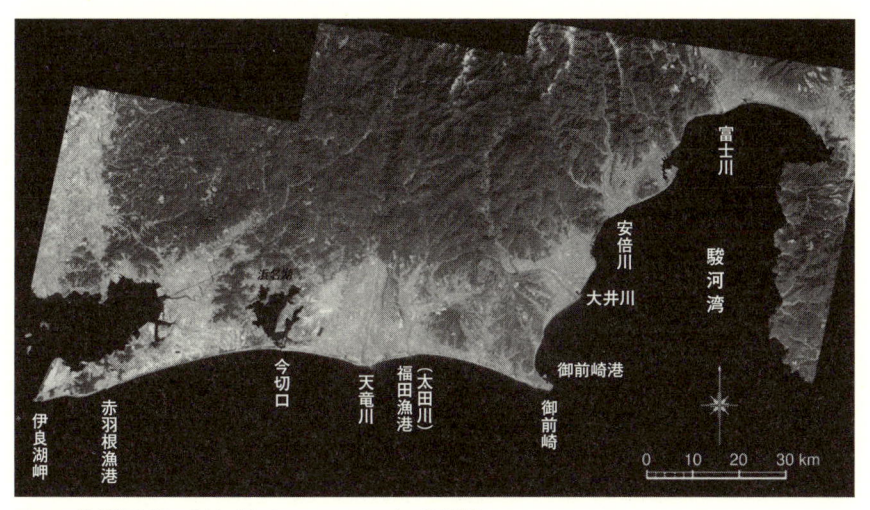

図8.1 遠州灘海岸の衛星画像（JERS-1　1998年3月撮影）

て西向きの沿岸漂砂が卓越していることを明らかにした。ここでは、これらの研究も参考にしつつ、天竜川河口から湖西海岸までの約30km区間を対象として、深浅測量データ、空中写真および広域の底質採取データをもとに海岸の長期的変遷について調べてみる（長島ほか、2005）。そのさい、海岸への土砂供給に大きな影響を及ぼした天竜川については、ダム群での堆砂量や砂利採取量も明らかにし、それらと侵食の関係について考察する。

なお、ここではおもにダム堆砂と河道内における砂利採取による流出土砂量の減少に起因する海岸侵食について取り扱うが、そのほか河道の護岸工事や河川横断構造物の建設なども、規模は異なるが土砂の流出減少要因となる。

8.2　遠州灘海岸の汀線変化

遠州灘海岸の構成材料はほぼ細砂であり、天竜川からの豊富な土砂供給によって発達してきた海岸である。図8.2には、天竜川河口から湖西海岸まで約30km区間の、1947年、1962年および2004年の海岸線形状と、地先海岸名、主要な施設の配置を示す。下段の図は1962年を基準とし、沿岸方向に10m間隔で測定した汀線変化量の沿岸分布である。天竜川河口以西の遠州灘海岸の海岸線は大きく湾曲している。既往研究によれば、この区域では平均的には西向きの沿岸漂砂が卓越しており、天竜川河口から海岸へと流入した砂は西向きに移動し、東側から順に馬込川、浜名湖今切口を通

第8章　河川改変が沿岸の地形と底質に与える影響　　93

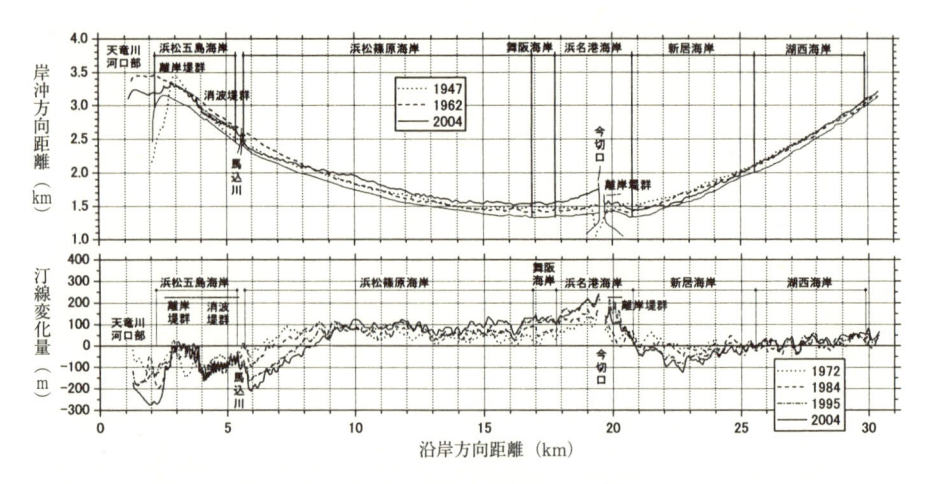

図8.2 天竜川河口から湖西海岸まで約30km区間の海岸線形状と汀線変化

図8.3 浜松五島海岸の斜め空中写真（2005年1月13日撮影）

図8.4 馬込川河口の斜め空中写真（2005年1月13日撮影）

過して流れていく。

　図8.2に示した汀線変化にはいくつかの特徴が見られる。東端の天竜川河口にあっては河口砂州の著しい後退に起因して汀線が最大で約270mも後退している。しかし天竜川河口の西隣に位置する浜松五島海岸にあっては、6基の離岸堤群と14基の消波堤群が設置されて海岸が防護されている。図8.3は2005年1月13日撮影の浜松五島海岸の斜め空中写真であるが、図の上部では6基の離岸堤に守られた区域の汀線が大きく突き出していることが見てとれる。しかしそれより手前（西）側の汀線は後退し、海岸線は消波堤によって全面的に守られた人工海岸となっている。

　浜松五島海岸の西側には馬込川河口導流堤がのびている。現況における馬込川河口の状況は図8.4に示す通りで、東側からほぼ連続的に並べられてきた消波堤が河口導流堤の手前で終わり、河口導流堤を境に汀線が階段状となって西側の汀線が大きく後退している。このような河口導流堤の西側では、図8.2によれば1962年以降いずれの時期にあっても汀線がほぼ平行移動しつつ後退してきており、1962年以降における汀線の最大後退量は約210mにも達している。さらに、馬込川河口の西側に隣接する中田島海岸を経て、今切口に接近すると逆に汀線は前進傾向となる。

　図8.5は今切口をはさんだ東西の海岸線状況を示すものであるが、今切口導流堤の

図8.5　今切口導流堤の斜め空中写真（2005年1月13日撮影）

東側では導流堤が西向きの沿岸漂砂を阻止したために汀線が大きく前進しているのと対照的に、西側（新居）では3基の離岸堤の西側端部から大きく汀線が後退している。これらを総合すれば、馬込川河口から今切口までの区間では西向きの沿岸漂砂が卓越しており、そのような海岸にあって天竜川からの供給土砂量が激減したため、河口から側へと侵食区域が広がり、激しい侵食を受けた場所から順に海岸の人工化が進んだことがわかる。同時に、今切口導流堤が局所的に西向き沿岸漂砂を阻止しているため、導流堤の東側隣接部では堆積が進んでいる。国土防護のために侵食域にあっては海岸線に沿って多数の離岸堤や消波堤が設置されたが、後に明らかにするように、現在ではこれらの構造物群の沖合で著しい侵食が生じている。

8.3　天竜川河口部の地形変化と天竜川水系の主要ダム堆砂量および砂利採取量

(1) 天竜川河口部の地形変化

　天竜川はその流域が中央構造線に近く、また河口付近の河床勾配が1/871と急で、

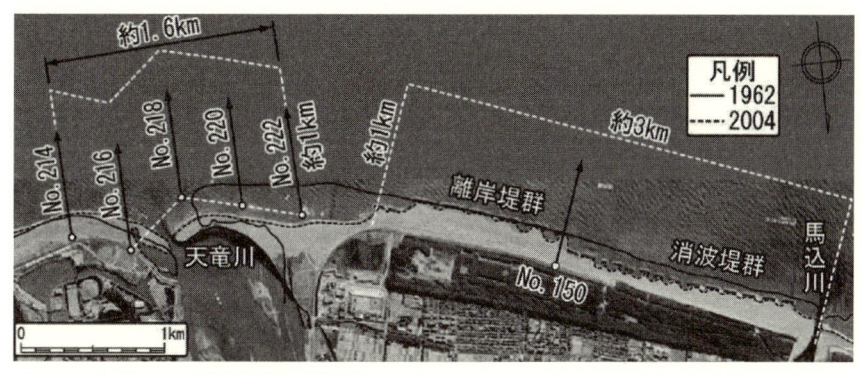

図8.6 天竜川河口部の空中写真と測線配置

河床材料の平均粒径は14mmと粗い礫からなる（宇多、2004）。このため多量の土砂を海岸へ供給してきたが、近年では供給土砂量の減少に応じて河口部では著しい侵食が起きつつある。この状況を調べるために、図8.6には河口部の空中写真を示す。図には200m間隔で左岸側から並んだ5測線の位置と、1962年の空中写真から定めた汀線位置も示す。また図8.7には、図8.6に示した5測線の1984年から2001年までの海浜縦断形の変化を示す。これら両者をもとに河口部の地形変化について調べてみる。

まず、河口砂州の中央を通る測線No.218では、1984年には非常に広い平坦面を有する河口テラスが発達していたが、2001年までにこの河口テラスはほぼ消失した。河口テラス外縁での地盤高低下量は7mにも及んだ。また波による地形変化が生じなくなる沖合の限界の水深（depth of closure）は、No.216では14m、No.218では15mと深い場所まで地盤高の低下が生じている。このように天竜川の河口では汀線が後退するのみでなく、貯砂源であった河口沖テラスの消失という問題が起きつつある。

このことから図8.6の空中写真に示すように、沿岸方向に約1.6km、基準点から沖方向に約1kmの区域を定め、その区域内での土砂量の変化を深浅測量データから算出した。結果を図8.8に示す。海浜土砂量の減少は1986年から1993年では非常に急速で、ほぼ$4.0 \times 10^5 \mathrm{m}^3$/年の割合で土砂が消失していた。1993年以降、土砂量の減少速度が低下しつつあるが、それでもなお$1.5 \times 10^5 \mathrm{m}^3$/年の割合で土砂量の減少が続いている。1984年から2004年の土砂減少量は総量で$4.6 \times 10^6 \mathrm{m}^3$であり、その期間が20年であったことから、年平均では23万m^3の割合で海底土砂が失われたことになる。この土砂損失は、天竜川河口からの供給土砂量が大きく減じた中で、従来から存在する沿岸漂砂により西向きに土砂が流出したためである。

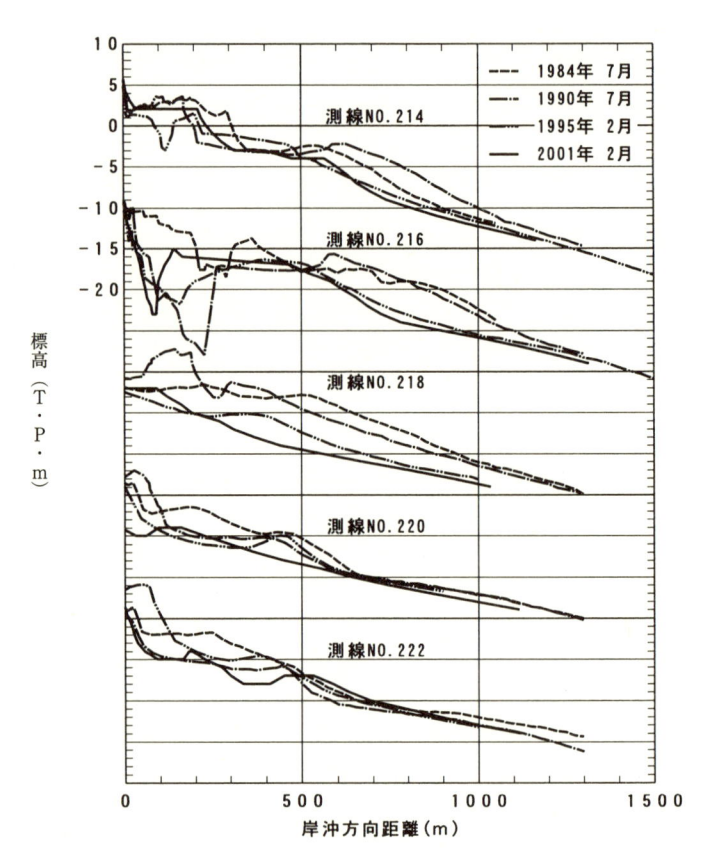

図8.7 天竜川河口部の5測線の海浜縦断形の変化

(2) 天竜川水系の主要ダム堆砂量と砂利採取量

　天竜川河口部での侵食原因を調べるために、天竜川水系の主要ダム堆砂量と砂利採取量の経時変化を図8.9に示す。天竜川からの土砂供給を漂砂源とする遠州灘海岸にあっては、河川からの土砂供給量の減少とともに河口部から侵食が広がった。その原因は、天竜川に建設されたダム群への砂礫の堆積と砂利採取である。砂利採取量は1970年以降の値が、そしてダム堆砂量は1956年以降の値が示されている。実際には砂利採取量は川砂利採取が禁止された1968年以前に大量の土砂採取が行なわれ、また砂利採取許可量と実際の掘削量には一般に2倍以上の開きがあることを考慮すれば、図示する量は天竜川の河道における総掘削量とはならない。しかし1970年以降でも、砂利採取量は総計で$2.5 \times 10^7 \mathrm{m}^3$に達している。同時にダム堆砂量は$1.25 \times 10^8$（1億

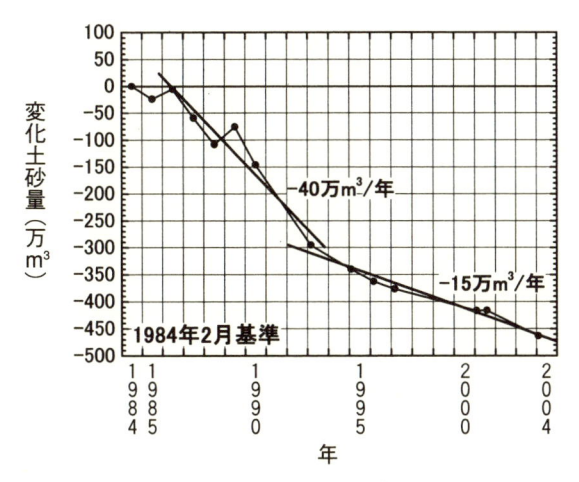

図8.8　天竜川河口部周辺の海浜土砂量の経年変化

2500万）m³に達した。両者の合計では1.5×10⁸（1億5000万）m³である。
　河田・植本（1998）はウォッシュロード（浮遊砂として運ばれる細粒土砂）のような細粒土砂は海浜形成に役立たず、海浜形成には粗粒分のみが有効で、粗粒分は全流出土砂量の約8％であることを明らかにした。この比率がダム堆砂にも適用できるとし、河床掘削については100％海浜形成に寄与しうる砂礫であったとすると、1956年から2004年まででダムに堆積した砂と砂利採取によって河川外へ運び出された砂の総量は3.5×10⁷m³となる（1.25×10⁸×0.08＋2.5×10⁷＝3.5×10⁷）。年当たりの流出土砂量では7.0×10⁵m³/年（年間70万m³）となる。佐藤ら（2004）は、粒径の変化を考慮した汀線変化モデルを用いて天竜川からの長期的な砂の供給土砂量を8.0×10⁵m³/年（年間80万m³）と推定している。これと比較すれば、年間の海浜形成に役立つ粒径成分をもった供給土砂量の約90％がダムおよび砂利採取によって失われたことになる。

8.4　浜松五島海岸と中田島海岸の地形変化

（1）浜松五島海岸の地形変化

　前節で述べた天竜川河口部の空中写真を示す図8.6には、浜松五島海岸の空中写真も示す。この海岸は天竜川河口の右岸に位置し、従来は天竜川からの潤沢な土砂供給によって汀線が前進してきたが、天竜川からの流出土砂量の激減により侵食が進むよ

図8.9
(a) 天竜川水系の主要ダムの位置
(b) ダムの堆砂量と砂利採取量の経時変化

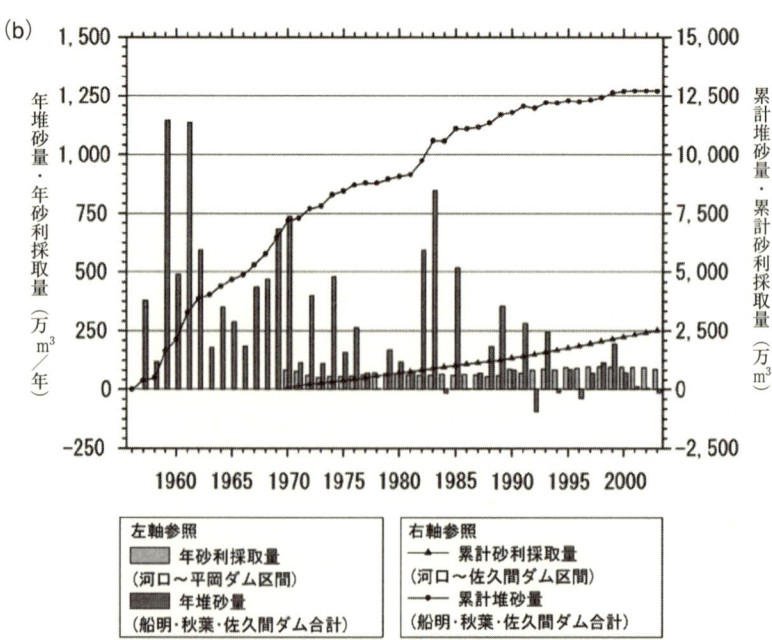

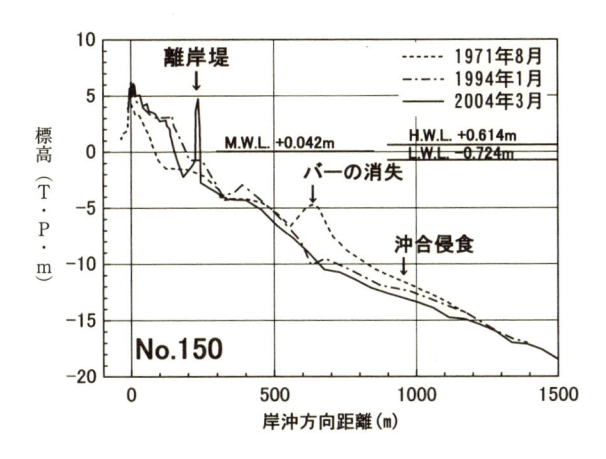

図8.10 浜松五島地区を代表する測線No.150における海浜縦断形の変化

うになった。このような侵食に対し、河口隣接部に1970～1989年に6基の離岸堤群と、その西側に14基の消波堤群が建設され、汀線の後退が防がれてきた。図8.6には1962年当時の汀線位置を実線で示すが、これと2004年の汀線の比較によれば、天竜川河口にあっては、1962年には河口から西側に滑らかにのびていた汀線が離岸堤群の東端部を境に大きくフック状となったことが明らかである。このように西側へとなだらかにのびた汀線が東向きにフック状となった点は、1962年には天竜川からの流出土砂が西向きに移動可能であったが、2004年には河口左岸側汀線の後退とともに沿岸漂砂の方向が逆転したことを意味する。

同時に、離岸堤群西側の消波堤群の設置区域の東端において汀線が階段状に退き、その西側で全般的に汀線が後退していることから、ここでの沿岸漂砂の向きは明らかに西向きである。これらを総合すれば、浜松五島海岸にあっては、離岸堤群位置をピークとして東西両方向に沿岸漂砂が流出するという条件になったと推定できる。本来は河口デルタの先端を境として東西に沿岸漂砂が流れるはずであるが、沿岸漂砂の分岐点が浜松五島海岸にあるということは、この海岸は東西両方向への沿岸漂砂の流出により削られる一方の状態となっていることを意味する。

図8.10は、浜松五島地区を代表する測線No.150（図8.6参照）における海浜縦断形の変化を示したものである。1971年には沖合にバー（沿岸砂州）が存在したが、このバーは侵食により消失した。縦断形の比較によれば、地形変化がなくなる水深は約12mで、基準点からの距離では約1kmである。

このように浜松五島海岸では沖合部で侵食が進んでいるので、天竜川河口右岸から馬込川河口まで約3km区間を設定し、この区間内で基準点から沖向きに約1kmをと

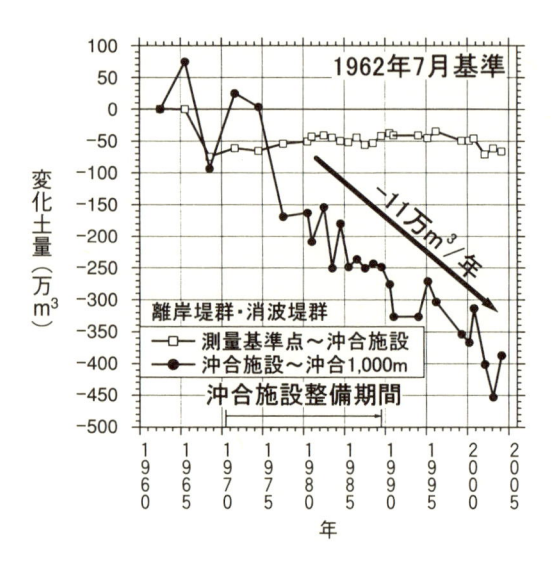

図8.11　浜松五島地区の海浜土砂量の経年変化

り、その中での1962年基準の海浜土砂量の変化を算出し、時系列データとして示したのが図8.11である。この区域には離岸堤・消波堤群が設置されているので、これらの施設を結ぶ線で区分し、それより岸側沖側で深浅測量データをもとに土砂量の計算を行なった。これによれば施設より岸側ではほぼ土砂量は一定であり、施設によって汀線の維持が図られている。しかし沖合の1kmまでの区域にあっては長期的に$1.1 \times 10^5 m^3$/年の割合で土砂量が減少している。すなわち、海岸防護のために離岸堤などの施設を造っても、それらの構造物より沖合では依然として地形変化が継続し、汀線付近が削れなくなった分、沖合の海底地盤高が低下するという現象が起きているのである。

(2) 中田島海岸の地形変化

図8.12には中田島海岸の2004年1月撮影の空中写真を示す。図には1962年撮影の空中写真から読みとった汀線位置も示している。1962年には砂浜幅は200m以上と非常に広かったが、現在では馬込川の西側直近では海浜幅が約50m以下にまで狭まった。中田島砂丘は馬込川河口の右岸側に位置し、汀線からの飛砂の供給を受けて発達してきたが、近年では逆に侵食傾向が強まり、同時に砂丘の砂が全体として東側へと寄せられている。馬込川河口右岸での2004年までの最大汀線後退量は210mに及んだ。上手側からの沿岸漂砂の供給が枯渇状態に近づいているため、時間経過とともにしだい

図8.12 中田島海岸の空中写真（2004年1月）。馬込川の位置は図8.2参照

に侵食が激化しつつある。その場合、汀線の後退が起こる前に沖合のバー・トラフ（一般に、細砂でできた海岸においては、沖合の海底に小高い丘と谷ができる。この丘をバー、それに隣接する谷をトラフと呼ぶ）の消失が起こり、天然の消波構造物がなくなるという厳しい現実がある。

8.5　海岸への供給土砂量の減少がもたらす底質の変化

　前節では、河川からの供給土砂量の変化にともなう沖合部を含む地形変化について実データを示して明らかにしたが、河川流出土砂量の減少は質的意味からも大きな変化をもたらす。以下ではこの点に関して行なった現地実測の結果を示そう。
　1994年、遠州灘海岸の陸上部の2mから水深15mまでの範囲において、ほぼ1m間隔で水深方向の底質採取およびフルイわけ分析を行ない、それをもとに中央粒径d_{50}の水深方向分布を算出した。なお、サンプリングは陸上の2mから水深12mまでは1m間隔で、それ以深については水深12mと15mで行なった。沿岸方向には天竜川河口から湖西海岸までの約30km区間に19測線を配置した。なお測線は湖西海岸に測線No.1を、天竜川河口に測線No.19を配置した。
　図8.13はd_{50}の平面分布である。一般に、底質粒径は汀線付近では粗であるが、水深方向に減少し、波による地形変化の限界水深（遠州灘海岸では水深約12m）付近では0.2mm程度の細粒となる（宇多、2004）。このことを考慮して図8.13を見ると、水深3m以浅ではほぼ0.3～0.5mmの粗砂が多く見られるが、それも水深方向に減少し、水深12mではほぼ0.2mmの一様粒径となっており、この一般特性を満足している。しかし粒径の平面分布にはこれ以外にも多くの特徴が見られる。
　まず、浜松五島海岸にあっては水深5～8mの沖合に粗砂が出現している。この付

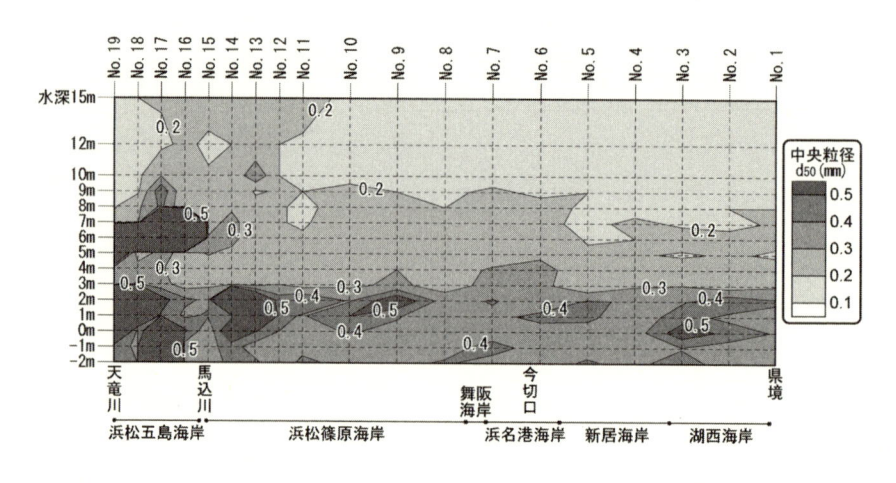

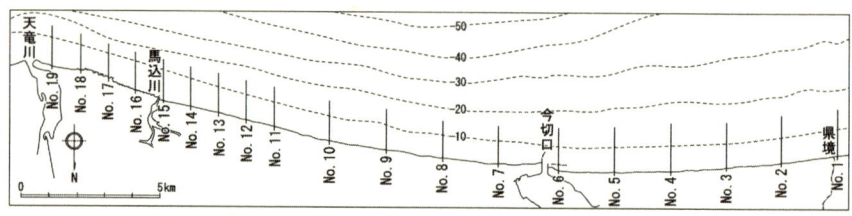

図8.13 遠州灘海岸沖における底質中央粒径d_{50}の平面分布

近は図8.10に示したように沖合侵食が進んだ場所であり、侵食の結果粗砂が海底表面を覆うことによって粗粒化が起きたことがわかる。また全体に、天竜川河口近傍では沖合まで比較的粒径が大きいが、河口からの距離が離れるとともに細粒となる傾向が見られる。これはとくに沖合の水深10～6m付近の分布に顕著に見られる。この特徴は、河川から流入した混合粒径土砂のうち、細粒分は粗粒分と比較して移動しやすいために、河口から離れた場所へと急速に運ばれることに起因すると考えられる。等深線は河口近傍で沖向きに突き出しているので、漂砂フラックスが大きく、そこでは細粒分が急速に失われ、逆に移動しにくい粗粒分が残された結果、図8.13に示す分布になったと推定される（佐藤ほか、2004）。

8.6 まとめ

ここで典型例として選んだ扇状地を流下する急流河川の天竜川の河口部においては、その平面形状と縦断形状の変化双方の実測データから、河川流出土砂量の激減が河口

部汀線の後退を招いたにとどまらず、河口沖にあり「砂の貯水池」の役割を果たしてきた河口テラスの消失を招いたことが明らかになった。さらに河口からはさまざまな粒径をもった土砂が流入するが、とくに細砂成分が極端に減少することによって、海底の組成が細粒から粗粒へとしだいに変化する現象が現われはじめている。沿岸域に生息する魚介類、とくにハマグリなどはこうした底質状況の変化に敏感であることから、底質の変化が沿岸域の生態系にまで影響が及ぶことが危惧される。国土防御の意味からは離岸堤などを多数建設してきたが、それらの効果は構造物より陸側にとどまり、施設より沖合の地形変化は止めることができず、しだいに海底が深くなるという現象も起きている。このことを考慮すれば、細粒土砂をも含んで河川からの土砂供給をできるかぎりもとにもどす努力が必要とされる。それがなければ国土保全も沿岸域の環境の維持も長期的に見て成立しない可能性が高いといわざるをえない。

なお、ここで対象とした河川は、外海・外洋に面するため常時強い波浪作用を受け、したがって河川流出土砂が容易に拡散される場合である。これらと対照的に、内海や内湾のように波浪作用が相対的に弱い場所に流入する河川にあっては、河川から運びこまれるシルト・粘土など細粒土砂が大きく拡散せず、河口沖に干潟を形成して堆積することが知られている。たとえば、大分県の八坂川の河口沖干潟では、洪水時に流出した土砂の干潟面上への集中的堆積が明らかにされている（宇多ほか、1999）。このように河口沖干潟では物質が堆積しやすい環境にあるため、ここで見たような外海・外洋に面した海岸のような侵食は起こりにくい。そこで侵食が起こるのは、主として航路や河口の浚渫によって過剰に土砂が系外へ運び出される場合である（宇多、2005）。この意味から河口沖干潟の保全においては、浚渫など人為的作用の影響について十分な注意が必要である。

引用文献

青木伸一・加藤　弘・宇多高明・大隈　一（2003）天竜川河口以西での西向き沿岸漂砂の発達の検証とそれに起因する汀線変化. 海岸工学論文集, 50, 571-575.

河田恵昭・植本　実（1998）天龍川・遠州海岸系の海浜過程について. 海岸工学論文集, 45, 616-620.

長島郁夫・岩崎伸昭・宇多高明・有村盾一（2005）遠州灘海岸の天竜川河口以西の侵食実態. 海岸工学論文集, 52, 596-600.

佐藤愼司・宇多高明・岡安徹也・芹沢真澄（2004）天竜川－遠州灘流砂系における土砂移動の変遷と土砂管理に関する検討. 海岸工学論文集, 51, 571-575.

宇多高明（1997）日本の海岸侵食. 山海堂, 442pp.

宇多高明・清野聡子・真間修一・山田伸雄（1999）台風9719号に伴う洪水による八坂川河口沖干潟の地形変化の現地観測. 水工学論文集, 43, 437-442.

宇多高明（2004）海岸侵食の実態と解決策. 山海堂, 304pp.

宇多高明（2005）漁港・港湾・河川の基準における浚渫の取扱いと海岸侵食. 海洋開発論文集, 21, 463-468.

第9章 河川改変が海の水質と生態系に与える影響

山本民次

9.1 さまざまな河川改変

　わが国の河川は急流が多く、大雨が降るとよく氾濫し、淡水を利用するにはその制御が必要であった。したがって、1997年に河川法の改正がなされるまでは、「治水」と「利水」の2つが重要な柱であった。できるだけ早く大量の雨水を海に流すために曲がりくねった川をまっすぐにして河岸と川底の三面をコンクリートで固めた。いわゆる「三面張り」である。よほど上流へ行かないかぎり、わが国のほとんどの河川の中流から下流域はこのような三面張りである。コンクリート三面張りによって、河岸の植生は大きく変化し、川底の生物相は壊滅した。河岸の植生はフィルターの役目をするうえ、自然の河岸であれば凹凸が多く、河川水が海へ流れ出るまでに微生物と接触することによる浄化や、河川水の滞留時間が長いことによる食物連鎖による循環もあったはずである。

　また、わが国の河川のほとんどにダムや堰が造られてきた。最近のダムの多くは多目的であり、流量調節による治水や利水、発電も行なう。しかしながら、それまでの豊かな流量が減ったことで、アユの餌となる付着珪藻が減り、藍藻などが多くなった。経済の高度成長期には、取水だけでなく、川砂の採取もさかんに行なわれてきた。コンクリート骨材にするためである。川砂がなくなってきたので、今度は海の砂を取るようになり、東京湾、三河湾、瀬戸内海の備讃瀬戸や安芸灘の海底には大きな深掘跡が残り、貧酸素水塊発生の温床となって、現在、問題となっている。川の砂は海の砂のように塩分を抜く手間とコストがかからず、使いやすい。川でも海でも、砂の採取は生息生物もごっそり取り上げてしまうため、生態系を直接的に崩壊させた。

　1997年に河川法の改正がなされ、ようやく「治水」と「利水」に加え、「環境」への配慮がなされるようになったが、海の環境まで視野に入れたものではない。ただ、これを契機に、それまでの三面張りを壊して石積の護岸にして透水性や生物の生息空間を増やしたり、まっすぐにした川を以前の蛇行した状態にもどしたりするという計画が出てきている。河岸の形状や材質、植生の違いが河川に生息する生物の多様性に影響を与えたり、河川水の浄化能を低下または促進したりするということはかなりの

程度わかっており、そのような事業化につながっているものと思われる。しかしながら、このような河岸の改変行為が海に対してどのような影響を与えるかということを評価したものはほとんどない。河口堰の建設は海に最も近い場所で行なわれるため、海洋学的にも興味深い。河口堰については、長良川河口堰の建設を例として、すでによくまとまった成書があるので（西条・奥田、1996）、そちらを参考にしていただきたい。ただしこの場合でも、河川内部が全体で海側の知識は著しく不足している。また、諫早湾の河口堰については、本書第7章で述べられている。

さまざまな河川改変のうち、この章では資料が比較的多いダム建設について、海の水質と生態系に与える影響を見ることとする。海域に対する影響について考察する前に、まず、ダム湖内で起こる現象について整理する。ダム建設後にできる人工湖（ダム湖）で起こる現象についての研究例は多く、海域のことを考察するにあたり、有用な情報が多い。ダムの放水の仕方は治水と利水の観点から決められており、実験的に放水の仕方を変えて海域の生態系の変化や応答を観察するということは簡単にはできない。ごく最近、海域のノリ養殖生産維持のために放水がなされたりもしているが、それらはいまのところ対症療法的な試みの域を出ず、筆者が知るかぎりダム湖水の放流が海域に与える影響について、組織的な観測によるデータ取得が行なわれ、科学的な解釈がなされたということは聞いたことがない。したがって、この章では数値モデル解析にもとづく理論的考察にとどまらざるをえない。今後の研究の推進が望まれるところである。

9.2 ダム湖内で起こること

ダムを造れば川の流れが堰き止められるので、ダム湖内では淡水産植物プランクトンのブルームが必ず起こる。浮遊性の藻類である植物プランクトンが水塊内で個体群を拡大できるかどうかは、細胞の増殖率と損失率とのバランスで決まるので、水が滞留して損失率が小さくなればブルームが起こるのは当然である。通常、ダム湖における植物プランクトンの損失率の最大の要因はダムからの放水であり、放水量が多くなればなるほど増殖率の大きい種しかダム湖内にとどまることができなくなる。したがって、初期条件として増殖速度の異なる植物プランクトン種が混在していたとしても、放水量が多くなればなるほどダム湖内にとどまることができる種は少なくなる、という物理的選別が起こる。

季節的には、冬季は湖面が冷却されて鉛直混合が生じるため、水深が大きいダム湖では植物プランクトン細胞が光の弱い深層に運ばれるとともに、水温が低いことで増殖が抑制されることもあり、ブルームは発生しにくい。一方、春から初夏にかけては湖水表層が暖められて成層が生じ、表層では光、温度とも増殖に適した環境となり、

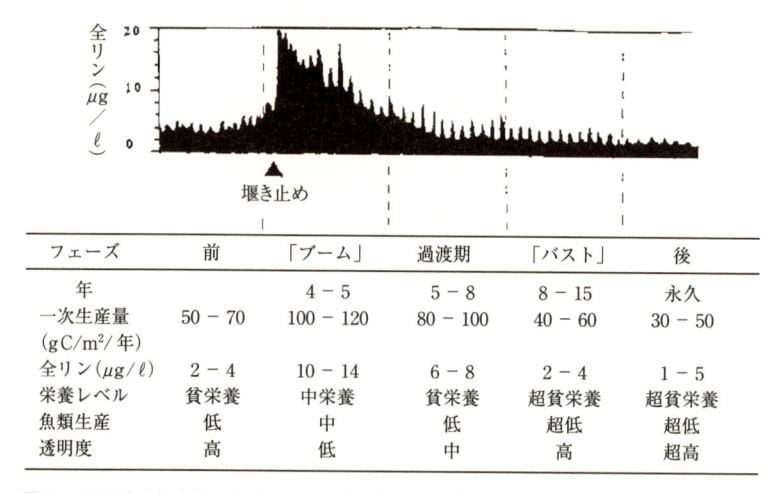

フェーズ	前	「ブーム」	過渡期	「バスト」	後
年		4 – 5	5 – 8	8 – 15	永久
一次生産量 (gC/m²/年)	50 – 70	100 – 120	80 – 100	40 – 60	30 – 50
全リン(μg/ℓ)	2 – 4	10 – 14	6 – 8	2 – 4	1 – 5
栄養レベル	貧栄養	中栄養	貧栄養	超貧栄養	超貧栄養
魚類生産	低	中	低	超低	超低
透明度	高	低	中	高	超高

図9.1 河川水を堰き止めた後の一次生産量その他の時間変化。一次生産はいったん「ブーム(boom)」を示すが、8～15年後には水を堰き止める前よりも低下する（「バスト(bust)」）。漁業生産も堰き止める前よりも低下する（Stockner *et al.*, 2000より引用）

植物プランクトンは躍層以深に運ばれることなくさかんに増殖する。

　ダムが造られたあとダム湖内で起こる全リン（TP）濃度の長期的経時変化とダム湖生態系の変化を図9.1に示す（Stockner *et al.*, 2000）。ダムが建設されるとすぐにTP濃度の増加が見られ、魚類も豊富になり、生態系全体がリッチになるが、いずれもとにもどる。彼らはこれを"boom and bust"とよんでいる。「ブーム」とは日本語でも「ブームになる」というが、「急な発展」「好景気」であり、「バスト」は「崩壊」「破綻」である。新しくダム湖ができると、植物プランクトンが爆発的に増殖して「水の華」（淡水赤潮）が生じることは必ず経験する。このことに関する研究は以前から行なわれており、boomは「トロフィック・サージ」（trophic surge）という言い方もなされている（Thornton *et al.*, 1990）。この現象のおもな原因はダム湖を造ったさいに冠水した土地からの栄養塩の溶出であると考えられている。ちなみに、Thornton *et al.* (1990) の "*Reservoir Limnology: Ecological Perspectives*" は、村上ほか（2004）が『ダム湖の陸水学』として訳本を出しているので、日本語で読める。

　魚類が増えるのは自然現象というよりも、スポーツフィッシング目あてに放流されることによるものと思われる。水没した植生は底生無脊椎動物の格好の繁殖場であり、魚類の産卵場であり、仔稚の生息場である。植生は何年か経つと朽ちてデトリタスや溶存物質に変わり、湖岸は水生の藻草類にとって代わられる。ダム湖表層で爆発的に発生した淡水性植物プランクトンや湖岸の植生が湖底で朽ちて湖底を嫌気的にするのに長い時間はかからない。宇野木（2005）は田崎和江氏らが黒部川の出し平ダムで調

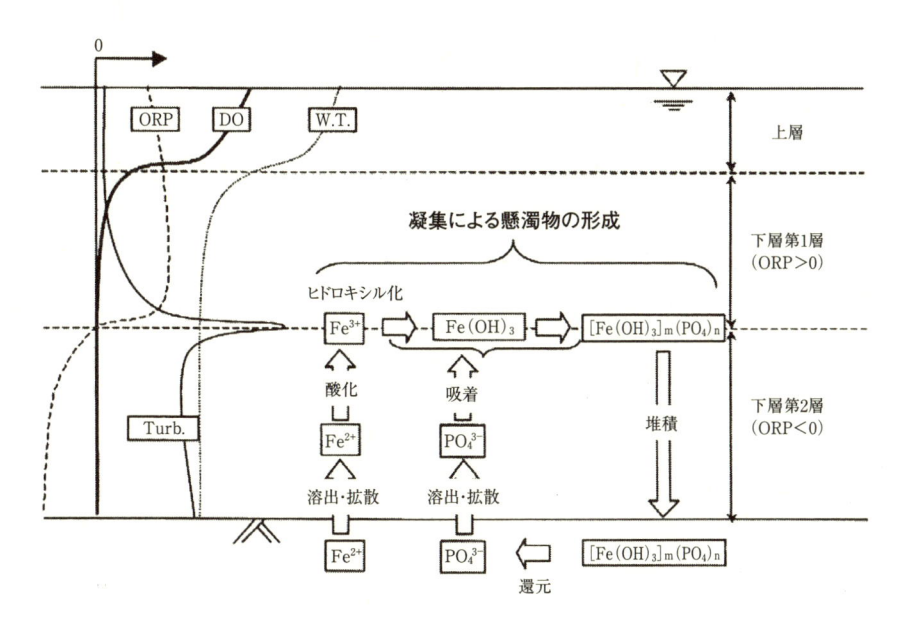

図9.2 貯水池底層での物理・化学特性の鉛直分布およびリンと鉄の反応過程の模式図。ORP：酸化還元電位、DO：溶存酸素、W.T.：水温、Turb.：濁度（原田ほか、2006より引用）

査した結果――1年もあれば十分な量の有機物が湖底に堆積して嫌気的になる――について紹介している。

図9.1で注目すべきはバストのほうである。いったん、リッチになった生態系は5〜20年経過するとダム湖ができる以前にも増して貧栄養になるということである。この原因は、湖底におけるリンの保持量の増加と放水によるリンの流失の両方であるとしている（Stockner *et al.*, 2000ではリンについて述べている）。さらに、貧栄養化を進める要因として、放水による不規則かつ大きな水位低下も原因としてあげられており、これらは湖岸の藻草類が提供する機能的生息空間を破壊する。このことは波浪や結氷が起こる冬季に深刻なようである。

湖底にリンが保持されて水中に回帰しにくい理由は、次のように考えられる（図9.2）。湖底に沈降した粒状態有機リン（デトリタス）はバクテリアにより分解されてリン酸態リンになるが、酸化的環境下で形成される水酸化鉄（$Fe(OH)_3$）などによく吸着する。酸化分解により分子状酸素が少なくなってくると硝酸態の酸素や水酸化鉄の酸素などが使われるようになる。それぞれ、硝酸還元と鉄還元である。鉄還元では二価鉄ができるとともに、水酸化鉄表面に吸着していたリン酸が放出される。湖底中では、さらに硫酸基の酸素を使う硫酸還元やメタン発酵が進行することもある。ダ

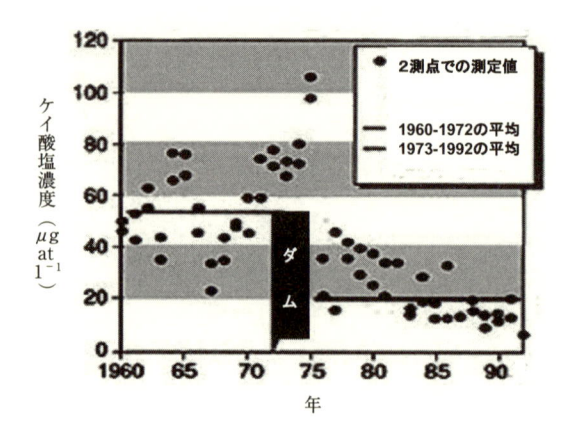

図9.3 ダム建設によって河川水中のケイ酸塩濃度が2分の1以下になった黒海に注ぐドナウ川の例（Humborg et al., 1997より引用）

ム湖の底層の還元的水中ではリンはリン酸態リンとして存在するが、これらが拡散して上層の酸化層に到達すると再び水酸化鉄などに吸着しコロイドとなって沈降してしまうので、上層水中で一次生産に加わる量は少ない。このため、成層が最も発達する盛夏には、表層の一次生産はリン制限になって終息することが多い。

ブルームの形成により、植物プランクトンはリンだけでなく、窒素やケイ素なども水中から奪ってダム湖底に沈降・堆積する。リンは有機物の分解でリン酸態リンとなっても、上で述べたような理由で還元的な湖底から酸化的な上層へは回帰しにくい。また、ケイ素は珪藻類の殻として固定されるので、リンや窒素に比べて分解速度自体が遅い。したがって、ダム湖表層では窒素は多少あるとしても、リンとケイ素の少ない貧栄養な水が作られるため、表層放流型のダムは下流のエスチュアリーを貧栄養にする。つまり、ダム湖の湖底がヘドロ化する一方、エスチュアリーは貧栄養になる。

9.3　海の水質と生態系に与える影響

(1) 人為的貧栄養化

　水が堰き止められることによって河川水（放流水）中のケイ酸塩濃度が減少するという事実は、黒海に注ぐドナウ川上流の鉄門（iron gate）の建設前後の河川水のモニタリングから明らかにされている（**図9.3**；Humborg et al., 1997）。この例では、図にあるように、鉄門下流のケイ酸塩濃度は、鉄門建設後ではそれ以前の2分の1以下にまで低下している。さらに彼らの一連の論文では、河口域（黒海）の植物プランクトンの組成が珪藻主体から鞭毛藻優占の群集に変化したことが示されている。珪藻はその名の通り、ケイ酸質の細胞殻をもっているため、ケイ酸塩を取りこむ。したがっ

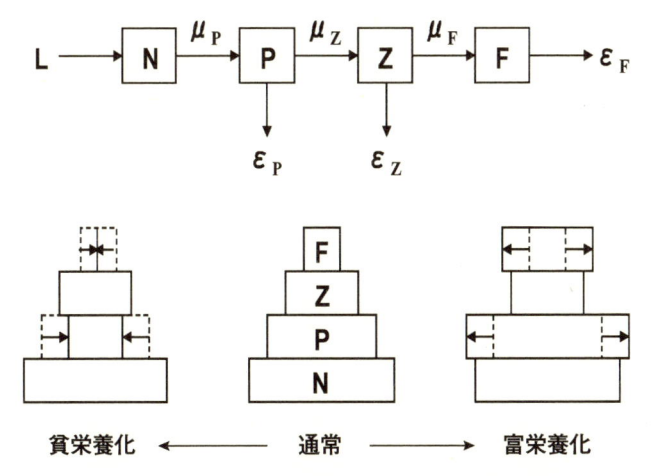

図9.4 生態系において、富栄養化が進行する場合と貧栄養化が進行する場合
N：栄養塩、P：植物プランクトン、Z：動物プランクトン、F：魚、L：負荷、
μ：取りこみ、捕食など、ε：損失、漁獲など（山本、2005より引用）

て、ケイ酸塩の枯渇が珪藻類の増殖を制限し、鞭毛藻の増殖を相対的にうながしたと解釈されている。

一般的に、珪藻類は栄養塩負荷に対して素早く応答し、他の植物プランクトン分類群と比較して圧倒的な増殖速度で分裂するので、非常に大きな一次生産につながる。湧昇域などで珪藻類が優占するのはこのためである。珪藻類は「海の牧草」ともいわれ、珪藻を基点とした食物連鎖が成り立てば、海域生態系の健全性が維持されると一般的には考えられている。一方、渦鞭毛藻の増殖速度は概して遅く、高い一次生産にはつながらない。また、これらの中には有害・有毒な種も多くあり、動物プランクトンや貝類にとっては好ましい餌とならないことが多い。したがって、高次の食段階に対する物質の輸送が非効率的になり、その結果、漁業生産は低下する。このように、一次生産者の種組成の変化は食物連鎖構造を変化させ、エスチュアリーの生態系全体が大きく変化することにつながる可能性が高い。

(2) エスチュアリー生態系への影響

これまで述べてきたことは、ダムを造ることによって生じる海域の「人為的貧栄養化」（cultural oligotrophication）という現象である（Stockner *et al.*, 2000）。気をつけなければならないのは、海域に対する栄養塩負荷量が減少すると海水中の栄養塩濃度が低下すると考えてしまいがちであるが、そのようなことにはならない。減少するのは植物プランクトンバイオマスである（**図9.4左**；山本、2005）。海域の生物生産構造

はダイナミック（動的）に応答するので、負荷された栄養塩は植物プランクトン体となり、これが動物プランクトンに食べられ、さらに魚類に食べられる。したがって、富栄養化の過程では植物プランクトンバイオマスが増加するとともに魚類が増加する。一方、貧栄養化の過程では植物プランクトンバイオマスが減少するとともに魚類が減少する。また、富栄養化、貧栄養化のいずれにおいても、系（環境を含む生態系）が定常状態に達した段階では、栄養塩濃度と動物プランクトンバイオマスは変化しない。このように、生態系の動的な変化を理解することが重要である。いずれにせよ、ダム建設によって栄養塩がダム湖にトラップされて下流に届かなくなれば、海域の植物プランクトンバイオマスは減少し、魚類生産は低下する。

　ダム湖には栄養塩だけでなく、土砂もトラップされることはいうまでもない。宇野木（2003）は球磨川に既設のダムにおける堆砂量を集計し、八代海の漁業生産の低下がダムによる排砂量の減少によるものであることを河口堆積物の変化などから考察している。本来ならば海域に供給されるはずの砂が流れてこなくなるため、河口域に堆積する粒子は現地性（海域で生産される）のおもに植物プランクトン起源の有機物含量の高い微小なものにかたよってくる。有機物含量の高い微小な粒子ばかりが海底に堆積すると、これらは透水性が悪いうえ、それらが分解されるさいに大量の酸素が使われるため、底質内部はすぐに還元的になる。

　エスチュアリーでは、湖水・湖底で起こる鉄とリンの反応（図9.2）に、さらにイオウをからめて考えるとよい。なぜなら、海水が底層に入りこむエスチュアリーでは硫酸イオンが無限といってもよいくらい供給されるからであり、そのため硫酸還元が継続的に起こり、硫化水素（H_2S）の生成がさかんである。硫酸還元とメタン発酵は拮抗的なので、ダム湖などの陸上の水圏と違い、通常、エスチュアリーではメタン発酵はあまり起こらない。生成した硫化水素の一部は遊離の鉄やリン酸鉄（$FePO_4$、$Fe_3(PO_4)_2$）と反応して硫化鉄（FeS）を形成して無毒化される。しかし、鉄などの金属の量にも限りがあるので、底質中にトラップしきれず直上水中まで硫化水素が溶出することもある。先にも述べたように、硫化水素はきわめて毒性が強いので、底生生物に対する悪影響は深刻である。

　砂の供給量が減少すると、河口域に形成されている干潟がやせてくる。干潟は干潮時に干出し、満潮時には浸水する。水深が浅いため一次生産がさかんであり、大気にさらされて酸素の供給が十分にあるため、同時に有機物の酸化分解も効率的に進行する（図9.5；鈴木、2006）。干潟にはさまざまな生物が生息し、それらを渡り鳥が食べ、アサリなどが水産生物として漁獲されたりすることで、物質が系外へ運び去られる。また、泥干潟の少し還元的な場所では脱窒作用によって窒素分は大気へ散逸する。このように、渡り鳥や漁獲などによる物質の取り上げや脱窒などによる浄化作用を有する干潟が、砂の供給量の減少によってやせてきていることは、海域生態系の健全性の維持という観点からゆゆしき事態である。

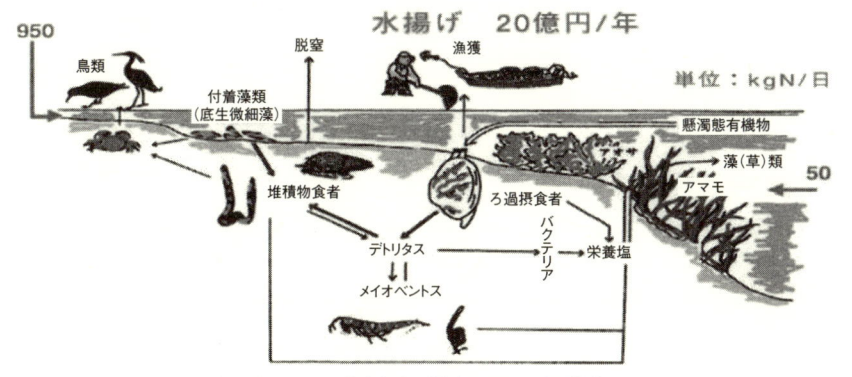

図9.5 愛知県三河湾の一色干潟における窒素収支（鈴木、2006より引用）

　エスチュアリーの浅瀬にはアマモ場もある。アマモ場の形成も河川からの砂の供給量と切り離して考えられない。アマモには魚類やイカ・タコ類の卵が生みつけられ、孵った仔稚魚はしばらくの間ここで育つ。いまのところ、このように水産生物の保育という観点からの定性的議論が多いが、それ以上に物質循環的側面での定量的解析が待たれる。

　アマモは多少泥混じりの浅瀬で、適度な流速のある場所に繁茂し、根から多くの栄養分を吸収して成長する。泥混じりの比較的有機物含量の多い底質の間隙水中では、先に述べたように、リン酸や鉄などが取りこみやすいかたちで存在する。アマモが生長することで泥中の栄養分が取り上げられることになるので、底質の浄化に一役買っているといえる。アマモそのものはごく一部の生物の餌にしかならず、枯れると海域に対する有機物負荷になってしまう。しかしながら、たぶん重要なのは、アマモ葉表面にびっしりと付着する微細藻（おもに羽条目珪藻）であり、これらはアマモ葉から浸出する栄養分（多くは溶存有機物）を取りこんで増殖していると考えられる。これらが増殖することで、これらを食べて成長するヨコエビ、ワレカラなど、魚類にとっての餌が豊富になり、食物連鎖を通じた系外への物質の輸送は大きいものと思われる。このように、干潟とともに環境保全のシンボルとして並び称されるアマモ場が、やはり河川からの砂供給量の減少によって縮小していると考えられる。

　アマモの葉がいわゆる「浮泥」に覆われて枯れる、ということが最近問題となっている。「浮泥」と一口にいっても、粒子サイズや組成は海域によってさまざまかもしれない。第5章で述べたように、化学的に成長するコロイドサイズのものから、微生物の死骸であるデトリタスのようなかなり大きなものまでさまざまであろう。もともとアマモは光の要求量が高い陸起源の顕花植物なので、水深が深いところでは生長できない。ダムの堆砂によって砂つぶサイズの粒子の供給量が減少したことが浮泥の相

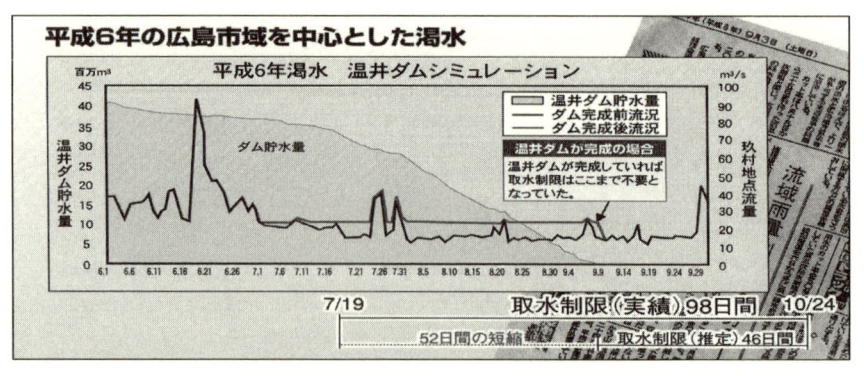

図9.6　ダムによる渇水時の取水制限日数の短縮（温井ダム工事事務所パンフレットより引用）

対的な増加につながったとも考えられるが、いまのところ定量的研究はほとんどない。

(3) 放水の頻度

　日本には「五風十雨」という言葉がある。「5日に1回風が吹き、10日に1回雨が降る」ということで、天候が順当なことを指す。わが国の気候では、これくらいの天気の変化があることが普通であり、決して365日快晴ということがよいわけではない。ときに雨の日もあり、水が供給されることはわれわれの飲み水の確保だけでなく、自然生態系にとってもきわめて重要である。ダムの重要な機能のひとつとして、流量調節機能がある。豪雨による河川の氾濫から流域住民の安全を守る治水と、飲料水、工業用水、農業用水などの利水は、貯水池に水をためて計画的に使うからこそ達成される（図9.6）。しかしながら、普通ならば10日に1回くらい雨が降って、川が増水し、どっと水が流れるという自然現象は、ダムができることでなくなってしまうわけである。

　このことがエスチュアリーの生態系にどのような影響を与えるかということを研究した例はほとんどない。そこで、筆者ら（Yamamoto and Hatta, 2004）は、エスチュアリーによく出現して赤潮などを形成する代表的な植物プランクトン3群3種を選び、それらの生理的特性を組みこんだ数値モデルを作成して、淡水流入による海水交換や栄養塩類の負荷比や負荷頻度の違いによって、これらの種のいずれが優占するか、あるいは共存するか、について検討した。つまり、ダムができることでケイ素がトラップされたり、放流の仕方の違いがエスチュアリーの一次生産者構造にどのような影響を与えるのかについて検討することを目的とした数値シミュレーションである。

　モデルに導入した種は、珪藻スケレトネマ・コスタータム *Skeletonema costatum*、渦鞭毛藻ギムノディニウム・カテナータム *Gymnodinium catenatum*、ラフィド藻シャットネラ・アンティーカ *Chattonella antiqua* である（図9.7）。また、モデル上で負

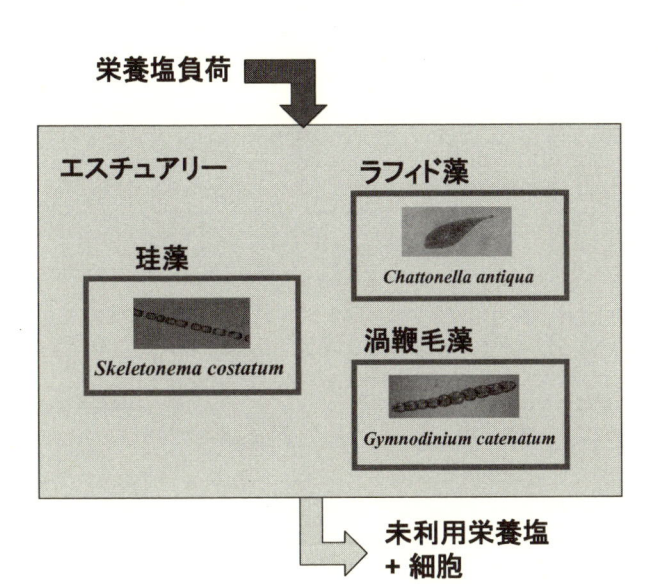

図9.7 植物プランクトン種間競合モデル概念図。珪藻スケレトネマ・コスタータム *Skeletonema costatum*、ラフィド藻シャットネラ・アンティーカ *Chattonella antiqua*、渦鞭毛藻ギムノディニウム・カテナータム *Gymnodinium catenatum* の3種が共存する場合。栄養塩負荷と海水の交換による増殖細胞および未利用栄養塩の系外への損失が同時進行で起こるという、現場の状況を想定した系

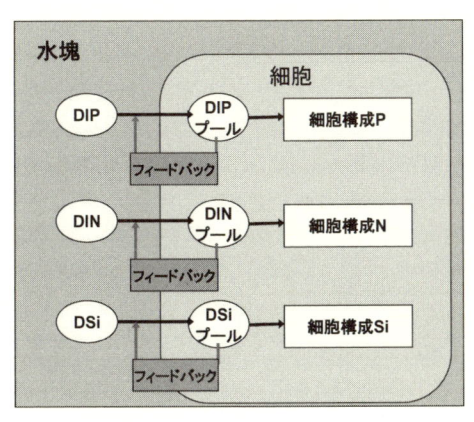

図9.8 植物プランクトン細胞による栄養塩の取りこみを表わす数値モデルのフレームワーク。栄養塩はDIP（溶存態無機リン）、DIN（溶存態無機窒素；アンモニア態、硝酸態、亜硝酸態の合計）、DSi（溶存態ケイ素）の3種を考えた。栄養塩は環境水中から取りこみ、細胞内栄養塩プールの大きさに依存して増殖する。細胞内栄養塩プールが大きくなると、取りこみ速度にフィードバックがかかるように設定（Yamamoto and Hatta, 2004より引用）

第9章　河川改変が海の水質と生態系に与える影響

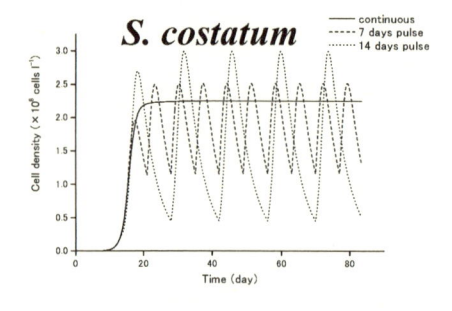

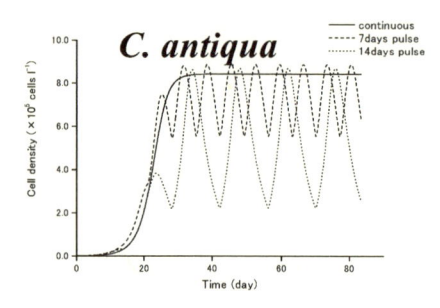

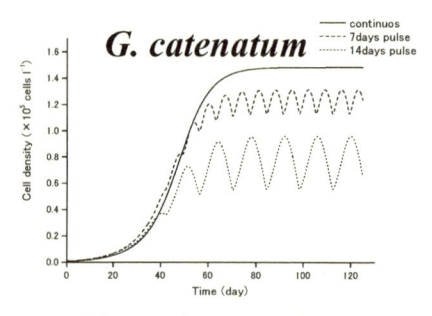

図9.9 珪藻スケレトネマ・コスタータム *Skeletonema costatum*、ラフィド藻シャットネラ・アンティーカ *Chattonella antiqua*、渦鞭毛藻ギムノディニウム・カテナータム *Gymnodinium catenatum* の3種に対して、栄養塩負荷頻度を、連続、7日に1回、14日に1回と変えた場合のそれぞれの細胞密度の時間変動（Yamamoto and Hatta, 2004より引用）

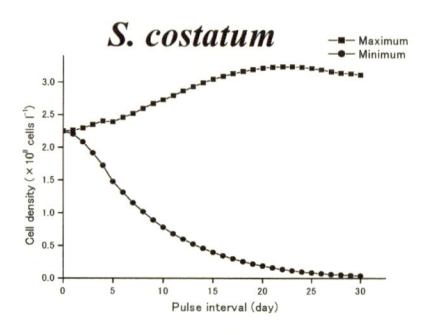

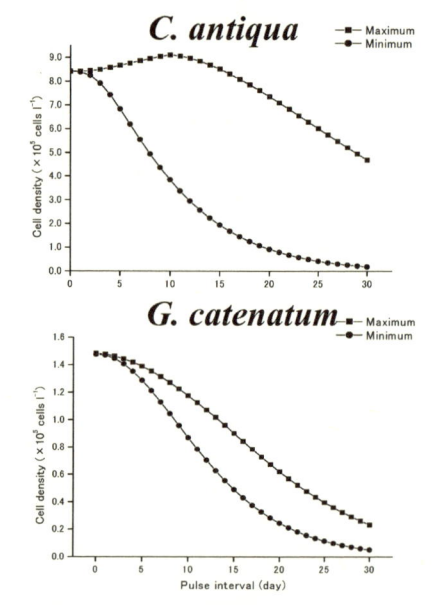

図9.10 栄養塩の負荷頻度を毎日（連続）から順次、2日に1回、3日に1回……と変化させた場合の、珪藻スケレトネマ・コスタータム *Skeletonema costatum*、ラフィド藻シャットネラ・アンティーカ *Chattonella antiqua*、渦鞭毛藻ギムノディニウム・カテナータム *Gymnodinium catenatum* の最高細胞密度と最低細胞密度の変化。最高細胞密度は、スケレトネマ・コスタータムでは20日に1回の負荷、シャットネラ・アンティーカでは10日に1回の負荷、ギムノディニウム・カテナータムでは連続負荷で現われることがわかる（Yamamoto and Hatta, 2004より引用）

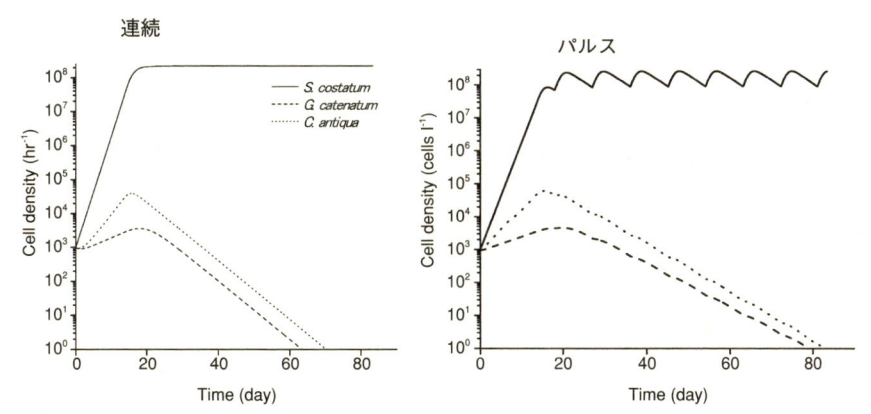

図9.11 珪藻スケレトネマ・コスタータム *Skeletonema costatum*、ラフィド藻シャットネラ・アンティーカ *Chattonella antiqua*、渦鞭毛藻ギムノディニウム・カテナータム *Gymnodinium catenatum* の3種が共存する場合に、連続的に栄養塩を負荷した場合（左）と9日に1回負荷した場合（右）での3種の共存期間の違い。栄養塩負荷が連続的な場合（左）よりも断続的な負荷（右）の場合のほうが3種の共存期間がのびることがわかる（Yamamoto and Hatta, 2004より引用）

　荷した栄養塩は溶存態無機リン（＝リン酸態リン、DIPと略す）、溶存態無機窒素（アンモニア態、硝酸態、亜硝酸態の合計でDINと略す）、溶存態ケイ素（＝ケイ酸塩、DSiと略す）のいわゆる主要栄養塩である。植物プランクトンは細胞表面より栄養塩を取りこんで細胞内にいったんためる（**図9.8**）。これを「細胞内栄養塩プール」とよび、この蓄えられた栄養塩を用いて植物プランクトンは増殖する。したがって、細胞内栄養塩プールの量が少なくなれば外囲水中から栄養塩を取りこむが、プールに十分あるときは取りこみ速度にフィードバックがかかる。栄養塩の負荷量は連続的負荷を基準とし、2日に1回、3日に1回……という具合に断続的に変化させて計算した。断続的に負荷する場合の栄養塩総量は連続的に負荷される量と同じにした。たとえば2日に1回負荷する場合は、2日分を1度に負荷したということである。

　植物プランクトン3種の生理学的特性は次のようなものである。スケレトネマは細胞内栄養塩プールが小さく、増殖速度が大きい。一方、ギムノディニウムは細胞内栄養塩プールが大きく、増殖速度は小さい。シャットネラはそれらの中間である。それぞれの種に対して栄養塩を断続的に負荷すると、スケレトネマはすぐに応答して増殖するが、ギムノディニウムの応答は鈍い。つまり、スケレトネマでは断続的負荷の場合のほうが連続的負荷の場合よりも高い最高細胞密度に達する（**図9.9**）。逆に、ギムノディニウムでは連続的な栄養塩負荷の場合に最高細胞密度を維持できる。また、栄養塩の負荷頻度を連続から30日に1回まで計算してみたところ、最高細胞密度のピークはスケレトネマで20日前後、シャットネラで10日前後、ギムノディニウムで連続

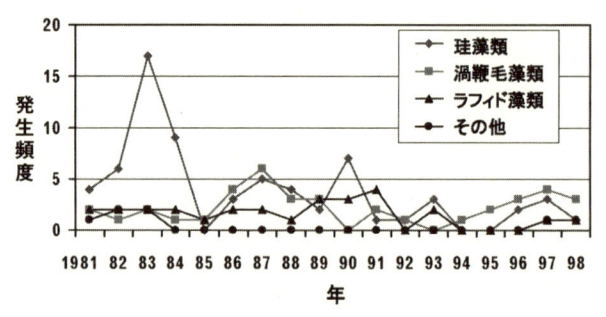

図9.12 広島湾における赤潮発生状況について、分類群ごとに集計したもの。珪藻、渦鞭毛藻、ラフィド藻の3グループが優占し、1980年代前半は珪藻が多かったのに対して、1980年代後半～1990年代前半に3群が拮抗し、1990年代後半では渦鞭毛藻が卓越するようになった（山本ほか、2002より引用）

的負荷で見られた（図9.10）。これらのことから、ダムを造って海域に対する栄養塩負荷の頻度を平準化すると、細胞内栄養塩プールの大きい渦鞭毛藻ギムノディニウムに有利に作用することがわかる。

　さらにこれらの3種が同じ水塊内に生息する場合を想定して、栄養塩を連続的に与えた場合と断続的に与えた場合にどうなるかを比較した。その結果、増殖速度の点で圧倒的にすぐれるスケレトネマが優占することには変わりなかったが、断続的な栄養塩負荷の場合のほうが3種の共存日数が長期化した（図9.11）。つまり、栄養塩負荷が断続的な場合のほうが種の多様性が高く保たれるということになる。これは生態学の分野において以前からいわれている「中規模攪乱仮説」(Intermittent Disturbance Hypothesis) と相通ずるものであり、エスチュアリーの植物プランクトンにおいても、種の多様性は適度な攪乱（10日に1回ほどの河川水流入）があるほうが種の多様性が維持されるという重要な知見である。

　近年、広島湾では（瀬戸内海全域でも同様に）渦鞭毛藻の赤潮発生頻度が相対的に増加してきており（図9.12）、上記の数値シミュレーションから予想される結果は、このことをよく説明する。渦鞭毛藻は、先にも述べたとおり、有毒な種を多く含んでおり、これらの赤潮による漁業被害は深刻である。また、ダム建設が海域に与える影響に注目した観測例はなく、実際のダムを使ったフィールド実験を行なうことは今後とも困難であろう。海域における貧栄養化や渦鞭毛藻の優占については、あくまでもこれまでの断片的な研究や最近の筆者らの数値モデル研究からわかってきた傍証である。海域生態系に影響を与える要因としてダムは決して小さなものとは思われないが、生態系内で起こるさまざまで複雑なプロセスについては、さらに高度な解析と考察が必要であることはいうまでもない。

引用文献

宇野木早苗（2003）球磨川水系のダムが八代海へ与える影響．日本自然保護協会報告書, 94, 53-69.

宇野木早苗（2005）河川事業は海をどう変えたか．生物研究社, 116 pp.

西条八束・奥田節夫編（1996）河川感潮域－その自然と変貌．名古屋大学出版会, 248 pp.

鈴木輝明（2006）干潟域の物質循環と水質浄化機能．地球環境, 11, 161-171.

原田加奈子・岩崎健次・古里栄一・浅枝　隆（2006）貯水池底層部における鉄とリンの挙動について．水環境学会誌, 29, 327-332.

山本民次（2005）瀬戸内海が経験した富栄養化と貧栄養化．海洋と生物, 158, 203-210.

山本民次・石田愛美・清木　徹（2002）太田川河川水中のリンおよび窒素濃度の長期変動－植物プランクトン種の変化を引き起こす主要因として．水産海洋研究, 66, 102-109.

Humborg, C., V. Ittekkot, A. Cociasu and B. V. Bodungen (1997) Effect of Danube River dam on Black Sea biogeochemistry and ecosystem structure. *Nature*, 386, 385-388.

Stockner, J.G., E. Rydin and P. Hyenstrand (2000) Cultural oligotrophication: Causes and consequences for fisheries resources. *Fisheries* 2000, 25, 7-14.

Thornton, K.W., B.L.Kimmel and F.E.Payne (1990) *Reservoir Limnology: Ecological Perspectives*. ダム湖の陸水学．村上哲生・林裕美子，奥田節夫・西条八束監訳, 生物研究社, 244 pp.

Yamamoto, T. and G. Hatta (2004) Pulsed nutrient supply as a factor inducing phytoplankton diversity. *Ecological Modelling*, 171, 247-270.

第10章 河川改変が海の生きものと漁業に与える影響

佐々木克之

　陸地や海の水が蒸発して雨となり、山地などに降った雨が川を通じて海に流れる。川は土砂と水の流れとともに溶けてくるさまざまな物質を海へ輸送する。古くから人間は、川を治めようとして、治水や利水に努めてきた。しかし、明治以降の河川環境の変化、とりわけダム建設は水循環の様式を変えて、川のみならず海にも大きな影響を与えた。とくに、川と海を行き来する魚類に影響は大きかった。この影響を克服するために、シロザケの放流技術の開発による資源量の増加など、河川環境の変化にともなう悪影響を克服する技術が開発されてきた。しかし、技術開発によって、河川環境の変化が海に与える影響を克服できるのかという疑問も出てきた。ここで取り上げるサクラマスは、いまのところ放流事業によっても資源量の減少を食い止めることはできていない。窒素やリンの増大にともなう赤潮や貧酸素などの富栄養化問題は、窒素とリンの削減技術によってある程度の成果は生まれているが、いまだに沿岸の漁獲量は減少したままである。このことは、河川改変が海の生きものに与える影響について、真摯に解明していかなければならないことを示している。

　最近、自然再生事業が始められたことと関連して、自然の再生は「残された自然の保全を優先し、できるだけ自然の復元力にゆだねて、自律的な自然の回復を目指す（受動的再生の原則）」ことが重要視されてきた。第6章で述べたように、川は水、栄養物質や土砂を運び、自然の循環の一部をなしている。ダムや河口堰は人間の治水や利水を目的として、この自然の力に逆らって循環を遮断するものである。自然は長い年月をかけて森－川－海の環境を作り上げ、そこに生息する生物はそれに適応した生態系を作り上げてきた。しかし、この循環の遮断によって生態系が大きく変化し、人間もその影響を受けざるをえない。人類の科学技術の力は偉大であるが、生きものに関してこの力は未熟であることが、河川改変と海の生きものの関係において見られる。

10.1　ダムによる水質悪化

　「ゆく河の流れはたえずして、しかも、もとの水にあらず」と『方丈記』が述べてい

るように、川の水はつねに同じではない。しかし、ダムでは水がよどみ、水の入れ替わりに時間がかかるので、植物プランクトンが増加して、水質が悪化する。程木ら（2003）は、川辺川ダム計画で、国土交通省がボーレンバイダーモデルを用いて水質予測を行なっていることを取り上げた。このモデルは、

$$L = [P] \times (10 + aH)、変換すると、[P] = L/(10 + aH)$$

で表わされる。ここで、L：単位面積当たりのリン負荷量（g/m²/年）、[P]：湖沼・貯水池内のリン濃度（mgP/ℓ）、H：平均水深（m）、a：年間回転率（回/年、年間流入量/体積）である。陸水では一般に植物プランクトンの制限要素がリンであるため、リンを用いている。国交省はこのモデルを用いて、川辺川ダムの水質は悪化しないと述べたが、程木ら（2003）は、川辺川ダムはこのモデルの適用範囲外にあり、国交省の弁は信頼性が低く、実際に球磨川の既設ダムではこのモデルがあてはまっていないことを示した。このモデルの妥当性は個々に論じる必要があるが、モデルが示しているように、一般的にダム湖内のリン濃度 [P] は、リン負荷量が多く、水深が浅く、回転率が小さいほど高濃度となることを示している。ダムの特徴はこの回転率を小さくすることにある。

　ダム湖では、増殖した植物プランクトンの一部はダムから下流に流出し、一部はダム湖に沈降、堆積する。ダム湖にはさらに落ち葉などの有機物も堆積する。有機物の分解に酸素が消費されるためダム湖の底質は酸素不足となり、ヘドロ化する。このような底質がダムから流出すると、黒部川で有名になったが、ヘドロが海にまで流出し、漁業に大きな被害を生じる（宇野木、2005a）。

　球磨川でも、ダム湖から大量の有機物が流出したと考えられる資料が得られているが（程木ほか、2003）、これについては第15章で述べる。

　ダム湖の水質の悪化（たとえば有機物の増加）した水やヘドロがダム下流に流出すると、水が濁ってアユがいなくなるなど、河川の生きものだけでなく、海の生きものへも悪影響を与えることになる。

10.2　河口堰による水底質悪化と漁業被害

　1994年に運用が開始された長良川河口堰について調査研究がなされて、本が出されている（村上ほか、2000a）。この本によると、河口堰の影響は、①植物プランクトンの大発生（**図10.1**：河口堰運用後、堰上流15km地点の東海大橋でプランクトンが発生、堰直上流の伊勢大橋では夏季以外にも発生）、②堰下流における細かい土砂の堆積と貧酸素水の発生、③アユ、サツキマス、シジミの減少、として現われている。①はダム湖と同じ原因であり、堰の水を水道水に用いる計画に影響を与えている。②は潮流が堰によって止められて起きる現象である。村上ら（2000b）は、利根川でも長

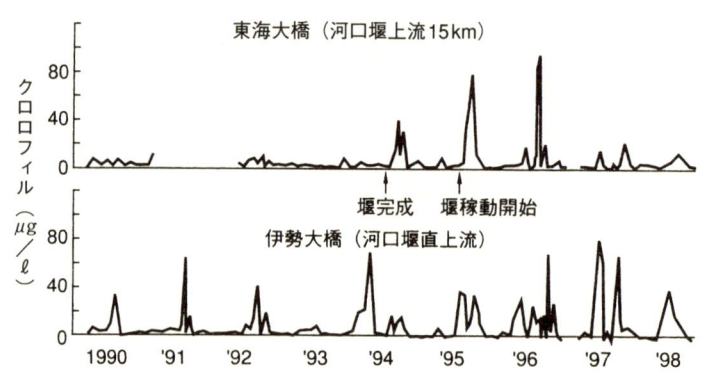

図10.1 河口堰運用後のプランクトン発生パターンの変化（1990～1998年）（村上ほか、2000aより引用）

良川でも、上流側でも下流側でも堰のすぐ近くで泥が堆積して、堆積物中の強熱減量（有機物含量の指標）がきわめて高くなっていることを示した（**図10.2**）。堰の下流では、底質環境の変化と酸素不足が加わって魚介類に悪影響を与える。

　利根川の下流域は古くからシジミ（ヤマトシジミ）の産地であった。1970年には3万7955トンのシジミ漁獲量を記録したが、1971年に河口から18km遡ったところに建設された利根川河口堰が運用されるようになると、1万6444トンに減少し、その後も減少を続け、1980年代になると5000トン台で推移し、回復のきざしはない（根本・中村、2000）。河口堰からの下流域が18kmあるので、当初には河口堰はシジミにほとんど影響を与えないと考えられていたが、実際には大きな影響を与えた。原因としては、堰上流部では低塩分化、堰下流では高塩分化や貧酸素化があげられ、上述した長良川河口堰と同様である。また、ウナギは、1970年には千葉県で159トンの漁獲があったが、15年後には40トンに減少した（鈴木、1998）。ウナギの減少要因については十分な調査が行なわれていないが、河口堰が幼魚の遡上と親魚の降海の過程に悪い影響を与えたものと考えられる。

　有明海の諫早湾の河口域に造られた堰（潮受堤防）によってできた池（調整池）は、水がよどむために植物プランクトンが大発生する。さらに、堤防を通じて塩分が進入するために河川に含まれているきわめて細かい粘土粒子がくっつき合ってより大きな粒子となり、これが浮泥となり、濁りが生じる。進入する塩分がわずかなため形成された粒子が大きく凝集せず、浮泥がちょっとした風で巻き上がる状況となる。このような植物プランクトンの大発生と浮泥の巻き上がりのために、1997年に運用されて以来、さまざまな努力がなされたにもかかわらず水質が悪化したままである。汚濁した水が諫早湾に流入し、またこの河口堰を造ったことが有明海の流動にも影響を与え、

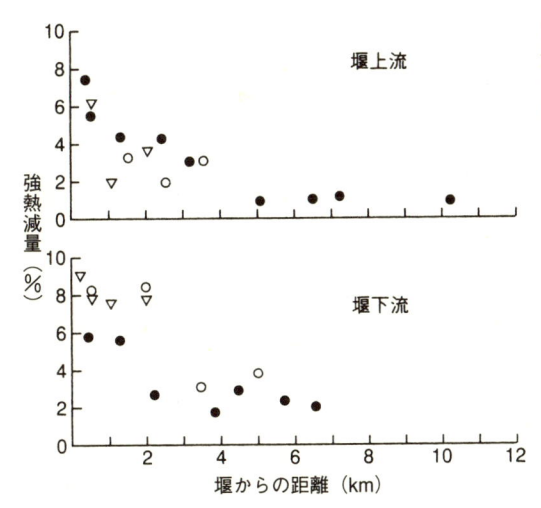

図10.2 河口堰付近の堆積物の強熱減量（有機物含量）（村上ほか、2000bより引用）。○利根川、●長良川、▽今切川（旧吉野川）

諫早湾だけでなく、有明海の漁業に深刻な影響を与えたと推定されている（佐々木ほか、2005）。

　上流部に建設されるダムの場合、流入する河川の水質は良好な場合が多いが、それでも上述したように水質が悪化する。河口堰の場合は、ダム湖に比べて水の回転率がよい反面、流入する河川水質が悪いため、水質悪化が起きる。また、河口堰は汽水域に造られるので、淡水と海水を分断する。このため、堰の上流では淡水となり、下流では高塩分域となるため、ヤマトシジミのような汽水域に適応している生物の生息が困難になる。汽水域に造られる河口堰は、海の生きものに多大な影響を与えるので、水産の立場からは建設すべきでないと考えられる。

10.3　ダムと川砂採取による土砂供給の減少

　川は、一方では上流から土砂を供給し、他方で下流にそれを流出させる。川底はこのバランスで維持されていて、河川生態系はこのバランスの上にできてきた。しかし、ダムが造られると、流入した土砂はダム湖に堆積し、その分が下流に供給されなくなる。そのことによって、河川だけでなく河口域も大きな影響を受ける。稗田（2005）は、北海道の多くの川を観察して、ダムができるとその下流で河床低下が起きることを見出した。彼は、その原因は、ダムに砂や泥、とくに砂利が堆積して、下流に供給されなくなることが原因であることを示した。ダムの下流で砂利が大雨で流されてもダムにより砂利供給が絶たれて、下流の河床が低下していく。このことがくり返され

ると、河床は数mも低下して、そのため河畔林も倒れていく。サケ（シロザケ）は、河川上中流域の湧水や伏流水が出る箇所に産卵する。それは酸素の供給が十分に行なわれるとともに、水温が安定しているからである。しかし、河床低下が起きると、湧き水のルートも失われる。また、ダムは砂を止めるが、泥は軽くて下流に流れるので、湧水部分も泥に覆われる。このようにしてサケの産卵場所が失われる。稗田（2005）は、大きなダムだけでなく、小さな砂防ダムも同様に河床低下を引き起こすことを示している。

　筑後川と球磨川におけるダムと川砂採取による干潟への影響については第15章で述べる。愛知県の矢作川では、河口4kmにおいて、1965年に1.68km^{2}の干潟が存在したが、2000年には0.82km^{2}に減少した（矢作川流域委員会、2006）。矢作川河口域は、以前にはアサリ稚貝の供給場として有名であった。統計資料は存在しないが、愛知県水産試験場に聞くと、最近はアサリ稚貝を豊川河口干潟から仕入れているとのことである。矢作川河口におけるアサリ稚貝の減少は、この河口干潟と関連している可能性が考えられる。1971年に完成した矢作ダムでは、現在までに1500万m^{3}の土砂をダム内に堆積している（矢作川流域委員会、2006）。矢作川でも川砂採取が行なわれていた（数量は不明）ので、これとダムへの堆砂の両者によって、矢作川河口干潟の面積が半減したものと考えられる。

　多くのダムが造られているが、矢作川河口のように干潟域の顕著な減少はあまり多く報告されていない。この原因のひとつは、干潟が発達する内湾では、埋め立て以外の影響もあり、ダム・川砂採取の影響を特定することが難しいことがあげられる。干潟の形成は、河川からの土砂供給と海からの供給および海での侵食のバランスで決まる。宇野木（2005b）は、球磨川河口干潟では、球磨川起源の砂は河口の砂の約半分しか占めておらず、残りは海から供給されていることを紹介している。このように干潟の形成機構はまだよく理解されていないので、ダムと川砂採取による干潟への影響が十分解明されていないものと考えられる。干潟には、アサリをはじめ水産有用魚介類が豊富であるが、近年埋め立てがなくても干潟におけるアサリ生産量が減少している例が増えている（たとえば、佐々木、1999）。この原因として、ダムによって砂より泥供給の比率が増加することや、ダムによって流量調節が行なわれて干潟環境が安定したためなどの意見が出されているが、今後の課題となっている。

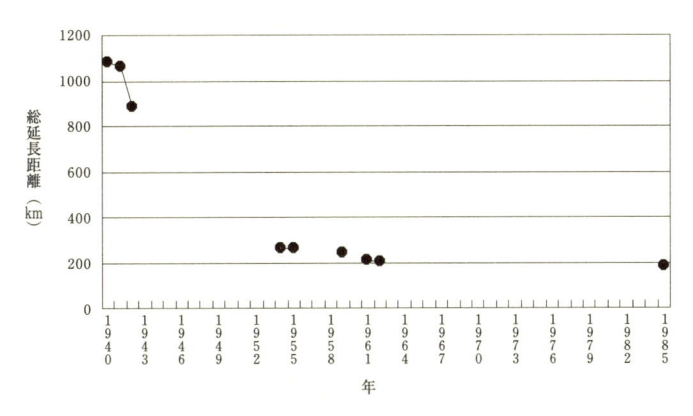

図10.3 神通川におけるダム下流の総延長距離の推移（田子、1999の表より作成）

10.4 ダムなどの河川改変が川と海を行き来する魚類に与える影響

サクラマス

マス寿司は富山県の名産品として有名であるが、近年原料のサクラマスが神通川や富山湾では捕れなくなり、北海道産やそれ以外のもので補っているという。北海道でもサクラマスの資源量増大に努めているが、回復する状況にない。田子（1999）は、神通川のダム構築による遡上範囲の減少とサクラマス漁獲量の変化との関係を調査した。神通川では1940年に、本流および支流併せて流域総延長距離は1083.4kmあったが、1954年のダム建設によって263.8kmに減少し、1985年には185.0kmとなり、1940年に比べてわずか17.1％の距離しかなくなった（**図10.3**）。サクラマスは第6章で述べたように、源流域で産卵するので、遡上範囲が減少すると漁獲量の減少が予想される。**図10.4**に神通川におけるサクラマス漁獲量の推移を示した。ダムがない時代には約150トンの漁獲量があったが、近年は数トンしか捕れない。田子（1999）は、神通川のサクラマス漁獲量（y：トン）と遡上可能距離（x：km）との関係が、$y = -3.97 + 0.0927x$　$r = 0.693$の回帰直線で表わされると述べている。

ダムができるとサクラマスは上流に遡上できず、資源が減少するので、ダム建設者はしばしば魚道を設置する。しかし、魚道の効果ははっきりしない。北海道開発局は、天塩川流域委員会において、沙流川の二風谷ダムに造った魚道が機能してサクラマスは減少していないと報告した（たとえば、北海道開発局、2006）。サクラマスの親魚が1996年までダム予定地の上流に遡上していると、ヤマメはダム上流で1997年まで生息量が多いはずである。しかし、1997年以降ダムにより親魚の遡上が困難になると、

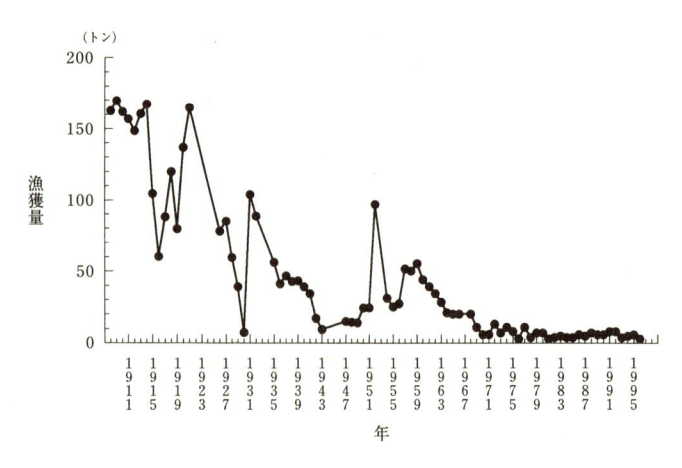

図10.4 神通川における1908〜1996年のサクラマス漁獲量の推移（田子、1999より引用）

　ダム上流のヤマメは減少することが予測される。資料を取り寄せて解析した結果、佐々木（2007）は、「サクラマスの幼魚であるヤマメがダム上流では1998年以降に減少している。しかし、ダム下流では親魚が遡上してきて産卵が行なわれるためヤマメが減少していないので、ダムによってダム上流域でヤマメが減少した分、サクラマスが減少している可能性が高い」と述べた（図10.5）。ダム上流では1990年以降ダムが建設される1997年まで、ヤマメ資源量が3年周期で変化しているが、これはサクラマスの寿命が3年であることと関連していると考えられる。この3年周期は、ダム建設によって失われている。

　ダム建設は、サクラマスの遡上に障害をもたらすだけでなく、サクラマス幼魚ヤマメの降海型のスモルト（第6章参照）が海に降海するときにも障害となる。渓流魚であるヤマメは流れによって方向を認識するが、流れのないダムでは降海する方向を認識できなくなる。ダム建設事業者は、佐々木（2007）で紹介したように、巨大な魚道を造ってダムの影響を回避すると述べている。しかし、田子（2007）は、「巨大なダムに魚道は必要なのか」と述べて、魚道に対して疑問を投げかけている。サケ類が苦労して巨大魚道を遡上したとしても、そこにはダム下流の河川とまったく異なる形状の止水域が広がっていて、清流や渓流を好むサクラマスやアユにとって生息場にならないことを懸念している。さらに、サケ類の幼魚が降海のさいダムを通過しようとするときに、発電所に取りこまれたり灌漑用水に紛れこんだりするなど多くの無効降海が報告されている（たとえば、佐々木、2007；田子、2007）。

　図10.3を見ると、神通川のサクラマス生息可能な総延長距離は1962年以降ほとん

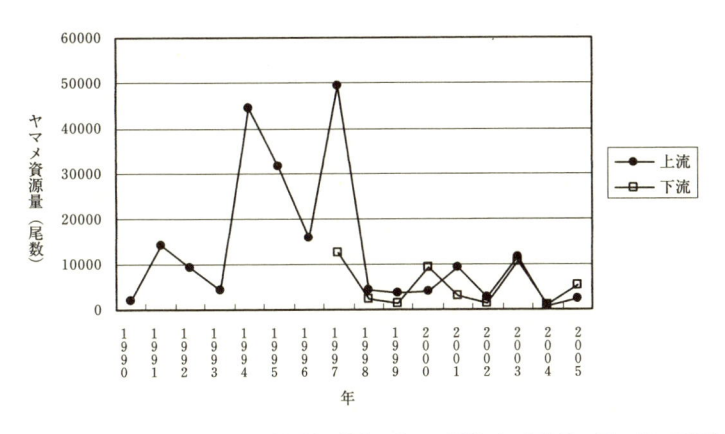

図10.5 沙流川におけるヤマメ資源量の推移。●：二風谷ダム上流域、□：ダム下流域

ど変化していないが、図10.4を見るとサクラマス漁獲量は1962年以降も減少傾向にある。田子 (2004) は、1868年から2004年にかけての神通川中下流域の河川形状の変化を調べた。1868年には神通川には河口から6〜10kmの範囲で大きく蛇行していたが、その後の工事で1921年ごろにはまっすぐな流れが主流となった。神通川には河口から3.2km地点に大きな中州があり、1965年ごろまで0.24km^{2}の広さがあったが、それ以降面積が減少していき、1984年にはこの中州は消滅して、最下流に位置する大きな中州は5.9km地点に後退した。また、1970年代に入って低水護岸が造られるようになり、川は直線化して淵が減少した。田子 (2001a) によれば、1997〜2000年の間に、神通川の最大水深が2mを超える大きな淵の数は18から11に、庄川では5から3に減少した。第6章で魚の生息にとって淵が重要であることを述べたが、神通川と庄川における淵の減少は、サクラマスだけでなくアユなどへも悪影響を与えると考えられる。

アユ

田子 (2001b) は、1978〜1998年の富山県神通川と庄川におけるアユ漁獲量と放流量の関係を示した（図10.6）。神通川ではアユ放流量は1978年には132万尾であったが、1998年には450万尾（3.4倍）となった。しかし漁獲量は1978〜1987年までは133〜149トンで推移したが、1988年から減少傾向になり、1998年には53トンとなった。庄川での放流量は1978年に76万尾で、1998年には3.6倍の277万尾であったが、漁獲量は38〜50トンと横ばいであった。アユの場合は、放流した稚魚がその年に成魚となるので、放流しても漁獲量が増加しないか減少する原因としては、河川環境が稚魚の成育に十分でないことが推定される。田子 (2001b) は、遊漁者のアユ漁獲方法とアユ漁獲量の間に興味深い関係を見出した。神通川ではアユ漁獲量は1988年以降減

第10章 河川改変が海の生きものと漁業に与える影響　　127

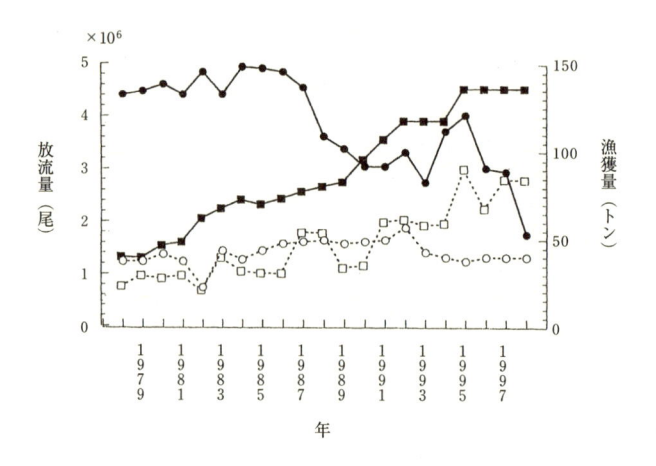

図10.6 1978年から1998年にかけての神通川（直線）と庄川（破線）におけるアユ漁獲量（丸）と放流量（四角）の推移（田子、2001bより引用）

少傾向となったが（**図10.6**）、同時に毛ばり釣り遊漁者数が比例して減少した。アユ漁獲方法には、毛ばり以外に、友釣り、テンカラ網と投網があるが、これらの漁業者数とアユ漁獲量との関係は見出されていない。毛ばり釣りは大きな淵で行なわれるので、この結果は淵の減少が毛ばり釣りの減少を引き起こした可能性を指摘している。サクラマスの項で上述したように、田子（2004）は神通川中下流域の河川環境が1868年から2004年にかけて大きく変化したことを述べているが、このような河川環境の変化が、アユ放流数を増加してもアユ漁獲量が増加しない原因と考えられる。

1968年の和田川総合開発によって庄川本川の多くの水（約60トン/秒）が支流の和田川に流れるようになり、庄川の水量は約10トン/秒になった（田子・松本、2002）。このことによって庄川のアユは、生息空間の減少（田子、2001a）、成長阻害、漁獲圧の増大（田子、2003）などが生じて、アユ資源に大きな悪影響を与えた。

アユにとってはダムだけでなく、堰も大きな影響を与える。稚アユの遡上は、懸命にジャンプして川を遡上する姿がよく放映されるのでよく知られているが、孵化後の仔魚が通常はほぼ1日以内に河口にたどりつくことはあまり知られていない。小山（1978）は、長良川でアユ仔魚が取水口から多量に吸いこまれて死んでしまう可能性を指摘している。孵化した場所から海の間に河口堰があれば、仔魚が河口にたどりつくために多くの日数が必要となり、その間に仔魚が死亡することも考えられる。利根川河口堰のような大きなものでは、アユ仔魚が河口にたどりつくために多くの日数がかかるので、その影響が大きいと考えられる。しかし、アユの場合、親魚を用いて人

工孵化したものを上流に多数放流するので、河口堰が天然アユに及ぼす影響を把握するのは困難である。

10.5　今後の方向

　ダムや河口堰は河口域の環境を変化させて、アサリなどの二枚貝に影響を与える。また、川の生物だけでなく、川と海を行き来する魚にも大きな影響を与える。これらの河川改変は、当然治水や利水のために行なう事業であるが、環境と両立させなければ、われわれは前の世代から引き継いだ環境を次の世代に残すことができなくなる。現在までのダムや河口堰について、どれだけの必要性があるのか、環境と両立させることができなかったのか、について検討する時期にきている。たとえば、長良川河口堰は治水や利水の点で本当に必要だったのか、いま振り返ってみることが必要である。利根川河口堰のおもな目的は東京などへ水道水を送ることであるが、東京への人口集中がよいことなのかどうか、これはこの本で取り上げるべき問題ではないが、そのような大きな視点から見る必要もある。ダムによる下流の環境改変は大きいし、上流域の過疎化も引き起こす。ダムの効用だけでなく、ダムがもたらした悪影響についても検証する必要がある。

　レイチェル・カーソンは、著書『沈黙の春』で、DDTなど便利な農薬の野放図な使用が自然を破壊することを警告したが、ダムという一見便利なものも長期的に見て環境を破壊することが人々の目に映ってきたのではないだろうか。パトリック・マッカリーはカーソンにならって、『沈黙の川』（1998、鷲見一夫訳）と題する著書の中で、ダムが環境と人々に与える影響の大きさをくわしく述べている。人間は地球という自然から生まれたものであり、自然の力に逆らうのではなく、依存して利用することを目指すべきではないだろうか。自然と人間の共存こそがこれから目指すべき方向であると考えられる。そのような発想の転換による人と河川との付き合い方が今後の課題となる。

引用文献

宇野木早苗（2005a）漁場を崩壊させた黒部川出し平ダムの排砂．河川事業は海をどう変えたか．生物研究社, 84-90.

宇野木早苗（2005b）球磨川のダム建設後の八代海．河川事業は海をどう変えたか．生物研究社, 91-99.

小山長雄（1978）吸魚口という名の取水口．アユの生態．中公新書, 27-35.

佐々木克之（1999）豊前海のアサリ．海洋と生物, 21, 61-66.

佐々木克之・松川康夫・堤　裕昭（2005）有明海の生態系再生をめざして．日本海洋学会編, 恒星社厚生閣, 211pp.

佐々木克之（2007）沙流川二風谷ダムのサクラマスへの影響とサンルダム問題．北海道の自然，北海道自然保護協会, 45, 16-22.

鈴木久仁直（1998）河口堰の影響予測と漁業被害．利根川河口堰の流域水環境に与える影響調査報告書，日本自然保護協会, 179-190.

田子泰彦（1999）神通川と庄川におけるサクラマス親魚の遡上範囲の減少と遡上量の変化．水産増殖, 47, 115-118.

田子泰彦（2001a）神通川と庄川の中流域における最近の渕の減少．水産増殖, 49, 397-404.

田子泰彦（2001b）神通川と庄川における近年のアユの漁法別着漁人口の動向と漁獲量の変化．水産増殖, 49, 117-120.

田子泰彦・松本良則（2002）コンクリートの飼育池で水深別に育成したアユの成長．水産増殖, 50, 377-378.

田子泰彦（2003）飼育池での投網とテンカラ網による水深別のアユ漁獲効率試験．水産増殖, 51, 225-226.

田子泰彦（2004）神通川中下流域周辺における河川形状の長期的な変化．富山県水産試験場研究報告, 15, 17-30.

田子泰彦（2007）河川漁業の名川，神通川と庄川はダムの建設でいかに変貌し，そしていかなる終末を迎えるのか．日本水産学会誌, 73, 89-92.

根本隆夫・中村幹雄（2000）利根川．日本のシジミ漁業．中村幹雄編著，たたら書房, 128-143.

北海道開発局（2006）第17回天塩川流域委員会追加資料その14．

パトリック・マッカリー（1998）沈黙の川－ダムと人権・環境問題．鷲見一夫訳，築地書館, 412pp.

稗田一俊（2005）鮭はダムに殺された．岩波書店, 213pp.

程木義邦・佐々木克之・宇野木早苗（2003）川辺川ダムにおける水質予測とその問題．川辺川ダム計画と球磨川水系の既設ダムがその流域と八代海に与える影響．日本自然保護協会報告書, 94, 31-46.

村上哲生・西條八束・奥田節夫（2000a）浮遊藻類の発生．河口堰．講談社, 52-88.

村上哲生・西條八束・奥田節夫（2000b）川底の堆積物の変化．河口堰．講談社, 89-127.

矢作川流域委員会（2006）矢作川の環境について．第7回委員会資料4．

第Ⅲ部
各海域における川と海の関係、現状と課題

第11章 東京湾とその流入河川

佐々木克之・風間真理

　東京湾流域には、日本の人口の約4分の1にあたる2500万人近くの人が住み、人間活動にともなう多大な汚濁物質が東京湾に流入している。1970年前後には東京湾の魚介類は大きく減少して、死の海とよばれる状態であった。しかし、その後汚濁物質の発生抑制の努力が積み重ねられて、東京湾の環境と漁業はある程度回復してきた。この章では、東京湾に流入する河川によってもたらされる有機物および窒素・リンと東京湾の環境との関係について、経年的な資料にもとづいて検討する。

11.1　東京湾に流入する河川

(1) 東京湾への淡水供給量

　東京湾には、神奈川県側などから大小34の河川が流入して、全流域面積は7549km^{2}である。図11.1におもな河川を、表11.1に流域面積が200km^{2}以上の河川と流域面積を示した。最も長いのは荒川で173kmあり、次に多摩川が138kmで、それ以外は100km以下である。内湾への淡水供給には、海面への降水と海面からの蒸発も関与するが、両者は一般に河川流量よりかなり少なく、かつ互いに消し合うので、通常は河川を主とする陸上からの供給が大部分を占める。宇野木・岸野（1977）は1960～1974年の間の平均淡水供給量は258m^3/秒（8.135km^3/年）と算出している。Matsukawa and Sasaki（1990）は1979年と1980年平均で300m^3/秒としている。魚（1995）は1992年度の淡水供給量は428m^3/秒であると述べた。野村（1995）は多摩川の流量の経年変化と東京湾表層の塩分の間に逆相関が見出せるとして、表層塩分の経年変化から東京湾に流入する淡水量は1980年以降増加していると推測した。野村（1995）の多摩川の流量の経年変化を見ると、1979・1980年は流量が15～20m^3/秒であり、1992年は41m^3/秒であり、1992年の流量は1979・1980年の約2倍となっている。魚（1995）の1992年の東京湾への流入量はMatsukawa and Sasaki（1990）の1979・1980年の約1.5倍なので、両者の違いは雨量の違いに起因する可能性がある。松村・石丸（2004）は、1997年と1998年の東京湾への淡水流入量を調べて、河川352m^3/秒、

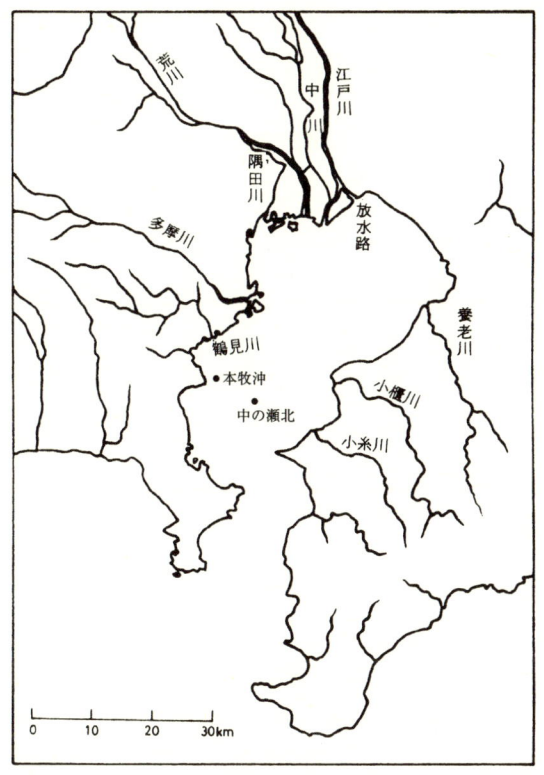

図11.1 東京湾に流入する主要な河川（宇野木・岸野、1977より引用）

表11.1 流域面積が200km²以上の東京湾に流入する河川

河川名	流域面積（km²）
鶴見川	235
多摩川	1,240
隅田川	690
荒川	2,940
中川	811
江戸川	200
養老川	246
小櫃川	267

第11章 東京湾とその流入河川

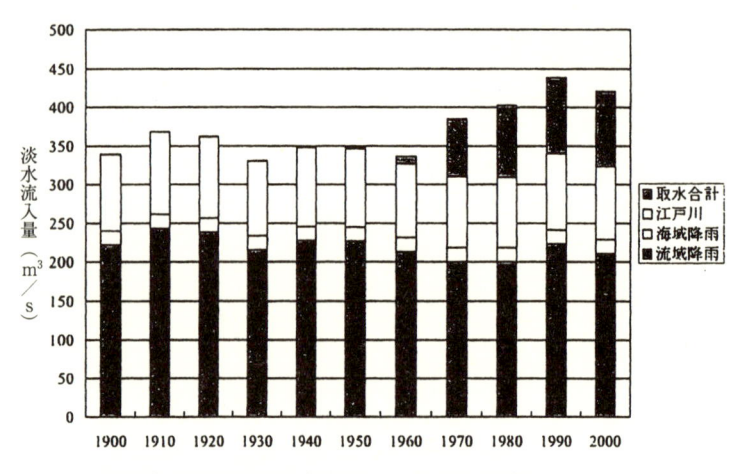

図11.2 項目別淡水流入量の変遷（高尾ほか、2004より引用）

　下水処理場50.0m³/秒、降水38.9m³/秒、海岸の大規模工場などから湾への直接流入31.4m³/秒で、蒸発量を差し引くと総流入量は433m³/秒と述べた。

　高尾ら（2004）は、降水量、流域面積および流出率を用いて、東京湾への流域からの淡水供給量を求めた。これに、流域外からのものと直接海面への降水量を加えて1900～2000年の間の東京湾への淡水流入量を10年間平均で求めた（**図11.2**）。これを見ると、1900～1960年の間の淡水流入量は約350m³/秒であるが、1970年以降は流域外からの流入量が増加して1980年以降は400～450m³/秒となった。これと比べると、宇野木・岸野（1977）の値は少し少なく、松村・石丸（2004）はほぼ同様な結果である。1960年以降の流域外からの淡水流入量の約100m³/秒の増加は、利根大堰からの取水が約60m³/秒、印旛沼からの取水が約8m³/秒、川崎、横浜、横須賀への流域外からの取水量が約30m³/秒によるものである。現在の東京湾への淡水流入量は400～450m³/秒と考えられる。

　また、東京都環境局（2007）によると、東京都内湾（多摩川沖と千葉を結ぶ線と荒川河口から南に引いた線の内側）においては、たとえば、多摩川の平水水量127万m³/日に対し、河口近くの下水処理場の放流水量が109万m³/日であるように、沿岸に立地し直接東京都内湾に流入する下水放流水の量が、5カ所約250万m³/日（52m³/秒）であり、この値は松村・石丸（2004）の報告と一致している。下水処理場の放流水の栄養物質濃度は高いので、放流水量の増加とその影響を見ていく必要がある。

　宇野木（1998）は、東京湾のエスチュアリー循環量は河川流量に比べて夏季に約6倍、冬季に約13倍であると述べている（第2章の**表2.1**参照）。最近の東京湾に流入する河川流量は、宇野木（1998）の見積もりの基礎とした河川流量の2倍近くに増大し

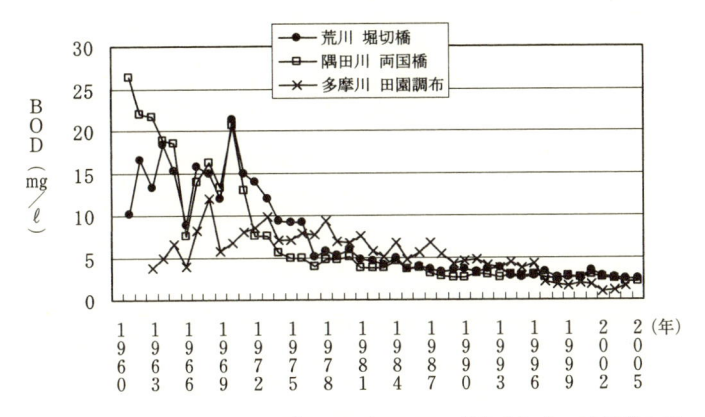

図11.3 多摩川、隅田川および荒川におけるBODの経年変化（1972年以前のデータは東京都、1974より、その他は東京都環境局、2007より作成）

図11.4 多摩川と隅田川におけるCODの経年変化（1972年以前のデータは東京都、1974より、その他は東京都環境局、2007より作成）

ているので、エスチュアリー循環量もそれだけ増加して、その結果東京湾の海水交換も強まっていると考えられる。

(2) 東京湾へ流入する河川の水質の経年変化

東京湾に流入する河川の中で流量の大きい河川は、多摩川、隅田川、荒川、中川、江戸川などである。このうち中川と江戸川は利根川由来の水が多く、水質は大きく汚染されていないので、ここでは多摩川、隅田川および荒川の水質変化について述べる。

①BODとCOD

1960年以降のBODの推移（図11.3）を見ると、荒川と隅田川では1970年まで最高

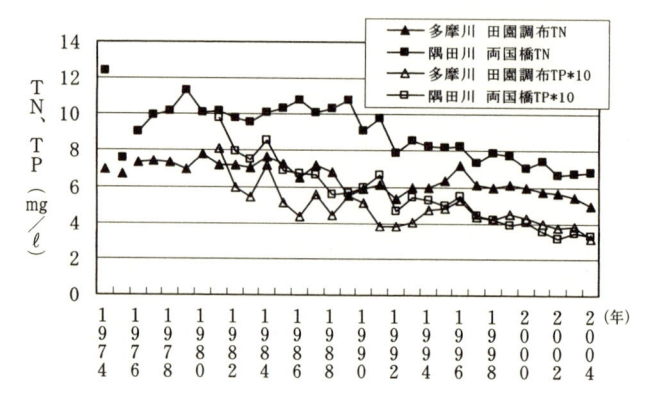

図11.5 多摩川と隅田川における全窒素(TN)と全リン(TP)の推移(東京都環境局、2007；東京都、1974)。全リン濃度は10倍値で示されている

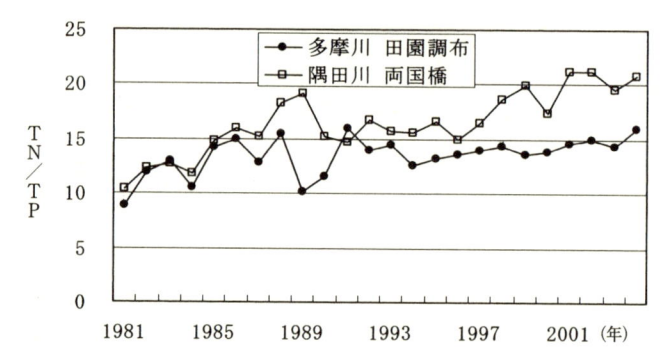

図11.6 多摩川と隅田川におけるTN/TP(重量比)の推移(**図11.5**の資料を用いて作成)

で約20mg/ℓ の高い濃度で推移したが、その後減少傾向となり、1970年代半ばには約5mg/ℓ となり、その後徐々に減少して、最近は2mg/ℓ 台となっている。多摩川はこの2つの河川ほどBOD濃度は高くならず、1960〜1970年代に5〜10mg/ℓ で推移し、その後減少傾向となり、最近は1mg/ℓ 台となっている。多摩川と隅田川のCODの推移(**図11.4**)を見ると、ほぼBODと同様な変化を示している。

②全窒素と全リン

全窒素濃度は1974年以降に測定されている(**図11.5**)。隅田川では1980年代後半まで10mg/ℓ の高い濃度であったが、その後減少傾向となり、近年は7mg/ℓ を切るようになり、多摩川では1980年代半ばまで7mg/ℓ で推移して、その後ゆるやかに減少

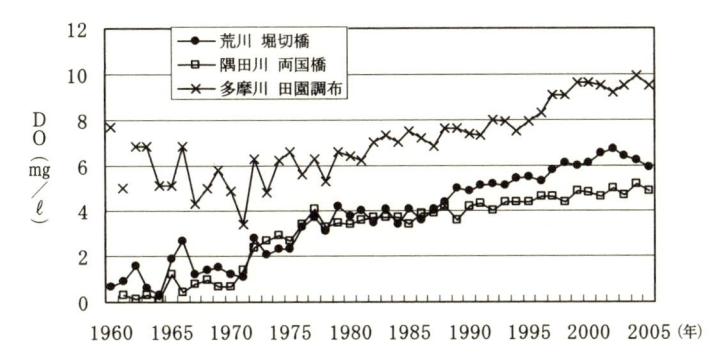

図11.7 1960年代の荒川、隅田川および多摩川におけるDOの推移（東京都環境局、2007；東京都、1974；環境省中央環境審議会、2005）

して最近では5mg/ℓとなった。1970年代の値と比べると、隅田川と多摩川ではほぼ約70％に減少した。全リン濃度は1981年から資料がある（図11.5）。隅田川では約1.0mg/ℓ、多摩川では約0.8mg/ℓであったが、1985年には約30％減少して、それぞれ0.69mg/ℓと0.51mg/ℓになった。その後はゆるやかに減少して、約20年間かけてそれぞれで0.3mg/ℓを少し超える値となった。1981年の値と比べると2004年には隅田川で33％、多摩川で38％に減少した。全窒素に比べ全リンの減少が大きく、全窒素/全リン比は徐々に増加した（図11.6）。2004年の多摩川におけるTN/TP（重量比）は約16、隅田川の比は約20であり、元素比にするとそれぞれ35と44になる。植物プランクトンの窒素/リン比とされるレッドフィールド比（元素比）16と比べると、河川の窒素/リン比はそれより大きな値であり、植物プランクトンの増殖にとってはリンが少なく、窒素が過多である。

③溶存酸素（DO）

1960年以降の荒川と隅田川のDO濃度は、1971年まではほぼ2mg/ℓ以下の値で推移している（図11.7）。このDOの値では魚類はほとんど生息できない。筆者の一人、佐々木は1971年に隅田川をはさんで築地市場の反対側にあった水産研究所に勤務を始めたが、当時の隅田川は硫化水素の臭いがして、研究所近くの隅田川に係留していた調査船の船底は生物が付着しないので、船底に付着したフジツボなどの除去作業は不要であった。1972年以降にはDO値は改善されて、近年は5～6mg/ℓとなり、1980年代に入るとハゼ釣りがさかんになった。多摩川のDOの推移（図11.7）を見ると、1960～1970年代半ばまで4～6mg/ℓであり、魚類などの生物は生息できたと考えられる。その後多摩川のDOは改善されて、近年では9～10mg/ℓとなって、魚類生息には十分な酸素量である。

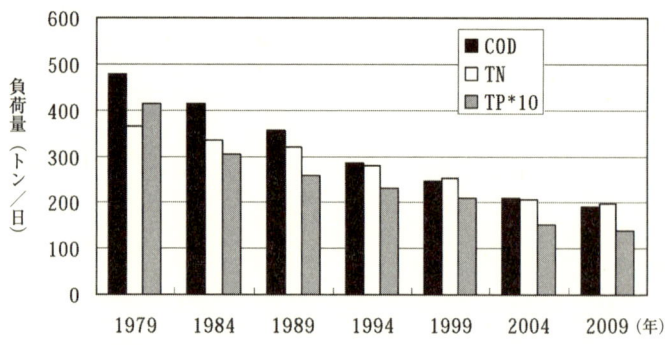

図11.8　東京湾におけるCOD、TNおよびTPの発生負荷量の推移（2009年は目標）（環境省、2006）

11.2　東京湾における負荷量

（1）東京湾流域（陸域）における発生負荷量

環境省（2006）による1979年以降の5年ごとの発生負荷量の推移を図11.8に示した。1979年に477トン/日のCOD負荷量であったが、2004年には211トン/日となり56％減少した。TNは365トン/日から208トン/年へ43％、TPは41.4トントン日から15.3トン/日へ63％減少した。リンの負荷量が最も大きく減少した。

（2）東京湾への流入負荷量

佐々木（1989）およびMatsukawa and Sasaki（1990）は、1979年と1980年の河川水質資料を用いて、東京湾のCOD負荷量が419トン/日、TN負荷量が300トン/日、TP負荷量が20トン/日と推定した。高田（1993）によると、1989年の流入負荷量は、流達率を0.85として発生負荷量から、COD負荷量が300トン/日、TN負荷量が319トン/日、TP負荷量が26トン/日と算出している。松村・石丸（2004）は1997年と1998年の流入負荷量について検討して、TN負荷量は285トン/日、TP負荷量は16.5トン/日と報告した。

（3）発生負荷量と流入負荷量の比較

図11.8で示された1979年の発生負荷量は、CODが477トン/日、TNが365トン/日およびTPが41.4トン/日であり、佐々木（1989）が見積もった1979・1980年の流入負荷量はそれぞれ、419、300および20トン/日であった。流入負荷量は発生負荷量よりは小さい値になるはずであり、この場合、CODは88％、窒素は82％、リンは48％で

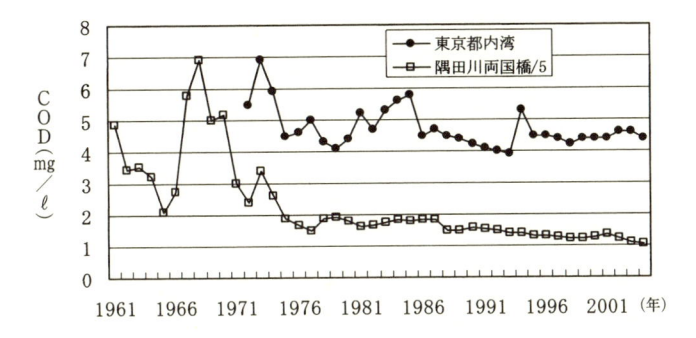

図11.9　1972年以降の東京都内湾と1960年以降の隅田川におけるCODの推移（東京都、1974；環境省中央環境審議会、2005）。隅田川両国橋のデータは5分の1としてある

あった。高田（1993）に示された1989年の見積もり値は、佐々木（1989）が算定した1979・1980年の値よりTNとTPで大きい値となった。高田（1993）では流達率を85％と仮定したが、窒素とリンの流達率がそれより小さかった可能性がある。松村・石丸（2004）の1997・1998年の流入負荷量と1999年の発生負荷量を比較すると、TNは115％、TPは78％で、TNの流入負荷量は発生負荷量より大きな値となった。流入負荷量は河川流量などで変動するので、きちんとした比較が難しいことを示している。今後、より適切な流達率が求められることが期待される。

(4) 越流負荷量

　合流式下水道は、雨水と汚水を合わせて処理するシステムで、近年、都市化の進展にともなう雨水流出量の増加により降雨時には未処理の汚水が公共用水域に排出され、とくに水質の悪い初期雨水が河川や海域の水質を悪化させることが問題となっている。雨天時に下水幹線の所々にある雨水吐口から容量を超えた排水が流れ出る。越流による負荷量は、従来から問題視されつつもその大きさが不明であった。越流負荷量について、環境省が推計を行なった（環境省中央環境審議会、2005）。1999年度の東京湾におけるCOD、窒素、リンにかかわる発生負荷量に対する越流負荷量の割合は、それぞれ15.0％、4.1％、6.2％となっている。本結果は、雨水吐口から越流する下水の水質データなどをもとに推計したものであるが、精度の面で課題が残されていることから、今後、越流負荷量の実態把握に取り組んでいく必要があるとされている。

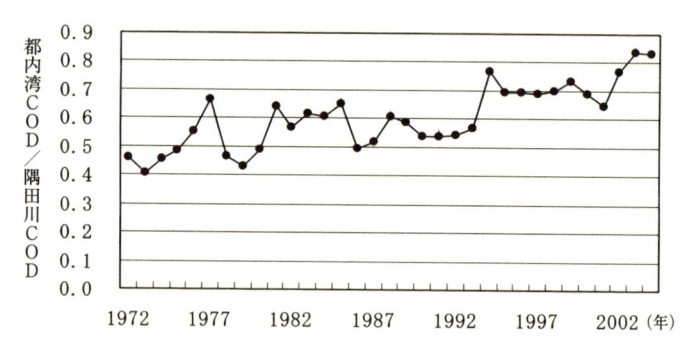

図11.10 1972年以降の、東京都内湾CODと隅田川両国橋CODの比（**図11.9**の資料から作成）の推移

11.3　東京湾の水質の推移

(1) 東京都内湾
①COD
　1972年以前の東京都内湾のCODデータはアルカリ法によって得られたものであり、1972年以降は酸性法による結果に変更された。河川のCOD値は酸性法で得られたものなので、東京都内湾の上層の8点の1972年以降の平均値と隅田川のCODとを重ね合わせて推移を示した（**図11.9**）。東京都内湾のデータを1年とか2年ずらすと、両者の間にはほとんど相関がないが、同じ年の両者の間にはよい相関があるので、流入河川の水質がすぐに東京都内湾の水質に影響を与えると推定された。1972年以降の比（**図11.10**）は最初0.4～0.5であったが徐々に増加して、近年は0.7～0.8となっている。河川水中のCODが改善されても東京都内湾のCODが改善されないことを示している。
②全窒素と全リン
　1983年以降の東京都内湾におけるTNとTPの推移を**図11.11**に示した。TNは1.5mg/ℓ前後、TPは0.1mg/ℓ前後で推移して、平均TN/TPは14.4±1.0であった。河川のTN/TP比は1982年以降に、多摩川で10から15へ、隅田川で10から20に徐々に増加しているが（**図11.6**）、東京都内湾における比はほとんど変化しなかった。

(2) 東京湾全域
　①②は東京湾岸自治体環境保全会議（2007a）からの抜粋、③以降は同文献を参考にまとめた。
①COD
　東京湾は、運河やそれに近い水域をC類型、沿岸域をB類型、中の瀬北（**図11.1**の

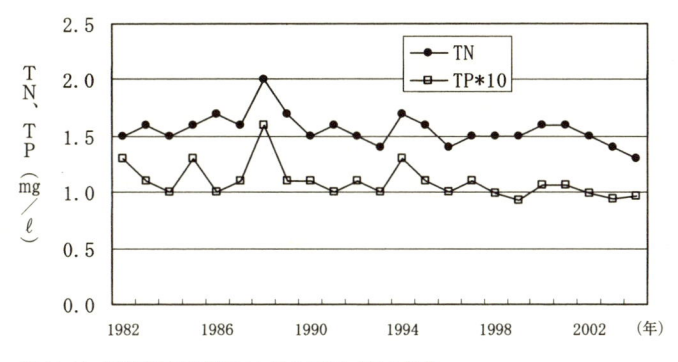

図11.11 東京都内湾表層におけるTNとTPの推移

中の瀬の北の位置）から南部の湾央域をA類型と分類されている。CODは、各類型とも変動はあるものの、きわめてゆるやかな改善傾向が見られ、2005年度の上層のCOD平均値は、A、B、C各類型でおのおの2.8mg/ℓ、3.3mg/ℓ、3.8mg/ℓ であった。

②**全窒素と全リン**

全窒素は、ゆるやかに改善しつつあり、2005年度の上層はA、B、C各類型で、それぞれ0.51mg/ℓ、0.91mg/ℓ、1.39mg/ℓ であった。上層の全リンは、A類型ではほとんど変化がなく、B類型では1990年代からわずかに、C類型では2000年以降わずかに減少している。2005年度の上層は、A、B、C各類型で、それぞれ0.045mg/ℓ、0.076mg/ℓ、0.095mg/ℓ であった。

③**赤潮と青潮**

1977年以降のデータを見ると、湾奥の東京都内湾でも、東京湾全域でも赤潮発生件数や赤潮発生日数に大きな変化が見られない。赤潮発生件数は15～20件/年、発生日数は100～120日/年である。野村（1998）は1907年から1995年の赤潮について整理している。1950年ごろまでの年間赤潮発生件数は途中欠測もあるが2件程度、1950年代：平均6件、1960年代：平均10件、1970年代：平均14件、1980年代：平均19件、1990年代：平均15件であった。赤潮発生件数から見ると、東京湾の赤潮は1950年代から増加しはじめ、1980年代にピークとなり、最近少し減少傾向にある。東京都の調査によれば、東京都内湾の優占種が珪藻となる割合が50％以上となる傾向は1987年ごろから続いており、渦鞭毛藻類などが多かった一時期と質的変化が見られる。青潮は、おもに千葉県側の沿岸で1995年以降、年2～4件程度発生が続いているが、2004年度に初めて羽田沖および横浜市沿岸でも観測された点が注目される。

④**DO**

東京湾の貧酸素化は改善のきざしが見えない。安藤ら（2005）は東京湾下層のDOについて、「1984年からDO濃度2mg/ℓ 以下の貧酸素化した水域が、湾奥部全域に拡

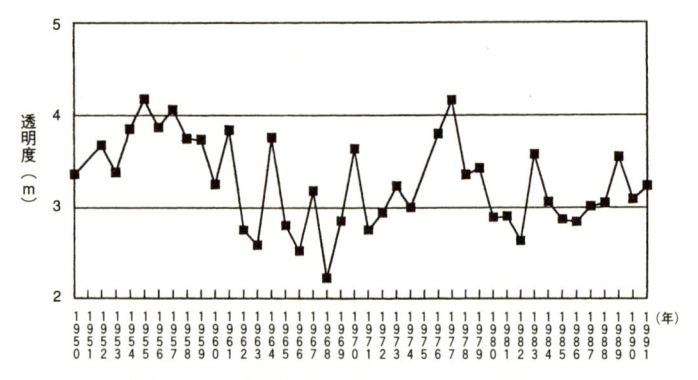

図11.12 東京湾における透明度の推移（野村、1995より引用）

大、さらに1984年に荒川河口域で認められたDO濃度1mg/ℓ以下の水域が、1994年からは千葉県側でも出現し拡大傾向を示している。湾口部付近では、1990年代半ばから濃度の低下傾向が認められる。このように、東京湾下層のDOは、CODやN、Pと異なり、改善よりも悪化の傾向が認められた」と報告している。

⑤透明度

東京湾岸自治体環境保全会議（2007a、b）には透明度の季節変化は記述されているが、経年変化は示されていない。野村（1995）は、富津-観音崎より奥の、河川水の影響を受けていないと考えられる岸から2km以上離れた観測点の資料を用いて、1950～1991年の東京湾の透明度を示している。それによると、1959年以前、1960年代、1970年代、1980年代ではそれぞれ、3.7、2.9、3.3、3.0mであった（図11.12）。1970年代に一時的に透明度が上昇したのは、1975～1978年に3～4mとなったことに起因している。野村（1995）は1975～1978年には塩分と透明度がともに上昇しているので、透明度の上昇は黒潮大蛇行時によるものと解析している。この時期を除いて考えると、1950年代半ばは青い東京湾の時期であり、一方1960年代以降は透明度が3m前後の濁った海となり、植物プランクトン量の変化は小さいと推測できる。

11.4　東京湾における生物と漁業の推移

（1）多摩川のアユ

1970年ごろには多摩川にアユが見られなくなったが、1970年代後半からアユの姿が目につくようになった。東京都では1983年以降アユの調査を実施している（http://www.ifarc.metro.tokyo.jp/kenkyu/chousa/ayu/index.html）。1984年に20万尾を記録したが、その後減少し、1990年から増加し出して、1993年に120万尾を超えて、

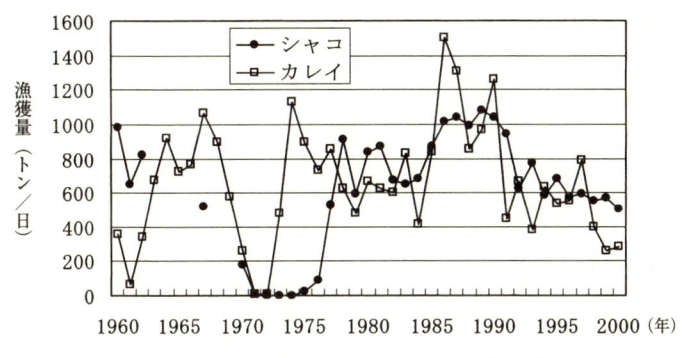

図11.13 東京湾のシャコ（神奈川県）とカレイ（千葉県）漁獲量の推移

その後増減をくり返していたが、2006年にも120万尾を超えた。このようなアユの増加は、河川環境と、アユが稚魚期に過ごす河口域環境の改善によると考えられる。

(2) 東京都内湾の底質と底生生物

風間（2006）は、東京都内湾の底質を底生生物の種類や優占種、種構成比、および底質の有機物含量から評価すると、干潟や浅海部を除いて、評価が低いと報告している。底質の有機物含量は改善されず、夏季の下層のDOは、一部を除いて2～4mg/ℓ であり、この状態は少なくとも1983年以降2004年まで変化していない。干潟・浅海部以外の海域では汚濁に耐えうる種が優占していると見られる。

(3) 東京湾漁業

東京湾の漁業の変遷については清水（2003）にくわしい。清水（2003）は「1960年ごろ漁獲量はピーク、1970年代には環境は最悪で、貧酸素水が広く見られる、1980年代には環境は若干回復、1990年代には水はきれいになったといわれるが、漁獲量の減少は止まらない」とまとめている。環境は最悪であったといわれる1970年前後に大きく減少した魚種の中にはシャコとカレイがある。シャコは1970～1975年ごろほとんど漁獲されなかった（**図11.13**）。カレイは1968年から減少傾向になり、1971年と1972年はほとんど漁獲されなかったが、1974年には回復した。両者とも1990年代に入って減少傾向が見える。

11.5　東京湾再生の取り組み——東京湾再生推進会議

都市再生プロジェクト「海の再生」は、東京湾の再生を推進するための協議機関と

して設置されたもので、構成メンバーは、八都県市、関係省庁(国土交通省、海上保安庁、農林水産省、林野庁、水産庁、環境省)および内閣官房都市再生本部事務局である。2003年3月に、10年間で実施すべき東京湾の水環境改善のための施策を「東京湾再生のための行動計画」としてとりまとめ、2007年3月に、3年間の取り組み状況を中間評価した。現状は「年間を通して底生生物が生息できる限度」という指標に対しては、改善の傾向は見られておらず、その達成のためにさらなる施策が重要としている。

多くの目標や対策が分析・評価されているが、たとえば、陸域負荷削減対策としては、下水道法改正により高度処理共同負担事業の創設はなされたが、いまだ活用されていないこと、高度処理に関しては新たに約20処理場での供用開始を目指しているがまだ9カ所であり、高度処理施設能力の増強が必要なこと、雨天時における流出負荷の削減については、合流式下水道から流出する汚濁負荷量を分流式下水道並みに削減することが義務づけられたが、東京湾流域全体では26%となっており、今後確実に推進していくことなどが述べられている。また、失われた干潟を約1割取りもどすことを目指しているが、達成度が約15%であり、いっそうの取り組みを行なう必要がある。

11.6　考察——流入河川の負荷と東京湾環境の関係

2007年9月21日の朝日新聞夕刊に「東京湾、進む酸欠」という記事が掲載された。きれいになったと思われている東京湾で、酸欠状態が深刻という内容である。記事では、東邦大学の風呂田利夫教授が、1990年代半ばから貧酸素化が進んでいると述べている。東京都環境科学研究所がまとめた内容は上述したが、1984〜2005年のデータによると、9月のDOが2000年以降目立って悪化していることが記述されている。この内容は、上述した風間(2006)と同じものと考えられる。河川環境が改善され、上述朝日新聞が述べているように、東京湾もきれいになったように見えるのに、なぜ改善されないのか、検討する必要がある。

(1) 河川水質の改善と東京湾環境の関係
①河川COD濃度の減少とシャコ・カレイ漁獲量の増加

東京湾の重要資源であるシャコとカレイは、1970年前後にはほとんど漁獲されなかったが、その後回復した(図11.13)。両者は海底に生息しているので、1970年ごろに東京湾に流入する有機物が増加し、海底付近が貧酸素化したため漁獲量が減少したと推定される。この有機物の増加は、河川からのBODやCODで示される有機物の負荷が増大したためと考えられる。実際に荒川や隅田川の有機物濃度は1970年初めまで

表11.2 東京湾の窒素とリンの年間平均の収支（トン/日）（松村ほか、2002）

	TN	TP
負荷量	307	17.5
上層流出	−238	−22.5
下層流入	106	8.3
実質流出	−132	−14.2
湾内減少	−175	−3.3

上層流出：湾外へ上層からの流出量、下層流入：湾外から下層を通じた流入量、実質流出：湾口からの実質流出量、湾内減少：堆積その他によって湾内で減少する量

高く、これらの河川のDOは低かった。シャコとカレイの漁獲量が1970年代半ば以降に回復したのは、BOD濃度（図11.3）やCOD濃度（図11.4）の減少にともなう河川DOの改善（図11.7）が、海域のDOの改善にも寄与したものと考えられる。また、1970年代後半以降の多摩川環境の改善によってアユが増加したと考えられる。

② 河川CODと海域CODの関係

1970年代初めのシャコとカレイの減少と増加は、河川からの有機物供給の増加と減少によって説明できる。しかし、河川のCODが徐々に改善されても東京都内湾のCODはほとんど変化が見られなかった（図11.10）。

③ 二次汚濁の検討

海域CODがあまり減少しない原因として、一般的には河川から窒素やリンが負荷されるため、植物プランクトンが増殖（内部生産または二次汚濁とよばれる）して、海域における有機物供給が続いていると考えられている。内部生産を抑制するには、窒素とリンの供給を抑える必要がある。隅田川や多摩川ではリンの減少は1980年代から、窒素の減少は1990年代から始まっている（図11.5）。したがって、海域のCODの減少はこの時期以降に期待されるが、実際にはCODは減少してもわずかであった。

総量規制（図11.8）によって負荷量はかなり削減されたが、赤潮の発生は減少していない。その原因は、東京湾内の窒素とリン濃度はそれほど減少していないためと考えられる。**表11.2**に、松村ら（2002）の1998年度の東京湾の年間平均の全窒素と全リンの収支を示した。窒素は、負荷量が307トン/日に対して、湾口から流出する量は132トン/日、湾内で175トン/日減少する結果となった。湾内で減少する要因として、堆積と脱窒素が考えられる。堆積量については11.5トン/日というMatsumoto（1985）の報告もあるので、大部分が脱窒素の可能性もあるが、検証はされていない。リンの場合は17.5トン/日の負荷、湾口からの流出が14.2トン/日で大部分が流出する。湾内減少は3.3トン/日である。リンの場合は窒素と異なり堆積以外に減少要因がない

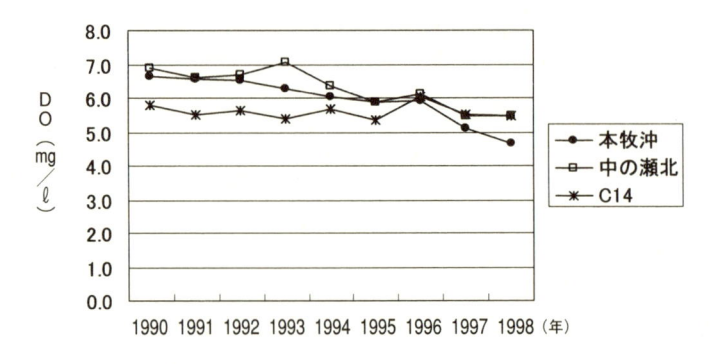

図11.14　東京湾横浜市－袖ヶ浦市水域下層DOの1990～1998年の経年変化（C14：袖ヶ浦市沖）

ので、3.3トンが堆積したことになる。この値は、1985年に見積もられた2.7トン/日（Matsumoto, 1985）とほぼ同じである。これらの結果から、負荷量をある程度削減しても、堆積する量がすぐに比例して減少するのではない可能性がある。したがって、夏季に植物プランクトンの増殖が活発になる時期に、底質から溶出によって窒素やリンが水中に回帰することによって、負荷量を削減しても東京湾の窒素とリン濃度がなかなか減少しないと推測される。流入負荷量を削減すると、一定の時間が経過すれば窒素とリン濃度が減少して、CODは減少するはずであるが、現段階ではそれがいつになるか明らかにはなっていない。

(2) 1990年代の貧酸素化の進行

　東京湾のシャコとカレイの漁獲量は1980年代後半から減少傾向にある（図11.13）。この原因は特定されていないが、貧酸素化が進行した可能性があり、この節の冒頭に紹介した風呂田教授や東京都環境科学研究所のまとめとも一致する。
　東京湾のモニタリングデータを調べてみると、千葉県側の下層のDOは変化が見られないが（図11.14のC14）、神奈川県側の下層のDO（本牧沖と中の瀬北）は1994年ごろから減少していた。また、DOの減少した調査点で上層のCODが増加していた（図11.15）。この現象は本牧沖（図11.1）より南側で起きていた。したがって、神奈川県側ではなんらかの原因で1994年以降上層のCODが増加して、これが下層に沈降してDOが減少した可能性が高い。なんらかの原因のひとつとして南本牧埠頭が1994年ごろ造成されたことが考えられる。なぜ神奈川側で1994年以降表層のCODが増加し、底層のDOが減少したのか、今後の調査研究に期待したい。

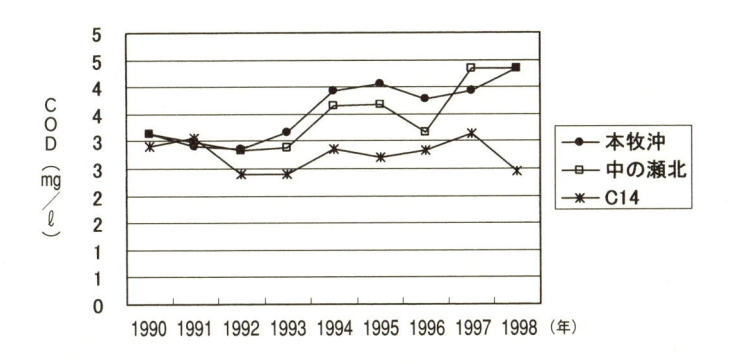

図11.15 東京湾横浜市−袖ヶ浦市水域上層CODの1990〜1998年の経年変化（C14：袖ヶ浦市沖）

(3) 河川環境の改善と東京湾環境の改善

松川（1989）は東京湾の収支解析を行ない、夏季に東京湾奥でDOがゼロの状態を3mℓ/ℓ（4.2mg/ℓ）に改善するためには、窒素とリンの負荷量が1979年時点の60％削減が必要であり、東京湾の植物プランクトン生産はリンが制限要素になっているので（佐々木、1991）、リンの負荷量を8トン/日まで削減しなければならないと推定した。松村・野村（2003）は、1950年代を再現するには陸上からのリン負荷は6.0トン/日と述べていて、松川（1989）と同程度の負荷量を予測している。**図11.8**に示されている1979年のリン発生負荷量は41.4トン/日で、最近の2004年のリン発生負荷量は15.3トン/日なので、リンは63％削減されたことになり、1979年と2004年の流達率が同じであれば、松川（1989）が予測した値に近い削減が行なわれている。しかし、東京湾の貧酸素化の改善は見られていない。

(4) 負荷量を削減しても東京湾環境が改善しない原因

有明海では、窒素やリンの流入負荷量に変化がないか、むしろ減少しているのに、大規模な赤潮と貧酸素が生じている。堤（2005）、堤ら（2006）および堤ら（2007）は、諫早湾干拓事業にともない諫早湾奥部干潟水域を締め切ったことによって、有明海の流動が弱まったことがこの原因であると推定している。また東京湾においては、岸ら（1993）、宇野木・小西（1998）および柳・大西（1999）が、近年の東京湾の埋め立てによって潮汐・潮流が減少したことを指摘し、このことが湾内の物質循環に大きな影響を与えている可能性を述べている。柳・大西によれば、東京湾では埋め立て後の1928年を100とすると、表面積は1968年に84、1983年に75になり、体積は1968年に94、1983年に82になり、平均水深は1968年に113、1983年に124に変化したと述べている。このことから見積もったところ、潮位振幅は1968年に95、1983年に92に減少、

1潮汐に輸送する体積は1968年に81、1983年に65になると推定した。したがって、河川からの流入負荷量を削減しても海域環境の改善が見られない原因のひとつとして、埋め立てによる流動の弱まりや海水交換の減少が考えられる。11.1節 (1) で、東京湾への淡水供給量の1980年以降の増加にともないエスチュアリー循環量が増加して、海水交換も強まることを述べた。このことは海域環境の改善に大きく寄与するが、実際には海域環境が改善していないのも、埋め立てなどにより効果が相殺されていることが考えられる。

(5) 東京湾環境の改善のために

　環境省や東京湾をめぐる自治体は、過大な流入負荷量が東京湾の貧酸素を引き起こしていると考えて、COD、窒素およびリンの負荷量の削減に努力してきたが、11.5節で述べたように、改善は見られていないと判断されている。いままさに、負荷量削減をすることが有効なのかどうかを検討する時期と考えられる。そのためには、河川－河口－湾央－湾口における有機物と窒素、リンおよびDOの動態とそれぞれの水域間の関係を把握していくことが必要である。その第一歩として、河川が流入する河口域における河川と河口域の間の環境の因果関係を明らかにすることから始めることを提案したい。検討事項としては、河口域における①物質循環調査および研究、②底質と底生生物および底生の漁業生物の動態調査、③河川と河口域の相互関係の解明、が必要と考えられる。①では、東京都内湾には多くのモニタリング調査結果が積み重ねられているので、良好な河川環境と改善していない河口域周辺環境との間の定量的な関係を把握して、とくになぜ貧酸素となるのかを明らかにする。調査課題として、河川からの河川水量、栄養物質、懸濁物や土砂供給などと河口域環境との関係を把握し、循環関係を解明する。②では、底質環境と底生生物と漁業生物の関係を把握することによって、底質環境の実態を生物的にも明らかにする。③では、①と②の成果から、河川が河口域環境に与える影響とそれにともなう底生生態系の関係を把握して、底質環境が改善しない原因を明らかにする。

　従来行なわれてきた対策に加えて、新たに有効な手法が見出されることを期待したい。

引用文献

安藤晴夫・柏木宣久・二宮勝幸・小倉久子・川井利雄 (2005) 1980年以降の東京湾の水質汚濁状況の変遷について－公共用水域水質測定データによる東京湾水質の長期変動解析. 東京都環境科学研究所年報 2005, 141-150.

宇野木早苗・岸野元彰 (1977) 東京湾の平均的海況と海水交換. *Technical Report of the Physical Oceanography Laboratory, the Institute of Physical and Chemical Research*, No.1, 理研海洋物理研究室, 89pp.

宇野木早苗・小西達男（1998）埋め立てに伴う潮汐・潮流の減少とそれが物質分布に及ぼす影響．海の研究, 7, 1-9.
宇野木早苗（1998）内湾の鉛直循環流量と河川流量の関係．海の研究, 7, 283-292.
風間真理（2006）底生生物を主とした水生生物からみた東京都内湾の水環境評価．用水と廃水, 48, 9-14.
環境省中央環境審議会（2005）第6次水質総量規制の在り方について（答申）
環境省（2006）化学的酸素要求量．窒素含有量及びりん含有量に係る総量削減基本方針．
岸　道夫・堀江　毅・杉本隆成（1993）東京湾をモデルで考える．東京湾—100年の環境変遷．小倉紀雄編, 恒星社厚生閣, 139-153.
佐々木克之（1989）東京湾の溶存酸素と窒素の循環に関する作業報告　2.1流入負荷量．漁場環境容量策定事業報告書第一分冊, 日本水産資源保護協会, 331-352.
佐々木克之（1991）プランクトン生態系と窒素・リンの循環．沿岸海洋研究ノート, 28, 129-139.
清水　誠（2003）漁業資源から見た回復目標．月刊海洋, 35, 476-482.
高尾敏幸・岡田知也・中山恵介・古川恵太（2004）付録C．過去100年間の淡水流入量の変遷．国土技術政策総合研究所資料, 169, 67-76.
高田秀重（1993）流入負荷．東京湾—100年の環境変遷．小倉紀雄編, 恒星社厚生閣, 54-58.
堤　裕昭（2005）赤潮の大規模化とその要因．有明海の生態系再生をめざして．日本海洋学会編, 恒星社厚生閣, 105-118.
堤　裕昭・他9名（2006）陸域からの栄養塩負荷量の増加に起因しない有明海奥部における大規模赤潮の発生メカニズム．海の研究, 15, 165-189.
堤　裕昭・他8名（2007）有明海奥部における夏季の貧酸素水発生の拡大とそのメカニズム．海の研究, 16, 183-202.
東京都環境局（1972～2007）公共用水域及び地下水の水質測定結果．
東京都（1974）都内河川・内湾水質調査資料．
東京都環境局（2007）平成17年度公共用水域及び地下水の水質測定結果．
東京都環境局（2006）平成16年度東京湾調査結果報告書, 18pp.
東京湾岸自治体環境保全会議（2007a）東京湾水質調査報告書（平成17年度）, 48pp.
東京湾岸自治体環境保全会議（2007b）30周年記念誌, 13pp.
野村英明（1995）東京湾における水域環境構成要素の経年変化．*La mer*, 33, 107-108.
野村英明（1998）1900年代における東京湾の赤潮と植物プランクトン群集の変遷．海の研究, 7, 159-178.
松川康夫（1989）東京湾の溶存酸素と窒素の循環に関する作業報告　2.3東京湾の水理とN, DOの収支．漁場環境容量策定事業報告書第一分冊, 日本水産資源保護協会, 362-375.
松村　剛・石丸　隆・柳　哲雄（2002）東京湾における窒素とリンの収支．海の研究, 11, 613-630.
松村　剛・石丸　隆（2004）東京湾への淡水流入負荷量と窒素・リンの流入負荷量（1997, 1998年度）．海の研究, 13, 25-36.
松村　剛・野村英明（2003）貧酸素水塊の解消を前提とした水質の回復目標．月刊海洋, 35, 464-469.
柳　哲雄・大西和徳（1999）埋立てによる東京湾の潮汐・潮流と底質の変化．海の研究, 8, 411-415.
魚京善（1995）東京湾の海洋環境と生態系モデル．東京水産大学大学院学位論文, 56pp.
Matsukawa, Y. and K. Sasaki (1990) Nitrogen budget in Tokyo Bay with special reference to the low sedimentation to supply ratio. *Journal of Oceanography*, 46, 44-54.
Matsumoto, E. (1985) Budget and residence time of nutrients in Tokyo Bay, In *Marine and Estuary Geochemistry*, A. C. Sigleo and A. Hattori (ed.), Lewis Publisher, Michigan, 127-136.

第12章 伊勢湾・三河湾とその流入河川

宇野木早苗

12.1 地形、流入河川、および伊勢湾と三河湾の関係

　伊勢湾は三河湾を含むこともあるが、ここではわけて考える。伊勢湾と三河湾の形状、水深分布、および流入河川の水系を図12.1に示す。伊勢湾は東京湾や大阪湾とほぼ同規模であるが、三河湾はこれらより一回り小さい。伊勢湾と三河湾のおおよその面積はそれぞれ1600km^{2}と500km^2、水深は20mと9mである。つまり、三河湾は伊勢湾に比べて、大略面積は3分の1、水深は2分の1、容積は6分の1である。図12.1の流入河川の水系を見れば、湾の水が流域全体の降水そしてそれらを集水して流れこむ川の水と密接にかかわっていることが推測される。しかし現代では、川の集水機能が人の手により大きく変革されていることが、海の環境に無視できない影響を与えているのである。

　伊勢湾に注ぐ多くの河川の中で、最も重要なものは木曾川、長良川、揖斐川よりなる木曾三川である。河川の長さは順に229km、166km、121kmであり、全部を合わせた流域面積は9100km^{2}に及んでいる。木曾三川の年平均流量は517m^3/秒もあって東京湾や大阪湾よりも多く、伊勢湾は日本の主要内湾で河川の影響を最も強く受ける湾ということができる。一方、三河湾の主要な川は、西部の知多湾に注ぐ矢作川と東部の渥美湾に注ぐ豊川である。矢作川の長さは117km、流域面積は1830km^2、年平均流量（岩津地点）は19m^3/秒である。豊川の長さは77km、流域面積は724km^2、年平均流量（当古地点）は30m^3/秒程度といわれる。

　これらの河川と海との関係を考える基本として、はじめに塩分分布をもとに海水中に含まれる河川水の割合を調べておく。海水に含まれる淡水の大部分は河川水と考えてよい。図12.2(a)のように対象海域を4ボックスにわけて、各ボックスにおける河川水含有率の季節変化を求めると図12.2(b)を得る（宇野木、2001）。河川水の割合は両湾とも、冬には7〜8％、夏に十数％と顕著な季節変化を示している。この量はかなり多く、内湾の海洋構造や海水交換に重要な役割を果たしていることが推察できる。

　次節以下では伊勢湾と三河湾にわけて考察するが、ここで海域における塩分の分布、言い換えると河川水の分布をもとに両湾の関係について考える。塩分分布にボックス

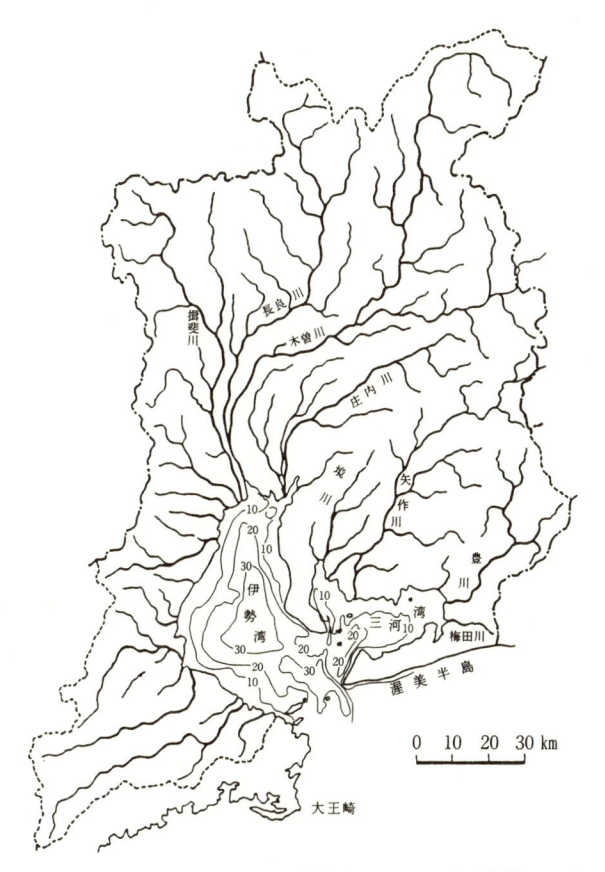

図12.1 伊勢湾と三河湾の水深分布(m)と流入河川水系(西條、2002)

モデルを適用すると、ボックス間の海水交換の強さを定めることができる（宇野木、1984）。このようにして定めた年平均の海水交換の強さを用いて、**図12.2(a)**の伊勢湾（ボックス1）と三河湾（ボックス2）にそれぞれ保存性物質を流しつづけた場合の最終物質濃度を求めると、(c)と(d)を得る（宇野木・西條、1997）。濃度は湾口ボックス3における濃度を基準にした相対値である。

伊勢湾に投入した(c)の場合には、三河湾には物質の投入がないにもかかわらず、伊勢湾の半分近い濃度に達していて、三河湾は汚濁負荷が多い伊勢湾の影響を強く受けることが注目される。一方、(d)のように三河湾に物質を投入すると、三河湾の物質濃度は著しく高く、湾は閉鎖性が非常に強いことが理解できる。三河湾は西に口を開いているが、狭い湾幅をもって伊勢湾に接続し、外海とは直接的にはつながって

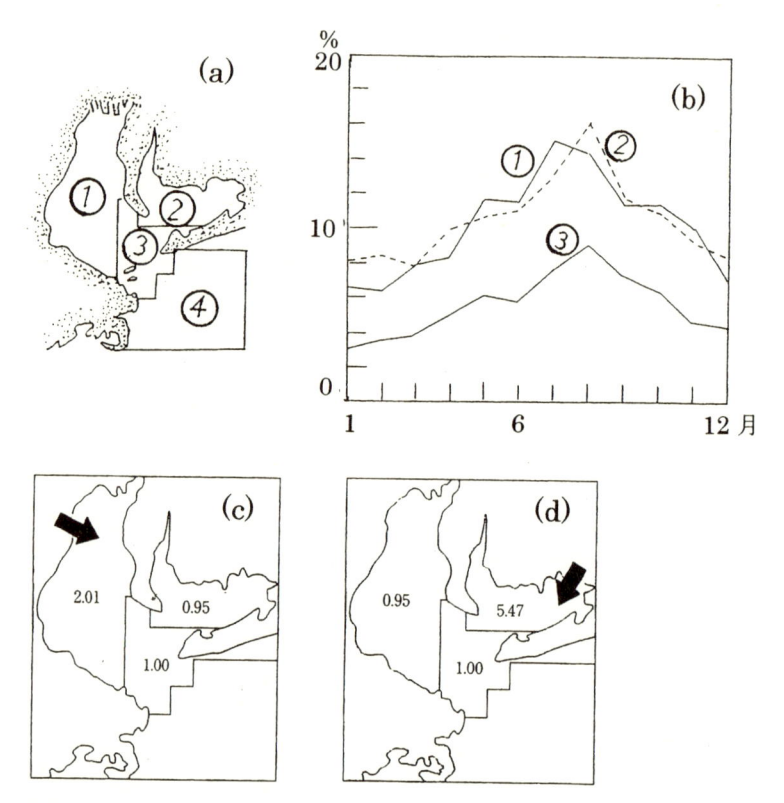

図12.2 (a) 伊勢・三河湾のボックス区分、(b) 各ボックスにおける河川水含有率（%）、(c) 保存性物質をボックス1に連続投入したときの最終濃度の相対値、(d) ボックス2に連続投入した場合

いない。また湾水を外に押し出す東寄りの風も乏しい。これらの理由で三河湾は閉鎖性がきわめて強いのである。なお伊勢湾も三河湾の影響を少なからず受けていることに留意する必要がある。

　伊勢・三河湾は1960年代から、経済の高度成長にともなう激しい沿岸開発のための埋め立てによる広大な干潟・藻場の消失や、生活排水、農畜産排水を含む産業排水の流入量の増加などにより、著しく水質汚濁が進んだ。三河湾、中でも東部の渥美湾の水質汚濁ははなはだしく、赤潮は一年中発生して湾の奥は褐色から黒色にまでなる。夏になると底層水の酸素はなくなり、生物は棲めなくなる。**図12.3(a)**に示す日本における海域別の環境基準（COD）の達成率や、**(b)** に示すCODの平均値の経年変化を見ると、伊勢・三河湾、とくに三河湾は日本で最も汚濁した海であるということができる。この海域がなぜこれほど汚濁した海になってしまったのか、またそれを再生

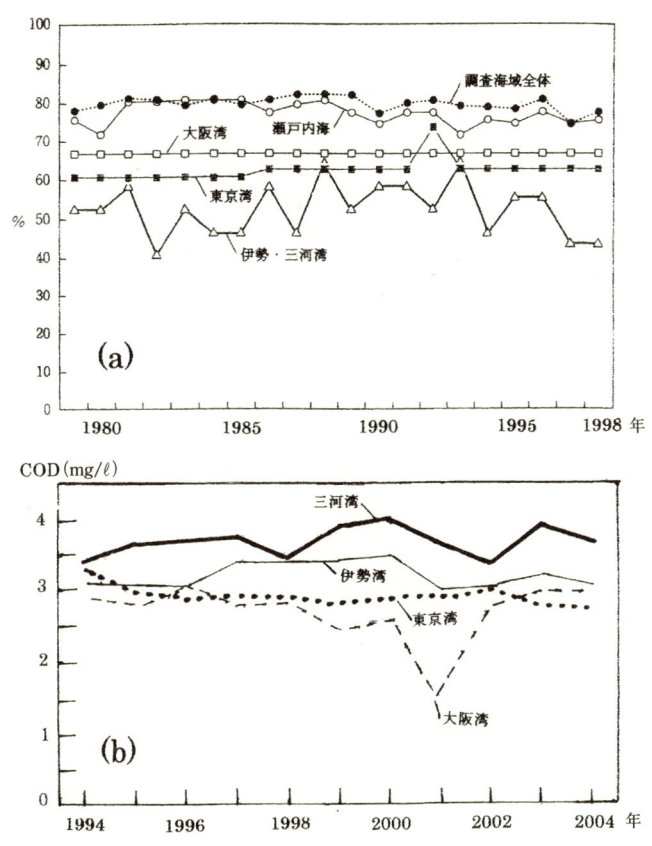

図12.3 (a) 環境省による各海域の環境基準 (COD) 達成率、(b) CODの平均値の経年変化

するためには何が必要であるかについては、西條 (2002) や西條監修・三河湾研究会編 (1997) にまとめられている。ここではこのような現状にある海域と川との関係について考察する。なお伊勢・三河湾の全般的な海洋学的特性は、データは多少古くなったが、日本海洋学会沿岸海洋研究部会編 (1985) の日本全国沿岸海洋誌に記載されている。

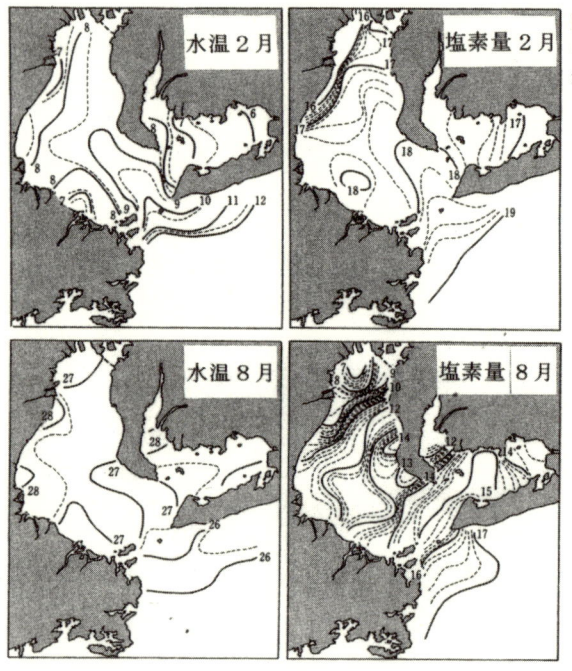

図12.4 伊勢・三河湾の表層における2月と8月の水温と塩素量の分布、1950〜1973年の統計結果にもとづく（宇野木、1984）

12.2　伊勢湾の海洋環境に及ぼす河川の影響

　伊勢・三河湾の表層における長期間の観測結果から求めた2月と8月の平均の水温と塩素量（塩分はこれのほぼ1.8倍）の水平分布を**図12.4**に示す（宇野木、1984）。夏も冬も低塩分水は西側の三重県側に広がっており、高塩分水は東側の知多半島側にのびていて、湾奥に流入する河川の影響とともに、地球自転にともなうコリオリの力の効果が認められる。

(1) 河川流量と鉛直循環流量

　湾奥に多量の河川水が流入する伊勢湾においては、基本的には**図2.12(a)**に示すような、上層で外海へ、下層で湾奥へ向かう鉛直循環が発達する。**表2.1**に示したように、伊勢湾における鉛直循環流量Qと河川流量Rの比は、夏は4倍、冬は24倍になっている（藤原ほか、1996）。その後、山尾ら（2002）はボックスモデルを用いて、各月ごとの鉛直循環流量と河川流量を求めて比較した（**図7.2**参照）。その結果、河川流量が多くなると鉛直循環流量が増大する傾向が認められたが、Q/Rの値は一定では

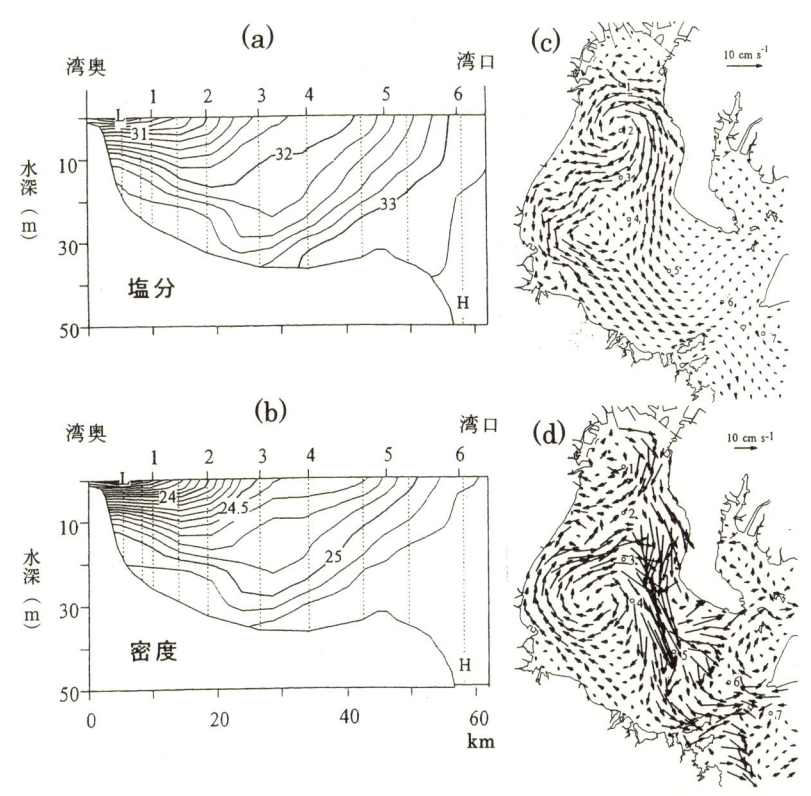

図12.5 (a)(b) 寒冷季の伊勢湾縦断面における塩分と密度（σ_t）の分布、(c) 診断モデルで求めた表層流動図例（2001年2月）、(d) 診断モデルで求めた冷却初期の流動図例（1994年10月）（藤原、2002）

なく、河川流量が増大すると減少している。以下に河川流量が少なくて冷却が強い寒冷期と、豊富な河川流量と加熱のために成層が強い温暖期にわけて考察する。

(2) 冬季における循環

　伊勢湾縦断面における2月の塩分と密度（σ_t）の分布を**図12.5(a)(b)**に示す。冬季には海面が冷やされて海水は重くなり対流が起きる。ただし河口付近では河川水の影響で塩分成層が強く対流は生じない。その沖側では表面冷却にともなう対流によって、表層の混合層が厚くなる。このときの表層の流動を診断モデルによって求めると、**図12.5(c)**が得られる（藤原、2002）。常滑沖に発達した時計回りの循環（渦）が認められる。なお、渦の東側から西南の津方面と南の湾口へ向かう2つの流れの存在が注目される。

第12章　伊勢湾・三河湾とその流入河川

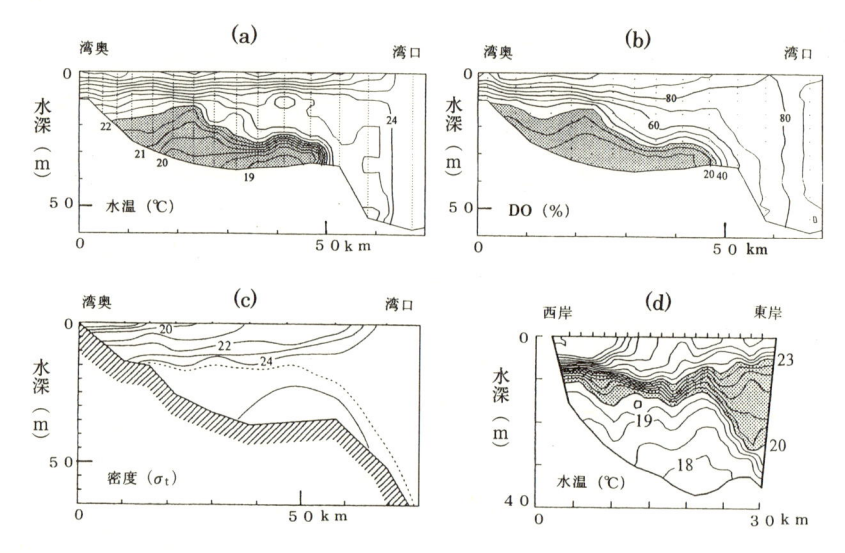

図12.6 (a)(b) 温暖期の伊勢湾縦断面における水温と溶存酸素飽和度（％）の分布（1997年9月）（藤原、2002）、(c) 密度（σ_t）の分布（1996年6月）（藤原ほか、1997）、(d) 津沖の東西横断面における水温の分布（1995年8月）（藤原、2002）

　これに対して冷却初期の10月末における表層の流動を診断モデルで求めた結果を**図12.5(d)** に示す（藤原、2002）。このときは時計回りの循環流は前記のものよりも南の津沖に移動して著しく発達しており、またこの渦の東方知多半島寄りで、湾口に向かう強い流れが認められる。湾内の循環は河川、海面そして外海の条件によって変動するが、高気圧性渦は割合安定して存在していて、河川流量が多いと北部から湾中央へと移動する傾向が見られる。海上保安庁の長年の測流結果にもとづいてまとめた恒流図においても、この時計回りの循環は認められる（佐藤、1996）。

(3) 成層期における循環と貧酸素水塊の形成

　8月には伊勢湾の表層全般に水温は一様であるが、河川流量が多いために湾奥西側における塩分は著しく低くなっている（**図12.4**）。温暖期の伊勢湾縦断面における水温と溶存酸素飽和度の分布の例を、**図12.6(a)(b)** に示す（藤原、2002）。河川流量が多く海面は暖められるために、湾内では各等値線は水平に寝て成層が著しく発達している。一方、湾内底層では影を付してあるように低温で貧酸素の状態である。湾口部の伊良湖水道では強い潮流によって上下混合が激しく行なわれ、湾水と外海水からなる混合水の水温、塩分はともに鉛直的に一様であり、溶存酸素も表層から海底まで飽和度80％になっている。このような湾内と湾口部の成層状態の違いは海水の循環に

大きな影響を与える。

　図12.6(c)に、(a)(b)と時期は異なるが、同じ成層期の密度の分布が描かれている（藤原ほか、1997）。10m層付近に密度躍層が発達していて、躍層は湾口部から湾奥に向けて水平にのびている。一方、湾口の水は湾内下層の水よりも軽いことから、通常のエスチュアリー循環に見られる底層からの湾内流入と異なって、外海混合水は中層を通って湾内へ流入していると想定される。中層の流入は4月に始まり10月まで続いている（高橋ほか、2000）。これとともに進入水の下層には広い範囲に貧酸素水塊が見出される。これは中層進入水によって上方からの酸素の供給を断たれて、下層の水がしだいに貧酸素化したのであろう。下層の貧酸素水塊の発達経過と中層水の進入経過はよく対応している（高橋ほか、2000）。そして図12.6(d)に示す津沖を東西に走る横断面内の水温分布で見ると、この中層の水は地球自転の影響を受けて、知多半島側に沿って厚い層をなして湾奥へ進入しているようである。

　夏季における伊勢湾の流動については、柳ら（1998）が診断モデルをもとに次のような結果を得ている。湾の中央上層では、冬季の図12.5(d)と同様な時計回りの還流が存在し、その中層では反時計回りの還流が現われる。一方、湾口付近では、強い潮流による鉛直混合の発達に対応して、深くまで達する反時計回りの還流が見出される。

　以上に述べたような伊勢湾の循環の特徴は、伊勢湾の栄養塩やクロロフィルの分布と輸送に密接にかかわっていることが藤原ら（1997）や山尾ら（2002）によって報告されている。たとえば貧酸素水塊が発達する夏季には下層の栄養塩濃度が高まるために、エスチュアリー循環による下層から有光層への栄養塩輸送量は、河川から供給される負荷量に匹敵するほど大きいという。

(4) 洪水の影響

　本節の(1)で述べたように1カ月の時間スケールでは、河川流量が増大するとエスチュアリー循環流量は増大している。山尾ら（2002）はさらに、短期間の変動についても検討した。洪水時にも同様の傾向にあったが、興味深いことに洪水の5〜10日後には逆に下層の水が外向きになって、通常と異なる密度流の形成が推定された。これは低塩分水塊の移動によるもので、エスチュアリー循環流量は小さいながら負の値をとっている。

　2002年9月12日の集中豪雨、いわゆる東海豪雨にともなう洪水によって、名古屋を中心にして約8500億円にも及ぶ大被害が生じた。この洪水が伊勢湾に与えた影響について藤原（2004）が報告している。洪水時に木曾三川から流れ出た流木などが伊勢の津、宇治山田方面へ漂着することは古くから知られていたが、東海豪雨の場合にも同様な流木の漂着状況が生じた。この事実は、木曾三川から伊勢湾奥部に流出した濁水が、当初は南東に進むが、右方向に曲がって三重県側に向かい、やがて三重海岸沿いに南下する状況を示す衛星写真によっても確認されている。

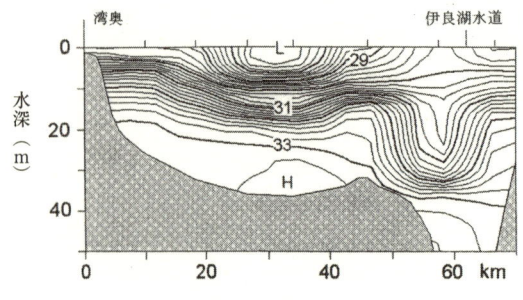

図12.7 東海豪雨から半月後の伊勢湾縦断面における塩分の分布（2000年9月27日）（藤原、2004）

　出水によって陸上植物の葉や腐葉土状の泥が厚く堆積した干潟では、アサリなどの貝類は全滅した。その後、干潟は比較的早く新しい砂に覆われたが、数cm下層では還元状態になった黒い層が見られ、その下には洪水以前に生息していた貝類が層状に広がっている。洪水の1年後でもアサリ資源は十分に回復していなかったという。

　図12.7に洪水から半月後の伊勢湾縦断面における塩分の分布を示す。湾の上層は全域で低塩分水に覆われているが、とくに湾中央部の上層における厚いレンズ状の低塩分水の存在が注目される。このレンズは時計回りの発達した高気圧性循環を形成していると考えられる。一方、激しい鉛直混合が行なわれる湾口部では深い層まで低塩分の水柱が存在している。このため湾口部では特徴的な水平循環が形成されていると想像される。

　なお杉本ら（2004）は、洪水時の河川流量の増加が、伊勢湾北部の懸濁態有機物の分布と組成に大きな影響を及ぼしていることを示した。

(5) 長良川河口堰の影響

　1995年に長良川河口堰の運用が始まったが、その後下流の感潮域では水質も生態系も著しく悪化した。その実態は村上ら（2000）が詳細に述べている。一方、長良川が流出する伊勢湾でも、河口堰建設後海洋環境が変わり、漁業にも影響が生じているという漁師の話を聞くことがあるが、詳細は不明である。感潮域の環境が悪化すれば、その影響は当然海域にも現われるはずであり、今後の研究が必要である。ただし人口や産業活動の集中や活発な沿岸開発による海洋環境の変化の中で、河川事業の影響のみを取り出して、その影響を指摘することは非常に難しいことである（宇野木、2005）。

12.3　三河湾の海洋環境に及ぼす河川の影響

　三河湾においても、**図12.4**によれば、矢作川が注ぐ西部の知多湾奥部と豊川が注ぐ

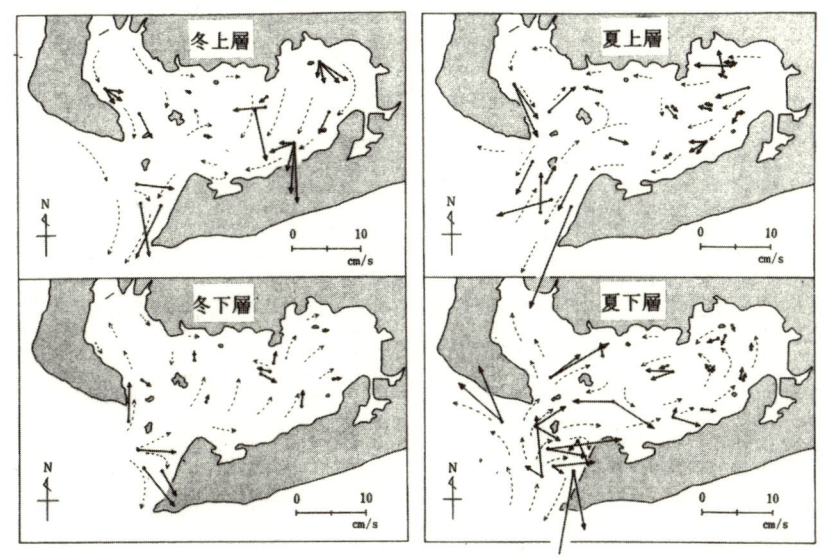

図12.8 半月以上の連続測流値から求めた三河湾の上層と下層における冬と夏の恒流の分布（宇野木、1984）

渥美湾奥部はともに、年間を通して塩分は低く、川が湾の環境形成に重要な役割を果たしていることがわかる。

(1) 河川の影響を受けた循環

これまでのさまざまな観測データをまとめて、冬と夏の三河湾の上層と下層における平均的な流動パターンが**図12.8**に示してある（宇野木、1984）。データ間の散らばりが大きいが、全般的には上層ではそれぞれの湾奥から湾口へ向かう流れが卓越し、知多湾では知多半島沿いに湾外へ向かう流れが明瞭に認められる。また下層では湾奥に向かう傾向が存在する。これらの循環は、基本的には2.6節に述べたエスチュアリー循環の特徴を表わしている。**表2.1**に示すように、三河湾における鉛直循環流量と河川流量の比（Q/R）の値として、夏は9、冬は21が得られている。

なお夏季の下層においては、渥美半島に沿って湾口から渥美湾奥部に進む流れは、渥美湾で反時計回りの循環を形成している。一方、北寄りの風が強い冬季においては、浅い三河湾は風の影響を受けやすく、上記のエスチュアリー循環に重なって、上層は南向き、下層は北向きの吹送流の影響もうかがえる。

(2) 洪水の影響

洪水によって三河湾の流動は大きな影響を受けると思われるが、具体的なデータが

不足しているので、ここではふれない。一方、伊勢湾でも述べた2000年9月の東海豪雨にさいして、田中ら（2003）は矢作川から知多湾への栄養塩の大量流出について報告しているので、その結果を紹介する。

田中らによると2000年6月からの1年間に、矢作川から知多湾へ流出した縣濁物質量は約30万トンであった。ところが東海豪雨後のわずか1週間における流出量は25万トン以上もあり、上記の年間量の83％にも相当していた。このことから洪水時の流出量がいかに大きな割合を占めているかがわかる。なお河川増水時の縣濁物質の主体は、陸上起源の土壌物質である。

次にリンと窒素にわけて、東海豪雨時の負荷量を平水年負荷量推定値と比較すると、短期間の流出にもかかわらず、窒素においては2.5年分に、リンにおいては3.3年分にも及んでいる。洪水の影響はリンの負荷に対してとくに大きくなることが注目される。窒素の場合は溶存態として海へ流入するために、増水時でも濃度変化は小さいが、リンの場合は土壌物質の縣濁態として海に流入するために洪水時の負荷量が多くなるのである。そして土壌物質中のリンの存在形態としては、有機態リンとともに種々の形態の無機態リンが大きな割合を占めていることが特徴とされる。

東海豪雨後に知多湾に堆積した河川起源の縣濁物質量を推定すると、12万4000トンで、堆積範囲は知多湾の面積の約55％も占めていた。しかしこの堆積量は上に述べた豪雨後の流出量の半分程度である。この相違には推定誤差もあるであろうが、推定の対象範囲でない河川内で、海水と接触して急激に生産されたフロック（2.3節）が大量に堆積していることを推測させる。この豪雨後の河川縣濁物質の堆積により、矢作川河口部や湾西部の浅海域ではアサリの個体群が著しく減耗した。

(3) 河川開発の影響

図12.3(a)(b)に示されるように伊勢・三河湾は水質汚濁が激しく、とくに三河湾は汚濁負荷が少ないにもかかわらず、東京湾を凌いで日本で最も汚濁した湾とみなされる。その理由は西條ほか（1997）や西條（2002）に述べてある。最大の理由は、過度の埋め立てによって膨大な干潟・浅瀬が減少したことと考えられるが、また河川開発にともなう取水によって河川流量が著しく減少したことも大きな理由と思われる。

図12.9に豊川の流量（当古地点）と三河港域の貧酸素度との関係が示されている（市野、2006）。ここで定義された貧酸素度は、溶存酸素飽和度とその出現面積を勘案して0～5の階級にわけたもので、貧酸素度の4と5は飽和度が10％以下の場合である。図によれば顕著な貧酸素状態は河川流量が著しく少ないときに発生しやすいことが理解できる。これは2.6節に述べたように、河川流量が減少すると湾内の鉛直循環が減退することに対応する。

近年渥美湾に流入する豊川からの河川流量は著しく減少したが、減少の主要因は豊川用水事業（図12.10）による豊川からの取水である。愛知県東部の平野部から渥美

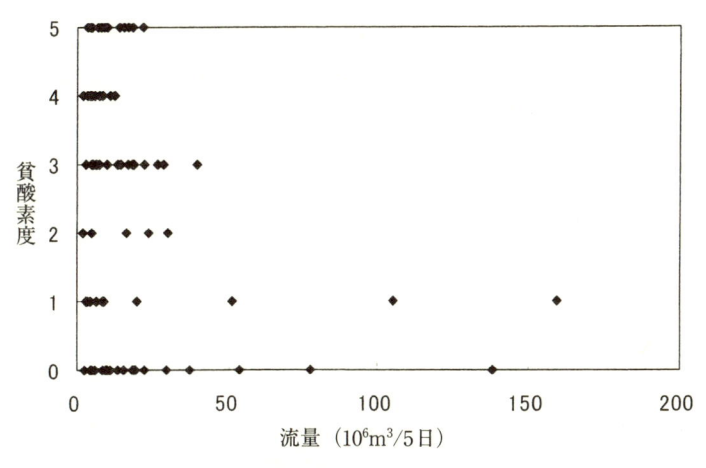

図12.9 貧酸素観測前5日間の豊川流量（当古地点）と三河港域の貧酸素度との関係
（市野、2006）

半島にかけては、農業用水、生活用水、工業用水が不足していたので、豊川から水を引く豊川用水事業が実施されて、農業を中心に地域の経済発展に著しく貢献した。事業は1968年に完成したが、市野（1997）によれば、完成前10年間（1956～1965）の豊川の年平均流量は33.94m^3/秒であったのに対して、完成後の10年間（1983～1992）は25.20m^3/秒であって、38％もの減少になる。閉鎖性がきわめて強い渥美湾は、豊川用水事業による多量の取水によって海域の汚濁化が促進させられたのである。その後にもこの事業は、豊川総合用水事業として拡大されて大島ダム（図12.10）も建設され、取水量も増加した。2002年にこの事業は完成したが、河川流量のさらなる減少は渥美湾の環境の悪化を加速させたと考えられる。

(4) 設楽ダム建設の影響

ところがこのような状況にあるにもかかわらず、国土交通省は治水、利水などの多目的ダムとして、新たに豊川上流に大規模な設楽ダムの建設を計画しているので、三河湾に及ぼす影響が心配されている。ダムの位置は図12.10に示してある。ダムの堤体の高さは129m、貯水面積は297ha、総貯水容量は9800万トンである。同省はこの目的のために、最近環境影響評価書を公表したが、それは陸上のみを対象にするもので、多数の住民から要望のあった三河湾への影響評価は無視されている。豊川が注ぐ三河湾については最初から影響は無視できると判断して調査さえしようとしない。

設楽ダムの必要性や環境に与える影響については、地域住民によって多くの疑問や代替案が提示されている。それのみでなく、これまでの河川開発によって現在では水

図12.10 豊川水系と豊川用水（太い破線）、および大島ダムと設楽ダム建設予定地

　が余っている状況を踏まえて、豊川総合用水事業の担当機関が自らのホームページにおいて、「計画中の設楽ダムが、新たな水資源供給施設（利水ダム）としての機能を掲げることには疑問がある」と述べているほど、設楽ダムの必要性の根拠は乏しいのである。このように必要性が乏しい設楽ダムの建設は、一方では瀕死の状態にある三河湾を鞭打つことになる（宇野木、2005）。三河湾の再生が緊急の課題であり、環境の悪化を少しでも進める行為が許されない状況にあるとき、取水やダムの堆砂などによって海域の環境の悪化をもたらす可能性がある設楽ダムの建設は、認めがたいといわざるをえない。豊川の環境問題については市野（2008）が解説を行なっている。

　これに関連して日本海洋学会海洋環境問題委員会（2008a）は、ごく最近「愛知県豊川水系における設楽ダム建設と河川管理に関する提言」を行なった。これは三河湾を再生するためには、設楽ダムの建設に際しては三河湾を含めた環境影響評価が基本

的に必要であること、および河川管理の見直しを提言したものである。そして同委員会（2008b）は、そのように考えるに至った背景を詳細に述べている。

引用文献

市野和夫（1997）三河湾集水域の水資源開発．三河湾－「環境保全型開発」批判．八千代出版, 103-119.
市野和夫（2006）豊川流量と三河湾の汚濁．三河湾の環境と暮らし．愛知大学綜合郷土研究所, 42-50.
市野和夫（2008）川の自然誌．豊川のめぐみとダム．あるむ, 78pp.
宇野木早苗（1984）内湾の物理環境．内湾の環境科学．西條八束編, 培風館, 63-162.
宇野木早苗（2001）川と海の関係－物理的観点から．沿岸海洋研究, 39, 69-81.
宇野木早苗（2005）河川事業は海をどう変えたか．生物研究社, 116pp.
宇野木早苗・西條八束（1997）免罪符となった環境アセスメント－環境影響評価書を評価する．三河湾－「環境保全型開発」批判．八千代出版, 137-172.
西條八束（2002）内湾の自然誌．三河湾の再生をめざして．あるむ, 76pp.
西條八束監修・三河湾研究会編（1997）三河湾－「環境保全型開発」批判．八千代出版, 312pp.
佐藤　敏（1996）伊勢湾の表層の循環流について．沿岸海洋研究, 33, 221-228.
杉本隆成・笠井亮秀・山尾　理・藤原建紀・木村琢磨（2004）伊勢湾における河川流量の変動に伴う懸濁態有機物の変化．水産海洋研究, 68, 142-150.
高橋鉄哉・藤原建紀・久野正博・杉山陽一（2000）伊勢湾における外洋系水の進入深度と貧酸素水塊の季節変動．海の研究, 9, 265-271.
田中勝久・豊川雅哉・澤田知希・柳澤豊重・黒田伸郎（2003）土壌流出によるリン負荷の沿岸環境への影響．沿岸海洋研究, 40, 131-139.
日本海洋学会沿岸海洋研究部会編（1985）第13章　伊勢湾・三河湾．日本全国沿岸海洋誌．東海大学出版会, 493-559.
日本海洋学会海洋環境問題委員会（2008a）愛知県豊川水系における設楽ダム建設と河川管理に関する提言．海の研究, 17, 53.
日本海洋学会海洋環境問題委員会（2008b）豊川水系における設楽ダム建設と河川管理に関する提言の背景：河川流域と沿岸海域の連続性に配慮した環境影響評価と河川管理の必要性．海の研究, 17, 55-62.
藤原建紀（2002）伊勢湾の巨大渦と貧酸素水塊．水路新技術講演集, 15, 27-42.
藤原建紀（2004）洪水時の物質輸送による伊勢湾の環境変化．月刊海洋, 36, 196-199.
藤原建紀・福井真吾・杉山陽一（1996）伊勢湾の成層とエスチュアリー循環の季節変動．海の研究, 5, 235-244.
藤原建紀・福井真吾・笠井亮秀・坂本　亘・杉山陽一（1997）伊勢湾の栄養塩輸送と亜表層クロロフィル極大．海と空, 73, 55-61.
村上哲生・西條八束・奥田節夫（2000）河口堰．講談社, 188pp.
柳　哲雄・黒田　誠・石丸　隆・才野敏郎（1998）伊勢湾の夏季の残差流．沿岸海洋研究, 35, 185-191.
山尾　理・笠井亮秀・藤原建紀・杉山陽一・原田一利（2002）河川流量の変動にともなう伊勢湾のエスチュアリー循環流量・栄養塩輸送量の変化．海岸工学論文集, 49, 961-965.

第13章 大阪湾とその流入河川

藤原建紀

13.1 はじめに

　日本の三大内湾とよばれる大阪湾、伊勢湾、東京湾の奥部には、いずれも大きな河川が流入している。これら内湾の水平規模は40〜60kmであり、その代表的な水深も20〜40mと、よく似た形状・大きさである。大阪湾の面積は1400km^2、平均水深は30m、流域人口は1700万人であり、この湾に注ぐおもな河川は淀川と大和川である。
　淀川の流域界（流域面積：8240km^2）と、淀川からの上水供給界を図13.1に示す。淀川は、琵琶湖から流出する瀬田川（途中から名前が変わって宇治川）と、桂川、木津川が石清水八幡において合流したのち、大阪平野を通って大阪湾北東部に流入するものである。平水時の河川水は、新淀川を通って大阪湾に注ぐのではなく、毛馬の水門から南下し、堂島川・土佐堀川となって、大阪の中心部を通って大阪港に注ぐ。これは都市河川の水質を良好に保つためである。
　大和川（流域面積：1070km^2）は、奈良盆地から生駒山地の南を通り、大阪平野を西に進んで堺に流入する。この河川のBOD（河川水に含まれる有機物量の指標）は高く、全国の一級河川（109水系）の中では最低水準にある。
　淀川（枚方）・大和川（柏原）の河川流量は、1990年から2002年の平均では、それぞれ238m^3/秒および25m^3/秒である。

13.2 河がつくった内湾

　今から2万年前の最終氷期のころには、世界中の海の水面は、現在よりも約100m下にあった。このため、瀬戸内海も三大内湾（東京湾・伊勢湾・大阪湾）も陸地であり、いずれの内湾も当時の河川の下流域にあった。2万年前というと、人間の歴史でいうと、すでに旧石器時代になっており、人々は火を使う文化をもっていた時代である。旧石器時代の人々にとって、いまの大阪湾は、おそらく西にシジミの棲む沼沢地があり、そのまわりにアシ原の広がる低湿地の大平原であったであろう（図13.2）。

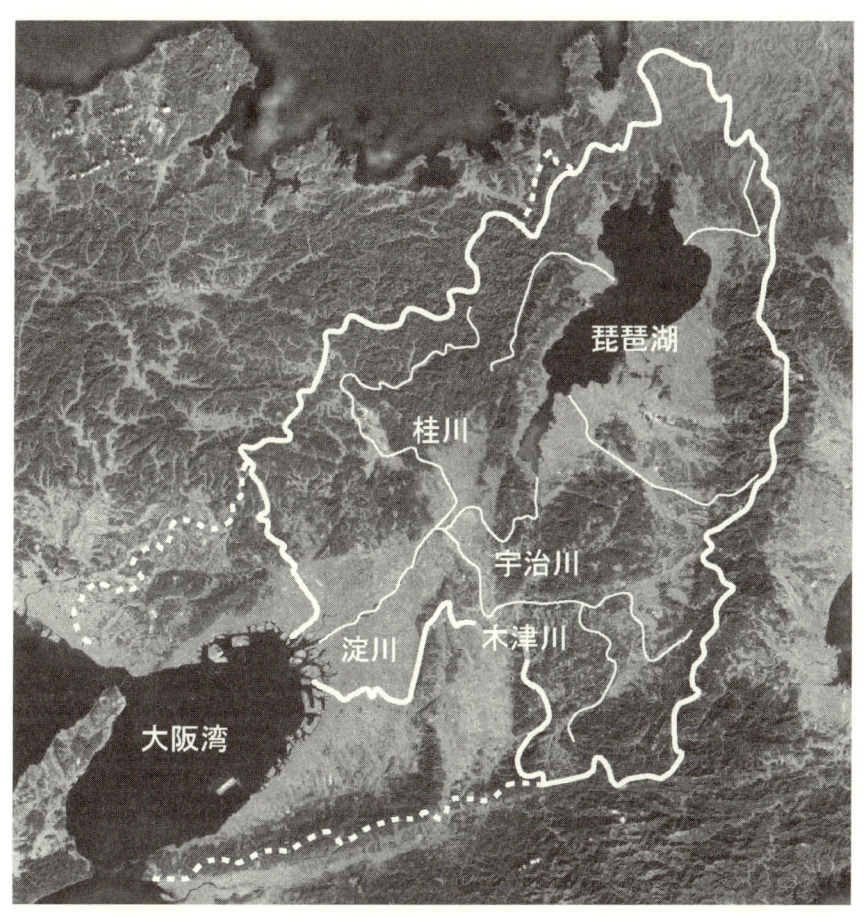

図13.1 淀川の流域界（実線）と上水供給界（破線）

氷河期が終わって暖かくなると、海水面も上昇した。1万2000年前には紀伊水道・大阪湾に海水が入り、大阪湾の生物もカキなどの海産生物にかわる。9000年前には、いまの大阪湾に近い形となった（大嶋ほか、1976）。

　約6000年前（紀元前4000年）の縄文時代は、現在よりも暖かい時代であり、海水面もいまより3～5mほど高かった。このため海岸線は現在の内陸へと進んでおり、これを縄文海進という。このため現在の大阪、名古屋、東京の大部分は、このころの浅海域となっている。大阪平野では、枚方まで海が入っていた。このことは、枚方駅の近くの台地のふもとに貝塚があることでも確かめられる。いまでは海からはるかに離れて、内陸にある枚方であるが、縄文時代の人々は、ここの広大な干潟で潮干狩り

第13章　大阪湾とその流入河川　　165

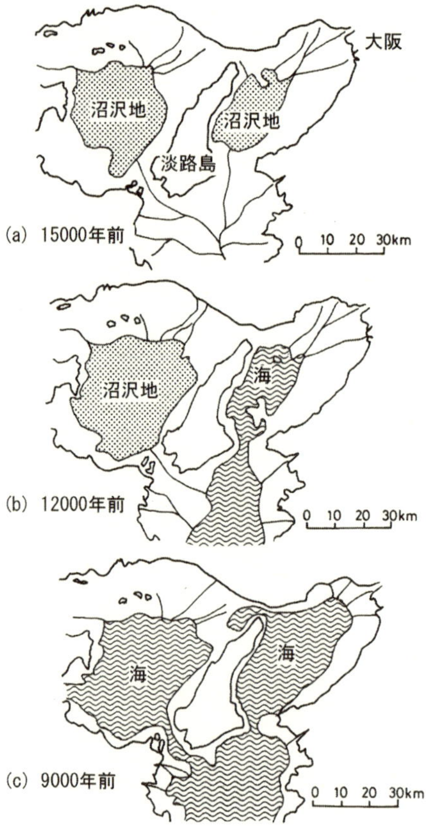

図13.2 東部瀬戸内海の形成過程（大嶋ほか、1976）

(a) 15000年前
(b) 12000年前
(c) 9000年前

を楽しんでいたであろう。縄文時代の後には現在の水位になり、その後の水位はそれ以前と比べて安定してその高さを保っている。神戸では、縄文時代の海岸線はJR三ノ宮駅の線路沿いにあり、阪神・淡路大震災で大きな被害が生じたのはこの線に沿った土地であった。

　大阪湾には、淀川と大和川が大きな河川として注いでいる。ただ両河川の流入位置は時代によって変わっている。奈良盆地の水を集めた大和川は、生駒山の南、JR関西本線に沿って大阪平野に入り、現在はほぼ真西の堺から大阪湾に注ぐ。しかしながら大和川が堺で大阪湾に注ぐようになったのは1704年からである。それまでは大阪平野に入ると北上し、淀川と合流して大阪湾に注いでいた。

　大和川は傾斜の大きな天井川であり、上流から大量の砂を運んでくる。この砂は、河口の堺港を埋めてその港湾機能を失わせる一方、河口デルタの土地をつくり、近代

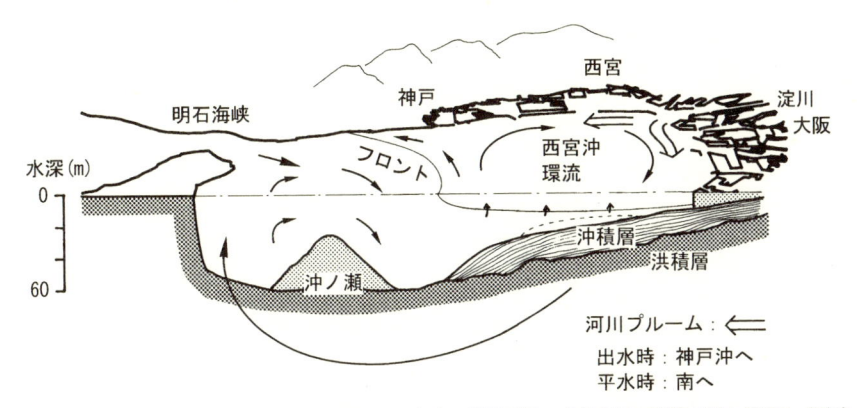

図13.3 大阪湾の海洋構造。上半分は鳥瞰図、下半分は横断面図。東部底層の破線で囲んだ部分(夏季のみに存在)は貧酸素水塊

産業の基盤となった。大和川は現在でも砂を大阪湾に運んでおり、河口域では定期的に浚渫工事が行なわれている。河口沖は大阪湾奥部であるにもかかわらず、泥地ではなく砂地の海底となっており、カレイの稚魚の重要な生育場となっている。

琵琶湖からの瀬田川の流出口に南郷洗堰が造られたのは1905年であり、淀川の河口に新淀川がつくられたのは1907年、天瀬ダムの完成は1964年である。南郷洗堰が造られるまでは、大阪湾から琵琶湖にまでアユが遡上していた。

明治18(1885)年の地図では、淀川河口近くの海岸は田んぼの広がる河口デルタ地帯であり、その沖には浅い海が広がっていた。この海の部分の多くは、現在は埋め立てられて陸地となっている。

大阪湾を西から東に横断する断面の地形と流動の模式図を図13.3に示す(藤原、1995)。大阪湾西部は水深が50〜60mであるのに対し、東部は水深20mよりも浅くなっている。西部は明石海峡に代表されるように潮流が速く、強混合域となっている。大阪湾西部には、時計回りの強い循環流(沖ノ瀬環流)があり、その中心には砂が集まり、なだらかな丘陵状の地形(沖ノ瀬)となっている。一方、大阪湾東部には、氷期以降の堆積物が分厚く堆積している。この堆積層の一番下の面が氷期の地表面であり、その上にその後の水位上昇にともなって河川からの砂や泥が堆積し、現在の海底面となっている。つまり大阪湾東部は、河口デルタが東へ東へと場所を移しながらつくられた海である。さらに、いまから100年前からは、この東側の浅い海を人間が埋めて、西へ西へと陸地を広げてきた。

13.3　内湾のエスチュアリー循環流と河川水の広がり

　潮流の速い大阪湾西部は強混合域であるのに対し、淀川・大和川の流入する大阪湾東部は年を通じて成層している。この海域を支配する流れはエスチュアリー循環流である。この流れは、塩分0の河川水と、塩分約30の海水の間に起きる密度対流である。このような河川水と海水の間の塩分差にもとづく密度流は、河口循環流として古くから知られている。しかしながら、このような塩分差にもとづく密度流が内湾規模でも主要な流れであることは最近になってわかったことで、エスチュアリー循環流とよばれている。この流れは、低塩分の河川系水が、上層を通って湾奥から湾口（大阪湾の場合、大阪湾西部）に向かって流れ、下層では湾口から湾奥に向かって流れる流れである。この下層の流れは河口域で上昇し、上層に入り、そこで水平的に広がる（水平発散）。この上昇流は内湾における物質循環にとって大きな役割を果たす。

　内湾規模の流れの特徴は、河口域の流れに比べて規模が大きく、地球自転の効果（コリオリの力）を受けた流れとなることである。一般に、北半球では、コリオリの力は物の動く方向に向かって右に向かって働く力となる。このため上層では、水平発散によって放射状に広がる流れは、それぞれ右に逸れて、全体としては時計回りの循環流となる（図13.4）。大阪湾東部の時計回りの水平循環流は西宮沖環流と命名されており（図13.3）、この流れが最も明瞭に現われるのは水深3〜5mである（藤原ほか、1989；藤原ほか、1994）。

　大阪湾における河川水の広がり方を、季節を追って示す。図13.5は2000年7月における大阪湾西部（沖ノ瀬）から湾奥（堺市の大和川河口）に至る塩分・水温の断面図である。また、このときの大阪湾東部中央（測点15）と東岸（測点17）の塩分・水温の鉛直分布を図13.6に示す。塩分32の面が上層と下層をわけており、下層は塩分32以上の海水である。一方、上層水は海水と淡水の混ざった水である。上層水はさらに2つにわけられ、塩分28以下の水は河川水の直接的な広がりを示し、これは河川プルームとよばれる。河川プルームは、厚さが1mから1.5mの薄い層となっている。

　湾の水質問題を考えるうえで重要なのは、上層と下層の水質の違いである。一般に、上層水中には植物プランクトンが多く、酸素が豊富に含まれている。一方、下層水は酸素濃度が低く、貧酸素化するのはこの層である。両者をわける塩分32の面（躍層）の深さが場所によって違うことに留意する必要がある。図13.5にも見られるように、河口域（測点17）では躍層が浅く、少し沖合の神戸沖（測点15）のほうで深く、水深12mに達している。この躍層の深さの違いは、上層水が時計回りに回転していることに起因している。また、神戸沖では躍層が深いため、神戸港内のほとんどが上層の水で占められることになる。

図13.4 上層の時計回り循環流の形成機構

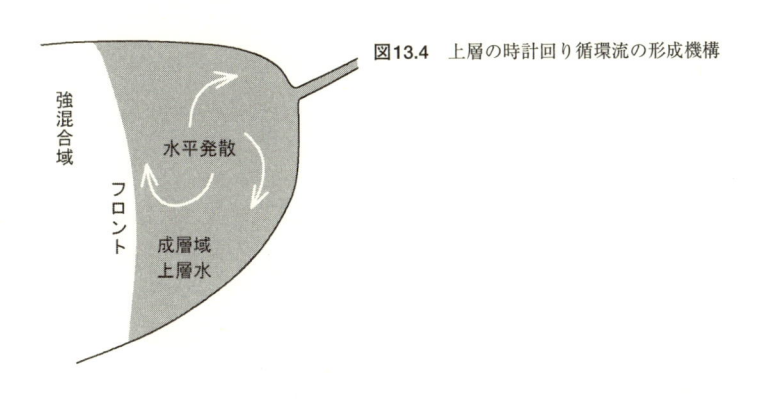

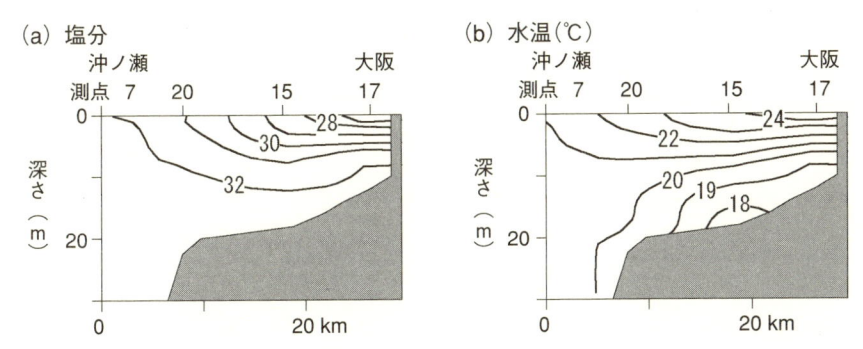

強混合域
フロント
水平発散
成層域上層水

図13.5 大阪湾の東西断面（沖ノ瀬から大阪）における(a)塩分分布と(b)水温分布（℃）、2000年7月

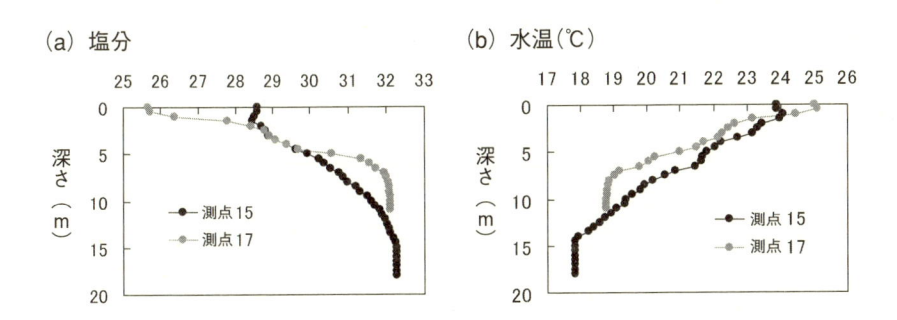

(a) 塩分
(b) 水温（℃）

図13.6 大阪湾東部中央（測点15）と東岸（測点17）の(a)塩分と(b)水温の鉛直分布（℃）、2000年7月

第13章 大阪湾とその流入河川　169

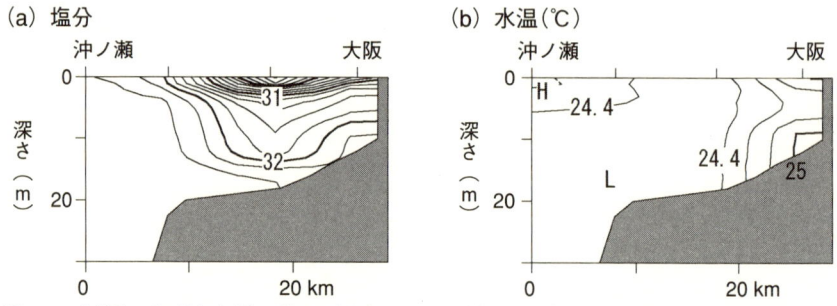

図13.7 大阪湾の東西断面（沖ノ瀬から大阪）における (a) 塩分分布と (b) 水温分布 (℃)、2000年10月

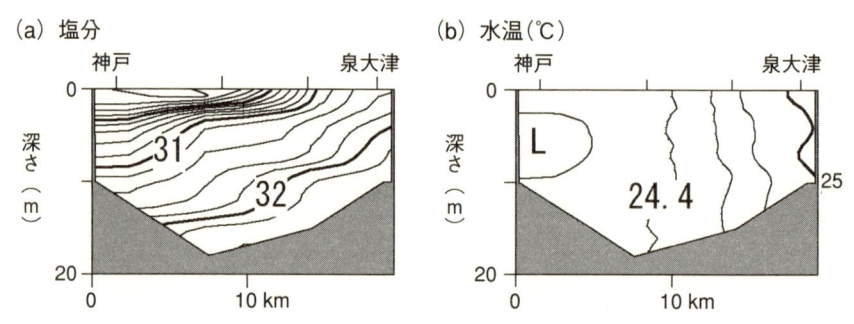

図13.8 大阪湾の南北断面（神戸から泉大津）における (a) 塩分分布と (b) 水温分布 (℃)、2000年10月

13.4 秋から冬の河川水の広がり

秋になり、海面冷却が進むと、河川プルームがはっきりとわかれてくる（図13.7）。上層水（塩分＜32.4）の厚さは増し、測点15では海底近くに達する。このときの、神戸から対岸の泉大津（大阪府）を結ぶ断面の塩分・水温を図13.8に示す。等塩分線は神戸側で深く、泉大津側で浅く、傾いている。上層水は北岸（神戸側）に厚く分布すると同時に、時計回りに回転している。つまり湾奥の河口から西を見ると、低塩分水が右岸に沿って広がっていることになる。このとき、神戸側は海底まで上層水によって占められている。

冬になってさらに冷却が進むと、上層水が下に凸のレンズ状の水塊となる（図13.9）。これを横断する断面（図13.10）でもレンズ状になっており、神戸側に接する分布となっている。

ここで見られた、河川プルームと上層水の分布形状の季節変化は、伊勢湾における

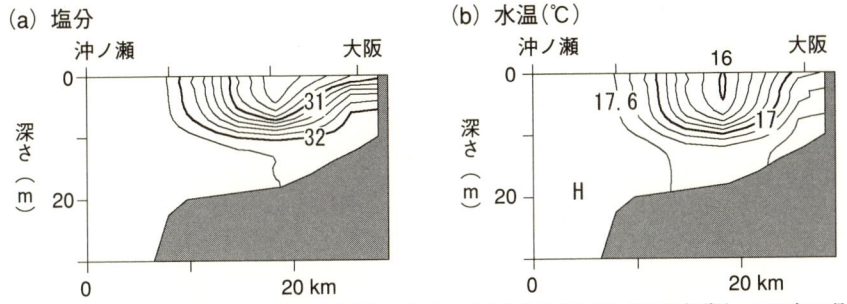

図13.9　大阪湾の東西断面（沖ノ瀬から大阪）における（a）塩分分布と（b）水温分布（℃）、2000年12月

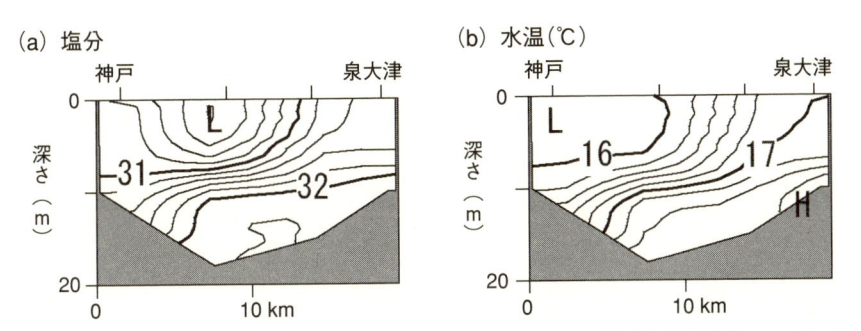

図13.10　大阪湾の南北断面（神戸から泉大津）における（a）塩分分布と（b）水温分布（℃）、2000年12月

それと非常によく似ている。湾奥部に河川流入があり、湾口部が強混合域である内湾に共通する構造であると考えられる。大阪湾においては、上層の時計回り循環流の位置がほぼ定まっているので、西宮沖環流と名づけられた（図13.3）。一方、大阪湾よりも細長い形状をもつ伊勢湾では、河川流量や加熱・冷却の強さによって時計回り循環流の位置が変わる。一般に、河川流量の大きな夏季には循環流は湾中央部にあり、河川流量の小さい冬季には湾北部になる（Fujiwara *et al.*, 1997）。

13.5　河川プルームの広がり

　低塩分の河川プルームは、時計方向に回る西宮沖環流の上に薄く広がる。このため平水時には、河川プルームは環流に流されて河口から南に広がる（図13.3）。一方、出水時の河川プルームは、それ自身に働くコリオリの力の影響を受けて、陸岸を右に見ながら神戸沖を西に進み、明石海峡にまで達することがある。

13.6　西宮沖環流のエネルギー

　平水時、川幅60mほどしかない淀屋橋を渡りながら、ゆるやかに流れる土佐堀川を眺めていると、これだけの水量の浮力で広い大阪湾東部全体を回転させることができるのだろうか、と不思議に思った。そこで西宮沖環流のもつ運動エネルギーを計算してみた。環流を半径 R_0 = 10km、厚さ H = 10mの円板とし、これが周辺の接線速度 U_0 = 10cm/秒で剛体回転しているとすると、その運動エネルギー E は、

$$E = \frac{\pi}{4} \rho U_0^2 R_0^2 H$$

と計算され、E = 2200kWhとなった。ここで ρ は海水の密度であり、1000kg/m³とした。これを家庭用の電力として1kWh = 25円として金額に換算すると5万5000円となり、想像していたよりずっと小さなものとなった。広大な海であるが、回転速度が遅いため（1回転に約7日かかる）、エネルギーとしては小さい。一般に、海の密度流は、大気の密度流（風）に比べて流速が遅いため、そのエネルギー密度は小さい。

13.7　河川流量と貧酸素化

　河川流量が増えると、エスチュアリー循環流の流量も増える。このため、大阪湾東部下層に西部（おもに沖ノ瀬環流域）から進入してくる海水の流量も増加する。この進入水は酸素を豊富に含んでいるので、東部下層への酸素供給量も増加することになる。とくに河口域は、下層水のシンク（吸いこみ口）となっているため、下層のエスチュアリー循環流が収束してきて、溶存酸素濃度が上昇する。

　夏の伊勢湾では、湾口から湾奥に向かうエスチュアリー循環流（リターンフロー）は中層を通り、その下の底層水と明瞭にわかれている。大阪湾東部でも同様な密度流構造が見られるが（図13.5）、伊勢湾よりも水深が浅いため、リターンフローは中層から底層に及ぶ。

　1999〜2003年の6〜9月を平均した底層の溶存酸素濃度（mg/ℓ）の分布を図13.11に示す。湾奥部でも、リターンフローが収束する河口域は溶存酸素濃度が高い。河川流量が増えると、この海域の底層貧酸素水塊が消滅することが経験的にも知られている（藤原ほか、2004）。

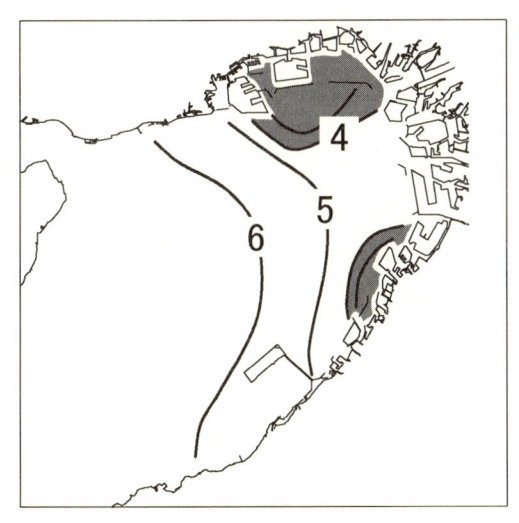

図13.11 大阪湾底層の溶存酸素濃度分布（mg/ℓ）。1999年から2003年の6月から9月の平均（藤原ほか、2004）

13.8　河川流量の短期的および長期的変動と海況変動

　大阪の降水量、淀川・大和川の河川流量および大阪湾上層の塩分を図13.12に示す。淀川の集水域の中央付近にある京都の月降水量と大阪の月降水量は、ほぼ同じである。淀川の流量は大和川の流量の約10倍であり、両者は連動して変動している。降水量のグラフにはたくさんのピークがあるが、とくに大きなピークがいくつか見られる。1993年は梅雨期に降雨が長期間にわたって続いた年であり、米が不作となりタイ米が輸入された年である。翌1994年は極端な少雨であった。1995年には5月と7月に大雨が降っている。2003年は、1993年の再来かといわれた年であり、梅雨期に長雨が続いた。2004年は小雨で始まったものの、夏および秋に台風がいくども来襲し、大きな降水量となった。2005年は少雨である。

　河川流量には、冬季には小さく夏季に大きくなる季節変動が見られる。しかし、夏季の流量には、年によって非常に大きな違いがある。降水量に見られる小さなピークは河川流量のピークにはなりにくいのに対し、降水量の大きなピークは河川流量でも大きなピークとなって現われている。また、1997年から2002年にかけて降水量が減少しているのに対応し、河川流量も低下している。この期間、河川流量の夏季のピークは年々小さくなっていき、とくに2000～2002年の間は夏のピークがほとんどなくなっている。多雨年の2003年には河川流量の夏のピークが復活している。

　河川流量には大きな経年変動があり、大きなピークの現われる年代と、小流量が数年間続く期間がある。この河川流量の変動は、大阪湾の海況にも影響する。図13.12

第13章　大阪湾とその流入河川　　173

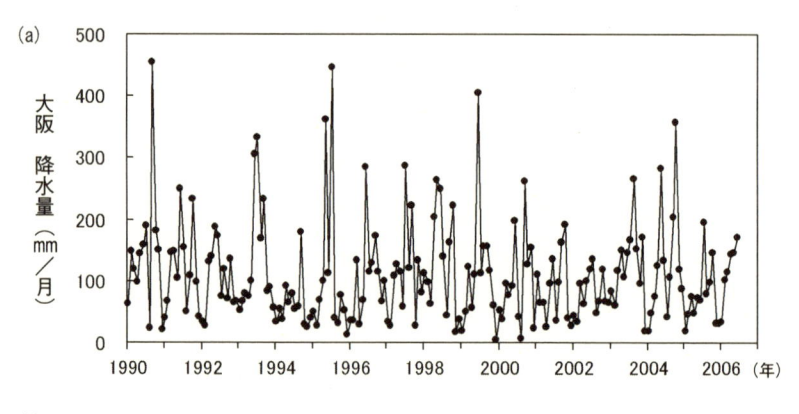

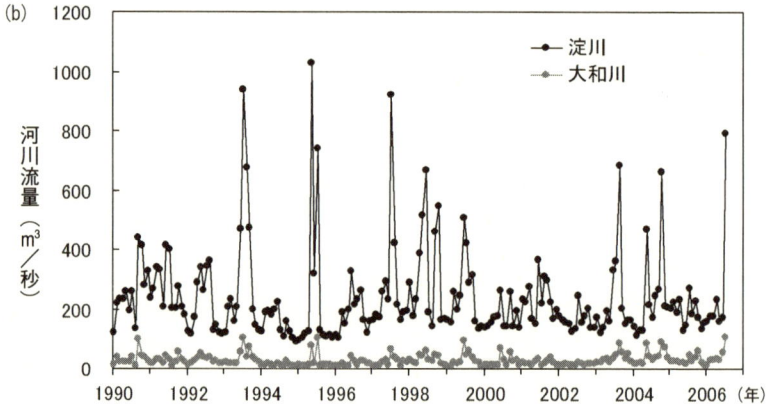

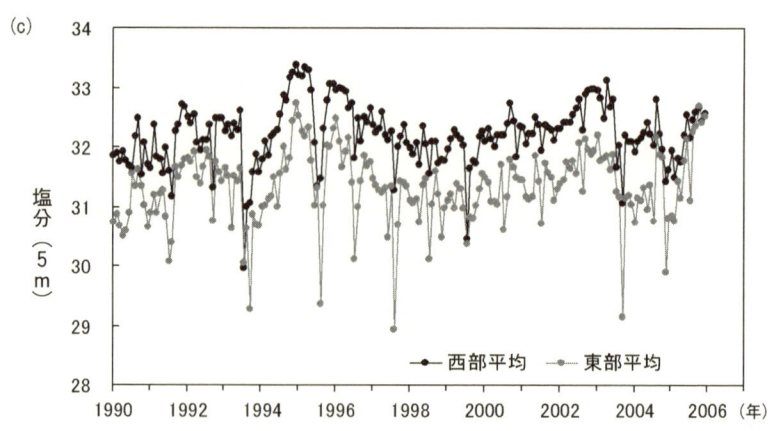

図13.12 (a) 大阪の月降水量、(b) 淀川（枚方）と大和川（柏原）の月平均流量、(c) 大阪湾の西部上層平均塩分と東部上層平均塩分。2003年以降の河川流量は、著者による推算値

(c) は、大阪府立水産試験場が月の初めに行なう浅海定線調査の水深5mの塩分値を、大阪湾東部（20m以浅）と西部にわけて平均したものである。西部は強混合域であり、水深による塩分の違いは小さい海域である。一方、東部は成層域であるが、水深5mは上層に含まれる。この図の西部の塩分値は、広域の塩分変動を反映しており、1993年の多雨・出水により塩分が2以上低下した後、1年間以上の期間にわたって上昇している。同様な低下と上昇は1995年、2003年にも見られる。一方、淀川・大和川の河口沖にある東部海域の塩分は、河川流量変動に直接対応している。1997～2002年の期間は、夏の低塩分のピークが年ごとに小さくなっている。エスチュアリー循環流の流量を、東西の塩分差と河川流量から推算すると、河川流量が大きいときにエスチュアリー循環流も大きい。エスチュアリー循環流は1993・2003・2004年などは大きく、1994・1996・2000年から2002年はとくに小さな値が続いている。

　温帯に位置する日本の四季は、夏に暑く、冬に寒く、気温ではきわめて規則正しい変化を示す。一方、降水量の季節変動はさほど規則正しいものではなく、むしろ年ごとの違いが大きい。地表に降った雨水は、地面の保水作用あるいはダムなどの人為的なコントロールによって、その流量は平滑化される。このため、長く降りつづいた雨や、集中して降った雨だけがそのまま流出する。つまり、大きな集中した降水が、パルス状に海に注ぐ。パルス状の流入は、年に数回起きる年・年代もあるが、何年間も起きない年代もある。この河川流量の変動が、エスチュアリー循環流量を変え、陸から海域へ流入する物質量やその広がりを変え、また底層の溶存酸素濃度なども変える（藤原ほか、2004）。川から海へ及ぼす影響は、定常的な影響のうえに、間欠的なパルス状の影響が重なったものであり、そのパルスの頻度には年代による違いがある。

引用文献

大嶋和男・小野寺公児・木下泰正・井内美郎（1976）底質調査と採泥法. 産業公害防止技術（昭和51年度版）. 日本産業技術振興協会, 208-214.

藤原建紀・肥後竹彦・高杉由夫（1989）大阪湾の恒流と潮流・渦. 海岸工学論文集, 36, 209-213.

藤原建紀・澤田好史・中辻啓二・倉本茂樹（1994）大阪湾東部上層水の交換時間と流動特性－内湾奥部にみられる高気圧性渦. 沿岸海洋研究ノート, 31, 227-238.

藤原建紀（1995）大阪湾の生態系を支配する流れの構造. 瀬戸内海, 2, 85-93.

藤原建紀・岸本綾夫・中嶋昌紀（2004）大阪湾の貧酸素水塊の短期的および長期的変動. 海岸工学論文集, 51, 931-935.

Fujiwara, T., L. P. Sanford, K. Nakatsuji and Y. Sugiyama (1997) Anti-cyclonic circulation driven by the estuarine circulation in a gulf type ROFI. *Journal of Marine Systems*, 12, 83-99.

第14章 広島湾とその流入河川

山本民次

14.1 広島湾に注ぐ流入河川

　広島湾は行政的には広島県と山口県にまたがっており、流入する河川は、一級河川の太田川と小瀬川、その他の主要河川として、瀬野川、八幡川、錦川などがあげられる（**表14.1**、**図14.1**）。これらのうち、太田川は支流が70余りあり、本川延長103km、支流を含めると約600kmである。また、流域面積約1700km^{2}で、年間流量約$2.7×10^9$m^{3}である。流域面積の約80％が森林であり、中流域の行森川合流点から祇園水門までは、1985（昭和60）年に環境庁（現環境省）の全国名水百選に選ばれたことからも、かなりの清流であることがわかる。ただし、広島湾に注ぐ手前で政令指定都市である広島市内を流れるため、ここでの栄養塩などの流入がある。流域人口は約100万人であり、その約9割が広島市の人口である（広島市自体の人口は約115万人；2005年国勢調査；広島市HP）。広島市内に入ると、太田川は6本の派川（猿猴川、京橋川、元安川、旧太田川、天満川、太田川放水路）にわかれ、この河口デルタ上に発達した都市が広島市である。このデルタ地帯は自然にできた三角州であると一般的には思われているが、歴史をたどると、どうやらそのほとんどは人為的な埋め立てである（太田川・Fanの集いHP）。

　太田川の水質は人口の増加、経済の高度成長とともに悪化したが、環境庁（現環境省）により、瀬戸内海全域が閉鎖性海域として指定され、1973年の瀬戸内海環境保全臨時措置法とその改正法である1978年の瀬戸内海環境保全特別措置法により、現在は一時の富栄養状態を脱した。特別措置法では、CODで代表される有機物負荷の総量規制およびリンの負荷削減指導が行なわれた。環境省の全リン発生負荷量の調べではピーク時に比べ、約6割削減されている。また、筆者らが太田川河口域3測点（大芝水門、御幸橋、仁保橋）での濃度測定値を集計し、少し上流の矢口第1観測所での流量を掛けてTPおよびDIPの負荷量を計算したところ、両者とも減少傾向は明らかで、とくにリン酸態リンの負荷量は1980年ころのピーク時に比べると現在は約3分の1という顕著な減少を示した（**図14.2**；山本ほか、2002a）。この間、河川流量はあまり大きな変化がないので、リン濃度の低下が負荷量の減少に効いていることは明らか

表14.1 広島湾に注ぐ河川の諸元

	流域面積(km^2)	河川延長(km)	備考
太田川	1710	幹川延長103 支流を含めて約600	年間流量 約2.7×10^{9}m^3
小瀬川	342	幹川延長59	
瀬野川	122	幹川延長45	
八幡川	83	幹川延長21	
錦川	501	流路延長110	

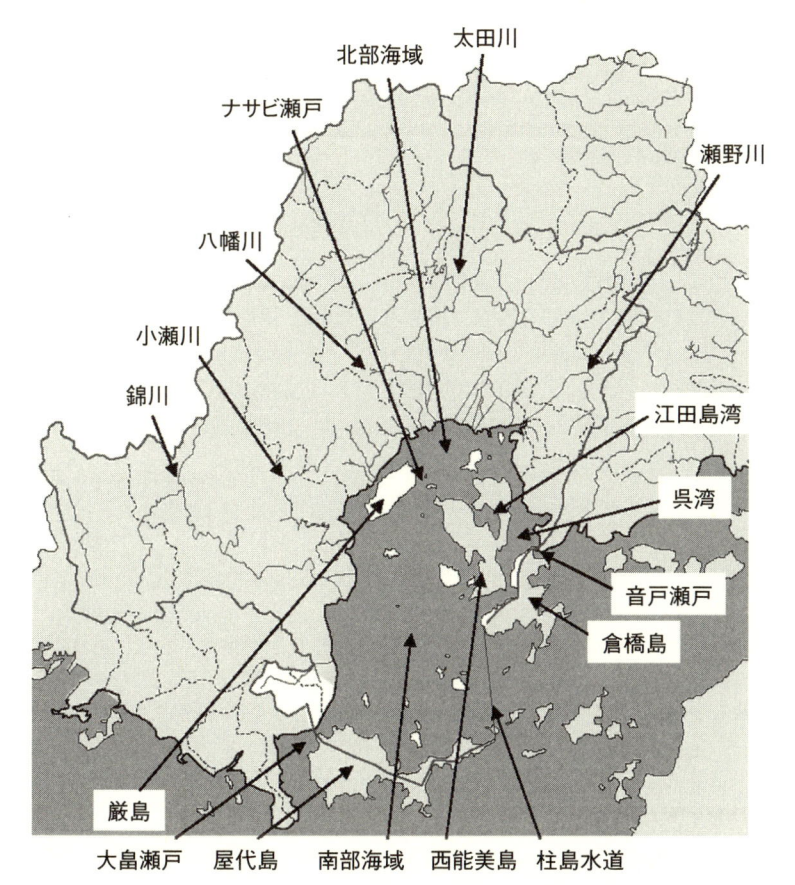

図14.1 広島湾内の主要な島々と水道・瀬戸部、およびそこに注ぐ河川と流域圏

第14章 広島湾とその流入河川

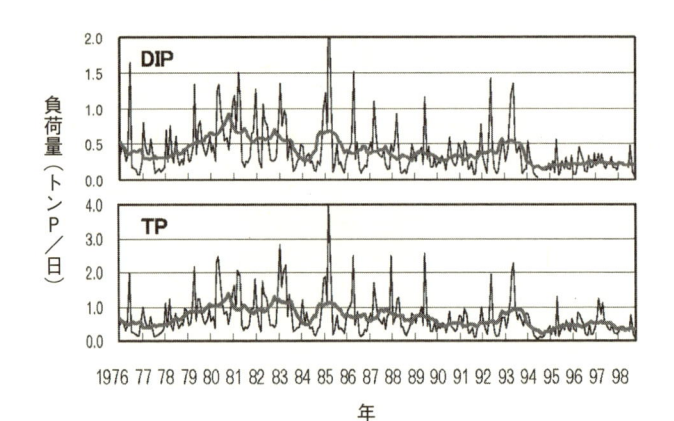

図14.2 太田川から広島湾に負荷されるリン量。ただし、平水時の太田川河川水中のリン濃度に流量を掛けて求めたので、洪水時の分が過小評価になっている。溶存無機態リン（DIP）および全リン（TP）（山本ほか、2002aより引用）

であり、とくにDIP濃度の減少に大きく寄与したのは、無リン洗剤の普及と高い下水道普及率（91.1％；2003年3月時点；広島市下水道局HP）である。BODの環境基準達成状況においても、太田川支流で達成されていないのはわずか天満川のみである（2000年調査結果；太田川流域振興交流会議HP）。広島市下水道局のホームページによれば、下水道処理場は6カ所あり（千田、江波、大州、旭町、西部浄化センター、東部浄化センター）、総処理水量は$4.2 \times 10^5 m^3$/日である。

　太田川に関する大きな河川工事としては、まず1967年に放水路と祇園水門（可動堰）が造られ、旧太田川側には大芝水門（分水堰）が設けられた（図14.3a）。平水時には、河川水の約9割は旧太田川の5派川を流れるように調節されているが、流量が多くなると放水路に流される。平水時に総流量が少ないので、9割の水が流れていても、大芝水門直下のところまで海水が遡上していることが多い。1975年には少し上流に高瀬堰が建設された（図14.3b）。これは、経済成長と人口増加にともなう都市用水の急激な需要の増大に対処するためである。高瀬堰による利水補給量は$1.5～2.0 \times 10^8 m^3$/年であり、約8割が都市用水である。さらに、2001年には上流の支流滝山川に温井ダムが建設された（図14.3c）。太田川に設けられたダムは、それ以前にも本川に立岩ダム（総貯水量$1.7 \times 10^7 m^3$）、支川柴木川に樽床ダム（総貯水量$2.1 \times 10^7 m^3$）、支川滝山川に王泊ダム（総貯水量$3.1 \times 10^7 m^3$）などがある。

　温井ダムについてもう少し述べておく。堰堤の高さ156mで、アーチ式ダムとしては黒部第四ダムに次いで全国第2位の高さである。治水、利水、発電などの多目的ダ

(a) (b) (c)

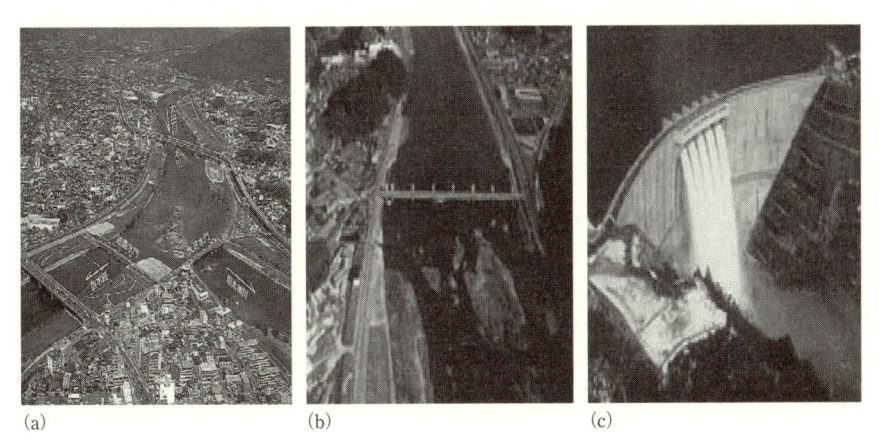

図14.3 (a) 太田川放水路。1967(昭和42)年完成(写真は太田川河川事務所HPより引用)、(b) 高瀬堰。1975(昭和50)年完成(写真は太田川探検協会HPより引用)、(c) 温井ダム。2001(平成13)年完成(写真は太田川探検協会HPより引用)

ムとして、当時の建設省（現国土交通省）が1977年に着工した。1990年12月〜1999年1月の間、河川をショートカットして仮排水路トンネルを造り、流路変更を行なって工事を進め、1999年10月に完成した。同月から湛水を始め、2001年1月に満水になるまで約1年半を要した。総貯水量は$8.2 \times 10^7 m^3$トンである。

14.2 淡水流入と広島湾の海水交換

広島湾は、倉橋島と屋代島に囲まれた閉鎖性内湾であり、一般的には音戸瀬戸、柱島水道、大畠瀬戸より内側の海域を指す（図14.1）。広島湾の面積は1043km^2、容積は$2.69 \times 10^{10} m^3$である。広島湾内部はさらに厳島と西能美島の存在によって北部と南部にわかれ、北部は二重に閉鎖的である。北部の面積は141km^2（呉湾、江田島湾を入れると210km^2）、容積は$2.2 \times 10^9 m^3$、南部の面積は902km^2、容積は$2.47 \times 10^{10} m^3$である。北部と南部はナサビ瀬戸を通してつながっているが、塩分の空間的傾斜は北部海域において非常に大きく、南部ではほとんど均一になっていることから、河川水の直接的影響は北部において非常に大きいことが推察される。先に述べたように、太田川の流域面積は約1700km^{2}であり、北部海域の面積の12倍、広島湾全体の面積に対しても1.6倍ある。したがって、雨が降ったとき、蒸発や地面への浸透などを考えないとすると、直接海面に降り注ぐ雨の量よりも多くの淡水が河川経由で流入することになる。つまり、広島湾とくに北部海域はそれだけ太田川の影響を強く受けている海

域であるといえる。

　河川水による広島湾の海水交換を考えてみる。単純に計算すると、太田川の流量は $2.7 \times 10^9 \, \mathrm{m^3/}$年（$85.6 \, \mathrm{m^3/}$秒）なので、北部海域（体積 $2.2 \times 10^9 \, \mathrm{m^3}$）が淡水で満たされるには0.8年、広島湾全域（体積 $2.69 \times 10^{10} \, \mathrm{m^3}$）が淡水で満たされるには10年かかることになる。しかしながら、実際の海水交換にはこれほどの時間はかからない。なぜなら、第2章や第5章で述べたように、ひとつには河川水の流入にともなうエスチュアリー循環が起こることである。広島湾北部海域について観測と計算から筆者らが求めたエスチュアリー循環による南部海域下層からの海水流入量は、年間平均で河川水1に対して7（梅雨期には最大14）であり、これにもとづいて計算した「淡水の平均滞留時間」は約27日である（山本ほか、2000）。さらに潮汐その他による交換があるので、すべてを含めると広島湾北部海域の「湾内水の平均滞留時間」は5日程度である（Yamamoto *et al.*, 2004）。

14.3　河川負荷とカキ養殖

　広島湾のカキ養殖は有名であり、そのほとんどは北部海域で行なわれている。$10 \times 20 \, \mathrm{m}$ のカキ筏が約1万台（2006年5月現在）設置されており、その生産量は約1.5万～2万トンでわが国全体の約6割を占め、生産額は約140億円である。カキが美味しく成長するためには餌となる植物プランクトンが活発に増殖することが必要であり、北部海域ではその条件が満たされていると推察される。夏場に養殖の中心である北部海域から南部海域や江田島湾内にカキ筏を移動させるが、これは赤潮や台風の被害から守るためであるとともに、餌不足の状態に置いて生き残るカキのみを選別するためでもある。これらは秋になると再び植物プランクトンの多い北部海域にもどされて成長させる。広島湾のカキ生産量のピークは1980年代の約3万トンであり、現在では約1万5000トンに半減している（**図14.4**）。有毒プランクトンの発生や台風による被害などイベント的な原因を除くと、山本ほか（2002a）に報告された太田川河川水中のリン酸塩濃度の大きな低下（栄養塩負荷量の低下）から推測されるように、一次生産量の低下が背景にあると筆者は考えている。第5章で述べたように、河川水による栄養塩負荷量の低下は、物質循環を通して植物プランクトン量の低下につながり、必ずしも海水中の栄養塩濃度には反映しない。したがって、海水中の栄養塩濃度のみのモニタリングデータをいくら並べても、海域における物質循環の動態は理解できない。

　筆者はこれまで、広島湾の水質や底質に関する観測調査を15年ほど行なってきている。もちろん、筆者ら以外にも複数の機関が海洋観測を行なっており、有用なデータは多い。水温、塩分などの基礎的物理項目データはかなり多くあり、栄養塩類については、無機リンや無機窒素のデータについては、県水産海洋技術センター（旧県水

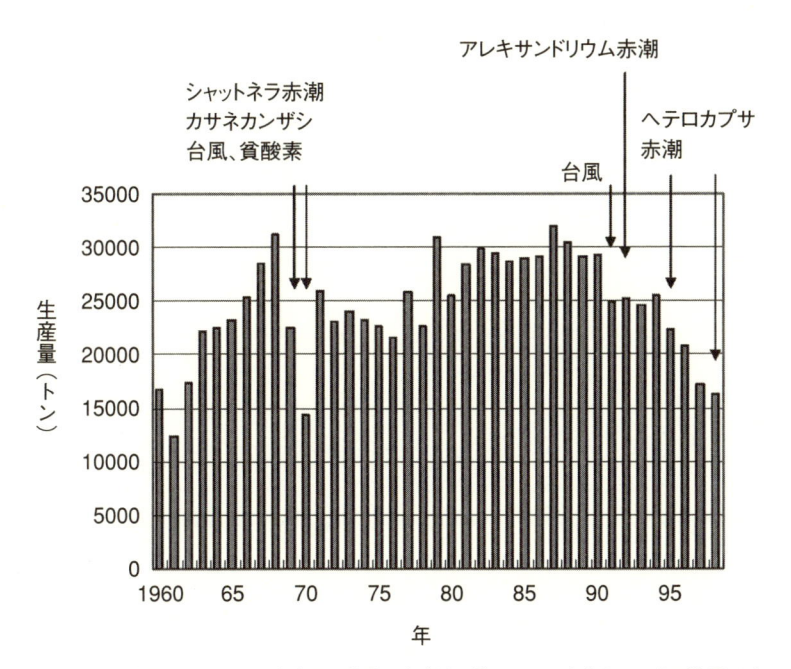

図14.4 広島県におけるカキ生産量の推移。広島湾以外のデータも含むが、主要漁場は広島湾。赤潮、貧酸素、台風などによる単年度被害もあるが、1980年代後半以降の系統的減少が明らか（農林水産省統計情報部資料より）

産試験場）が毎月ベースで測定しており、比較的よくそろっている。しかし、有機物についてはほとんど測定されていない。リンや窒素などの元素は、生態系内において生物・化学的作用を受け、溶存物質になったり粒状物になったり、あるいは無機物、有機物など、さまざまに形態を変える。したがって、これらの時間的変化を追跡するには、形態別に値を得る必要がある。筆者の研究室では広島湾におけるリンや窒素などの親生物元素が広島湾内でどのように循環しているのかを定量的に見積もることを目指してきたため、一般のモニタリング項目以外の形態のリンや窒素について、独自に測定してきた。そのような努力により、広島湾における形態別リン、窒素の割合において、溶存態有機窒素の全窒素に占める割合が多いことや、これらの濃度の変動が北部海域では非常に大きいが、南部海域ではかなり小さいことなどがわかってきた（山本ほか、2002b）。つまり、北部海域で見られるリンや窒素の濃度変動は太田川河川水の影響とみなすことができ、ここで行なわれているカキ養殖の出来不出来も基本的には太田川に大きく依存しているということである。

　生態系の物質循環を考えるうえで重要なことは、植物プランクトンによる一次生産

の大きさである。一次生産は光合成による有機物生産のことであり、カキ養殖を考えるうえで非常に重要な要因である。ここで、「バイオマス」と「生産」の概念の違いを明確にしておきたい。というのも、研究者の中にも十分に理解していない人が多いからである。バイオマスの単位はたとえば mg/ℓ などで表わされ、一般的な言い方をすれば「ストック」である。これに対して、生産は mg/ℓ/日など、時間の単位が入る「フロー」である。たとえば、一次生産量が多いということは、ポテンシャルとしてカキはよく育つであろうといえるが、植物プランクトンバイオマスが多いからといってカキが順調に育っていると考えてはいけない。なぜなら、バイオマスというのは「食う－食われる」の関係の結果であって、それらがどのように動的に変化してそのような状況になっているのかはわからないからである。つまり、カキが食べないから、その食べ残しとして植物プランクトン量が多いかもしれないからである。

　一次生産量を測定するには、海水中の溶存酸素の増え分を測定したり、炭素のトレーサー（^{14}C、^{13}Cなど）を使って実測したりする方法がある。しかし、これらの実測値にも問題がある。これらの労力のかかる方法によって得られる値は瞬時値であり、環境の時空間変動の大きいエスチュアリーでは、それらの代表性は高いとはいえない。たとえば広島湾北部の場合、実際の時間的変動を把握するには、先の海水の滞留時間5日程度の頻度で測定する必要があり、空間的不均一性を考慮すれば、1回の測定においてかなり多くの観測点を設ける必要がある。つまり、広島湾北部海域のように環境の時空間変動の大きい場所で、船を使って科学的に満足のいく一次生産量を実測するのはほとんど不可能に近いといっても過言ではない。

　それらの問題点を補うきわめて有力な方法がモデル計算である。そこで、河川水流入の影響を強く受け、そのためにカキ養殖が集約的に行なわれている北部海域をターゲットとして、ボックスモデルを適用した筆者らの結果（Yamamoto et al., 2004）を述べる。この解析手法は、その名の通り、北部海域をひとつのボックス（箱、入れ物）として、そこに出入りする物質量から、ボックス内部で変化した物質量を計算により求める方法である。この方法では、降雨量や河川流入量などの常時モニタリングが行なわれている項目については連続観測データを使うので、実測される瞬時値に比べると期間平均的な値となる。ただし、ボックスは北部海域で1つまたは2つ程度に設定するので、空間的な解像度は低い。計算対象とした物質は生物過程に最も関連が深い、リン、窒素、ケイ素である。計算の結果、これらの物質の滞留時間は平均して約9日であり、先に述べた海水の滞留時間約5日より長かった。これは、海域内の生物・化学的過程の中で、これらの元素が何回も利用されて回転するからである。ちなみに回転時間は約7日、系内で利用される回数は平均1.3回であった。このモデルで正確な値を算出するには、観測の頻度も上げなければならない。そのような大変さから、われわれが観測したのは春季の3カ月間のみであり、当然、海況は季節的に変動することを頭に入れておく必要がある。要は、リンや窒素の循環は生物や化学的過程を経るの

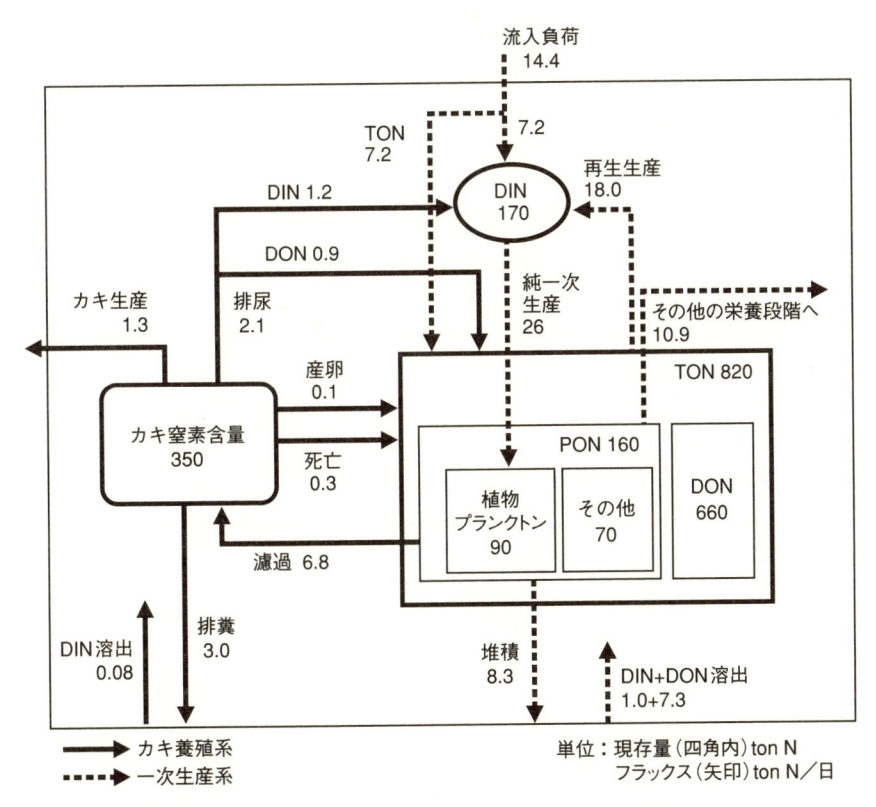

図14.5 広島湾北部海域における窒素循環の見積もり。一次生産に関する経路を破線で、カキ養殖による経路を実線で表わしてある。DIN：溶存態無機窒素、DON：溶存態有機窒素、PON：粒状態有機窒素、TON：全有機態窒素（Songsangjinda *et al.*, 2000より引用）

で、海水の交換とまったく同じではないということである。

カキは水中の懸濁粒子を濾過摂食して成長する。懸濁粒子の多くは植物プランクトンであり、これらは栄養塩類を吸収して増殖したものである。窒素について計算したところ、海域全体でカキが濾過摂食して取りこむ窒素の量は6.8 ton N/日であり、これは太田川からの平均窒素負荷量14.4 ton N/日と比較すると約半分である（**図14.5**；Songsangjinda *et al.*, 2000）。さらにカキは約半分の3.0 ton N/日の糞を排泄し、成長して取り上げられるのは1.3 ton N/日である。つまり、太田川からの窒素負荷量の約10%をカキとして回収していることになる。このように、カキ養殖は陸域からの負荷を回収する循環型の漁業であり、これを持続的に行なうことがひいては広島湾の環境保全の鍵といえる。

14.4　生態系代謝量の長期変化

　エスチュアリーに対する栄養塩負荷のソースは、実際には河川水だけでなく、雨、底泥からの溶出、エスチュアリー循環等による系外部からの流入もある。また、生態系内では、一次生産物はめぐりめぐって、大部分は分解や呼吸によって無機物にもどる。多少長い時間（たとえば1年）で考えると、生産と分解はだいたい釣り合っているのが普通であり、生産されたものの多くが分解されずに残ってしまうことはありえない。系全体で正味の生産量（生産－分解）をリンの収支で計算したものを炭素量に換算し、これを「純生態系代謝量」（Net Ecosystem Metabolism、略してNEM）とよぶ。これが正であればその系は生産的であるといえるが、逆に負になった場合は分解・呼吸量が生産量を上回るということから、非生産的な系であるという。生産が上回った分は、たとえば広島湾の場合、先のカキの漁獲による取り上げに回ったり、一部は必ずしも海域内で利用されずに系外に出ていったりする部分もある。

　1987～1997年の11年間、北部海域のNEMを計算したところ、図14.6のようになった。1991年あたりを境にして、それ以前は平均して1g C/m^2/日程度の正の値をとっていたが、それ以降は減少して1994年からはほぼゼロになってしまったことがわかる。つまり、広島湾北部生態系は1991年以前は生産的な海であったのに、1991年以降生産性が大きく落ちこんだということがわかる。これはちょうど、カキ生産量の推移（図14.4）と非常によく一致する。つまり、リンの負荷量削減が1980年から始まり、太田川河川水中のリン酸塩濃度は単調減少傾向を示し、とくに1994年から急激に減少しており（図14.2）、これが海域の植物プランクトン生産（一次生産）を低下させ、ひいてはカキ生産量を低下させたと考えられる。カキ生産量を以前と同程度のレベルに回復しようとすれば、1991年以前の負荷量にもどさないといけないと筆者は考える。

　広島県は、養殖規模（総養殖数）を5年間で3割削減するという対策を1999年に打ち出した。カキ生産量の低下の原因が過密なカキ養殖形態にあり、漁場が劣化していると考えたからである。この議論の中には、残念ながらわれわれの数値モデル計算の成果は反映されておらず、広島湾が基本的に貧栄養化してきているという考えは考慮されていない。実際には2006年4月現在、広島湾全体で1万5000台あるカキ筏のうち、連の長さを短くしたり、コレクター（カキ幼生を付着させるホタテ貝殻）の数を削減したりすることにより、約12％の削減が達成されているということである（広島県農林水産部、私信）。しかし、最終目標である3割削減にはほど遠く、現在のやり方では養殖量の削減がカキ個体サイズの大型化につながり、以前と同程度の収入が補償されるという見こみは立ちがたい。したがって、カキ養殖に生計の多くを依存する漁業者にとっては厳しいといえる。

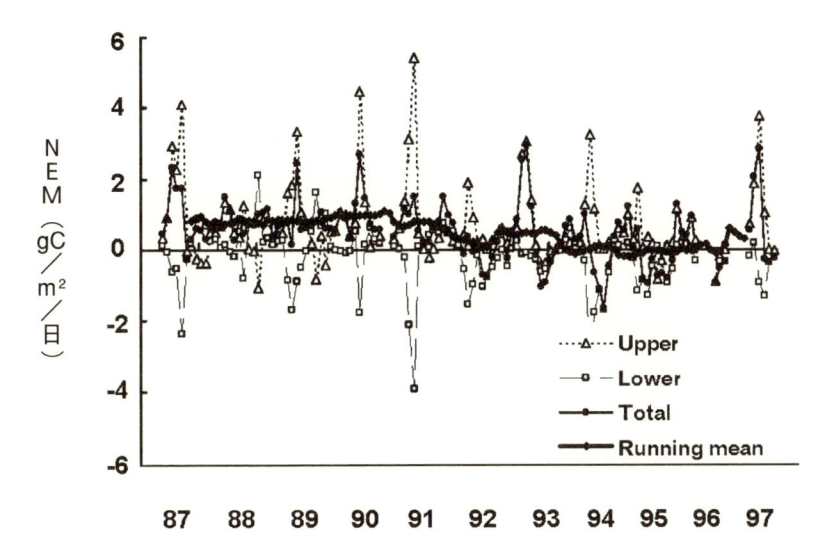

図14.6 広島湾北部海域に対して計算された純生態系代謝量（NEM）の経年変化（Yamamoto et al., 2005より引用）

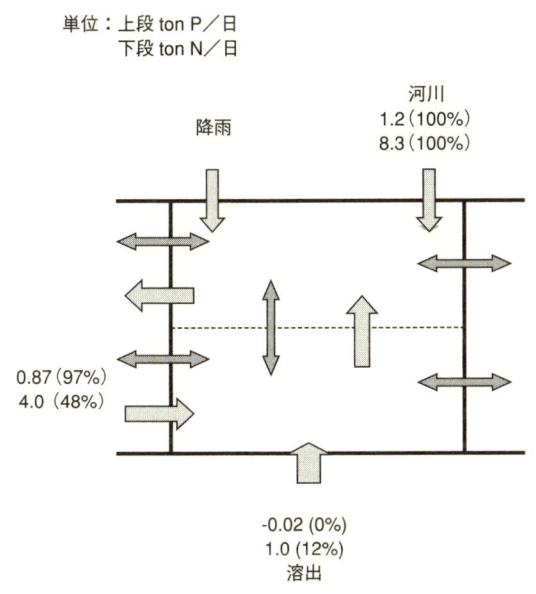

単位：上段 ton P／日
　　　下段 ton N／日

降雨
河川 1.2（100%）
　　 8.3（100%）

0.87（97%）
4.0（48%）

-0.02 (0%)
1.0 (12%)
溶出

図14.7 広島湾北部海域における溶存態無機リン（DIP：上段）および溶存態無機窒素（DIN：下段）の負荷量。カッコ内は河川負荷をそれぞれ100%とした場合の割合。底質からのDIPの溶出については、夏季は大きいが、その他の季節については下方フラックスとなり、年間を通した計算ではほとんどゼロであることに注意（山本・橋本、2006より引用）

第14章　広島湾とその流入河川

北部海域における11年間のDIPとDINの収支の平均値を図14.7に示す。太田川からの負荷量はDIP、DINそれぞれ1.2ton P/日と8.3ton N/日であり、底泥とのやりとりではDIPは－0.02ton P/日の底泥からの溶出（マイナスなので実際には吸着）、DINは1.0ton N/日の底泥からの溶出である。リンの溶出量がほとんどないように見積もられたが、これはDIPについてのみの値であり、年間平均であるので、実際には夏季に溶出が大きく、その他で吸着という季節変動が大きいことに注意が必要である。また、リンはDOP（溶存態有機リン）としての溶出が大きいことにも注意する必要がある。面積の小さい北部海域では、DIPとDINについては海底からの溶出よりも、エスチュアリー循環で南部海域の下層から流入してくる量が、0.87ton P/日および4.0 ton N/日と大きい。これらは河川からの量を100％とすると、DIPで97％、DINで48％であり、とくにリンの量が同等ほどもある。これは逆にいえば、河川負荷量を削減してきたため、相対的にエスチュアリー循環による流入量が大きくなってきたことの反映である。このことは、陸起源の人為的負荷を一生懸命削減しても、海域の浄化が1：1で対応しない理由のひとつである。高度経済成長期の富栄養化状況はすでに解消されたといってよく、たとえば生態系モデルを用いた物質循環の定量的な把握や感度解析によって、広島湾のカキ養殖生産量を安定的に持続させるための栄養塩負荷量や負荷頻度・時期などを合理的にコントロールすることを考えねばならない時期にきている。以下にその試みについて述べる。

14.5 環境収容力——一次生産をコントロールしてカキ生産量を維持

　数値モデルでは、現場で実際にやってみなくても、仮想の状況を想定した計算が可能である。上述のモデルのボックス内に、栄養塩、植物プランクトン、デトリタス、の3つのコンパートメントを入れて、河川負荷量を変化させたら系内の一次生産がどうなるかを計算してみた（図14.8；山本・橋本、2006）。ここでの計算は、異常多雨年（1993年）や異常渇水年（1994年）を除き、1991、1992、1996、1997年の4カ年の平均値を用いて定常状態になるまで行なった。詳細は省略するが、この時期、上層の一次生産に対するDIPの供給源の割合として、河川負荷はわずか12％であり、上層内での有機物分解による回帰が44％、下層からの移流と拡散によるものが44％である。先の収支計算ではボックス内外の計算のみであったが、ボックス内部に3つのコンパートメントを設けたことにより、内部における循環量が計算されている。
　河川からのDIP負荷量を4年間の実測値の平均値を基準として、標準偏差（σ）の倍数で増加・減少させて計算してみた（図14.9）。ここでは、河川水中のDIPの濃度のみが変化するものとし、淡水流量は同じとした。これにともなう一次生産の応答は

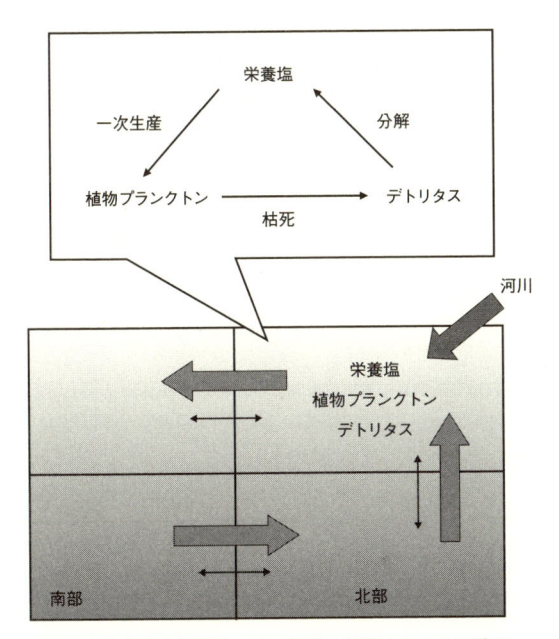

図14.8 広島湾北部海域のリン循環を解析するために適用した簡単な生態系モデル。栄養塩（溶存態無機リン）、植物プランクトン（植物プランクトン態リン）、デトリタス（デトリタス態リン）、の3コンパートメントを組み入れた（山本・橋本、2006より引用）

上層と下層で異なった。上層はDIP負荷量の増加にともなって増加したが、下層は逆に低下した。河川水流量は同じとしたので、南部下層から北部下層にエスチュアリー循環で運ばれるDIP量は変わらない。このことはつまり、上層で植物プランクトンが増加することで下層に届く光の量が低下したためと解釈できる。

DIP負荷量を2σ（この場合、約2倍）にしたところ、上層の一次生産量は約1.3倍になった。このように、河川負荷量が2倍になったからといって、生産量が1：1で対応して2倍になるわけではない。その理由は、DIPのソースが河川以外にもあることや、内部での循環が変化するからである。この計算では基準状態での計算結果に比べ、河川からの負荷量を+700kg P/日（約2倍）にしたところ、植物プランクトン態リンに回るリン量は絶対量としては+1700kg P/日に増加した。フラックスの最も大きな変化は内部循環量の増加にあることがわかった。つまり、河川からの負荷量の増加は同時に植物プランクトンの枯死量の増加を引き起こし（+1300kg P/日）、上層でのデトリタス態リンからDIPへの変換量の増加（+400kg P/日）、下層での植物プラン

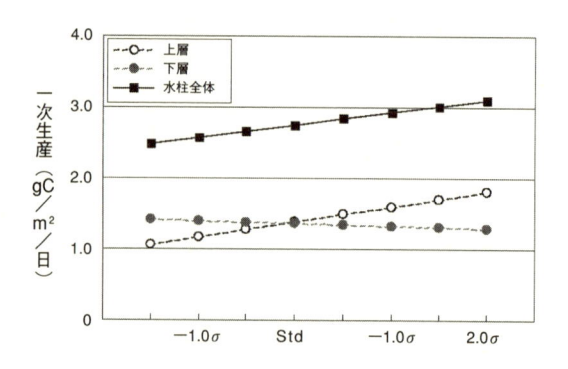

図14.9 河川水中溶存態無機リン濃度の変化に対する広島湾北部海域の一次生産量の応答。4カ年（1991、1992、1996、1997年）の8月の実測値の平均値（Std）を基準とし、標準偏差（σ）の倍数で増加・減少させた（橋本ほか、2006より引用）

クトンの枯死・分解によるDIPへの変換量の増加となり（＋370kg P/日）、それが上層に上がってくる量の増加（＋510kg P/日）、といった具合に連鎖的に作用するからである。すなわち、内部での循環量が連鎖的に変化した結果、一次生産としては1.3倍になったわけである。

「環境収容力」（carrying capacity）というのは、環境が内部に生物をどれだけ収容できるかということであるが、これまで見てきたように、エスチュアリーにはエスチュアリー循環があり、さらに生物その他による物質の保持や「食う－食われる」の関係があり、ここでの物質循環は複雑である。そのような自然生態系において、養殖カキのみについてどれだけ収容できるか、ということを算定するのは至難の業である。河川からの栄養塩負荷を増やせば海域は富栄養化し、栄養塩負荷を減らせば貧栄養化する、ということは自明であるが、川と海の関係が物理過程、化学過程、生物過程を通して非線形であるところに難しさがある。環境の劣化を最小限に抑え、カキを限界まで多く、持続的に養殖・生産するにはいったいどうすればよいのであろうか？　これまで述べてきたように、いまのところ数値生態系モデルはこれに答える唯一の手法であり、精度を上げる努力は今後とも必要であるが、実測値との照合をくり返すなかで、そろそろ環境管理のツールとして実用段階にあると筆者は感じている。アメリカのチェサピーク湾の環境管理にはすでに数値生態系モデルが有効に使われている。エスチュアリーの一次生産のコントロールは河川負荷量の制御によってある程度可能であり、具体的にはダム湖や下水処理場・し尿処理施設などからの放流の仕方によってある程度実現できると筆者は考えている。

引用文献

太田川流域振興交流会議HP　http://www.akinet.ne.jp/ota-gawa/
太田川河川事務所HP　http://www.cgr.mlit.go.jp/ootagawa/
太田川・Fanの集いHP　http://www.ootagawa-fan.net/index.htm
太田川探検協会HP　http://www.ootagawa.net/
橋本俊也・上田亜希子・山本民次（2006）下降循環流が夏季の広島湾北部海域の生物生産に与える影響. 水産海洋研究, 70, 23-30.
広島市HP　http://www.city.hiroshima.jp/
山本民次・石田愛美・清木　徹（2002a）太田川河川水中のリンおよび窒素濃度の長期変動－植物プランクトン種の変化を引き起こす主要因として. 水産海洋研究, 66, 102-109.
山本民次・橋本俊也（2006）陸域からの物質流入負荷増大による沿岸海域の環境収容力の制御. 養殖海域の環境収容力. 日本水産学会監修, 古谷　研・岸　道郎・黒倉　寿・柳　哲雄編, 恒星社厚閣, 101-118.
山本民次・橋本俊也・辻けい子・松田　治・樽谷賢治（2002b）1991－2000年の広島湾海水中における親生物元素の変動—プランクトン種の遷移を引き起こす主要因として. 沿岸海洋研究, 39, 163-169.
山本民次・芳川　忍・橋本俊也・高杉由夫・松田　治（2000）広島湾北部海域におけるエスチュアリー循環過程. 沿岸海洋研究, 37, 111-118.
Songsangjinda, P., O.Matsuda, T.Yamamoto, N.Rajendran and H.Maeda (2000) The role of suspended oyster culture on nitrogen cycle in Hiroshima Bay. *Journal of Oceanography*, 56, 223-231.
Yamamoto, T., Y.Inokuchi and T.Sugiyama (2004) Biogeochemical cycles during the species succession from *Skeletonema costatum* to *Alexandrium tamarense* in northern Hiroshima Bay. *Journal of Marine Systems*, 52, 15-32.
Yamamoto, T., A.Kubo, T.Hashimoto and Y.Nishii (2005) Long-term changes in net ecosystem metabolism and net denitrification in the Ohta River estuary of northern Hiroshima Bay-An analysis based on the phosphorus and nitrogen budgets. In Burk, A. R. (ed.), *Progress in Aquatic Ecosystem Research*. Nova Science Publishers, Inc., New York, 99-120.

第15章 有明海・八代海とその流入河川

佐々木克之

有明海には全国の干潟の約40％の面積の干潟が存在する（図15.1）。河川からの土砂供給が大きいことと、湾奥では5〜6mにも達する潮位差があるからである。有明海では、湾奥に筑後川（平均流量：112m^3/秒）が流入し、熊本県沿岸には菊池川（42.6m^3/秒）、白川（26.0m^3/秒）、緑川（34.8m^3/秒）が流入して（井上、1985）、それぞれ河口に干潟が発達している。諫早湾に注いでいる本明川（2.1m^3/秒）の水量は多くはないが、干拓事業以前には諫早湾の奥に広大な干潟が広がっていた。

河川からの土砂供給が多いのは、九州地域には多くの火山が存在することが関係している。また風化しやすい火山性地質のために、九州の河川は岩石の風化に由来するケイ酸塩（SiO_2）が多い。小林（1961）によれば、日本の河川のケイ酸塩平均濃度は19.0mg/ℓであるが、九州のそれは32.2mg/ℓであり、2番目に高濃度の北海道の23.6mg/ℓと比べてもきわめて高濃度である。佐々木（2005a）は、有明海では瀬戸内海に比べてケイ酸塩濃度が高濃度であり、窒素やリンとの比が高く、珪藻が増殖するには好適な環境にあることを述べているが、その原因は九州地域が火山性地質であることに由来している。

八代海に注ぐ球磨川の年平均流量（112m^3/秒）は筑後川とほとんど同じであるが、筑後川の流域面積が2860km^{2}なのに対して球磨川のそれは1880km^{2}である。球磨川河口には日本でも最大級の扇状地が広がっている。

これらの河川における開発にともなう水質、土砂供給の変化が有明海・八代海に及ぼす影響について検討する。

15.1　筑後川

阿蘇外輪山を源流とする筑後川には多量の粘土が含まれていて、河口域で凝集（フロック）して浮泥を形成する（代田、1998）。浮泥は栄養塩や有機物を、ある場合には吸着し、別の場合には脱着もしくは溶脱して、海域における物質の平衡をつかさどり、生物生産に重要な役割を果たしている（佐々木、2005b）。浮泥は河口域に堆積し

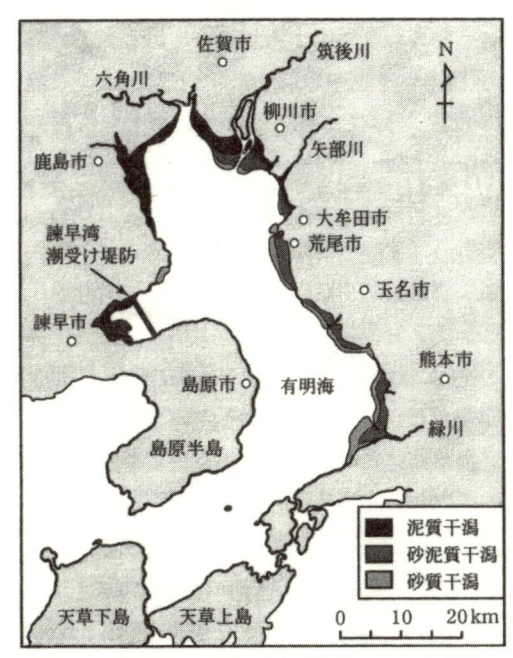

図15.1　有明海の主な干潟の分布（佐藤、2000より引用）

て、干潟を形成する。筑後川河川水は地球自転の効果によって河口域を出ると岸を右に見るように佐賀県側に流れるので、浮泥も佐賀県側に輸送される。このため泥主体の干潟が筑後川河口沖から佐賀県側に広がっている。これに対して砂泥干潟が筑後川河口から南側に見られる。泥干潟にはサルボウ貝や有明海に特有なムツゴロウなどが生息し、砂泥干潟にはアサリが多い。

横山（2005）は筑後川の土砂供給問題を解析している。筑後川は有明海における年間淡水供給量の約45％を占め、土砂供給量では76％程度を占めると述べている。横山（2005）は近代以前（過去8000年平均）ではボーリング調査によって、実質砂生産量は27.7万m^3/年、実質シルト粘土生産量は29.2万m^3/年、合計56.9万m^3/年と推定した。なお、実際の砂やシルト粘土は隙間（空隙）があるため、実質より見かけの堆積が大きい。砂の場合見かけは実質の約2.5倍、シルト粘土は約4倍である。1970年以降についてはダムの堆砂状況などを考慮して、実質砂生産量は10.0万m^3/年（うちダムに堆積量3.2万m^3/年）、実質シルト粘土生産量は17.9万m^3/年（うちダムに堆積量5.8万m^3/年）と推定した。1970年以降ダムに堆積せず流下する年間砂量は6.8万m^3、シルト粘土量は12.1万m^3となる。1970年以降の砂生産量は近代以前の36％、流下量

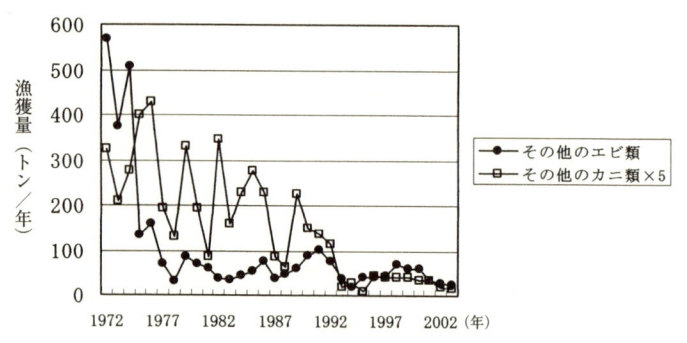

図15.2 福岡県有明海におけるその他のエビ類とその他のカニ類漁獲量推移。その他のカニ類漁獲量をその他のエビ類漁獲量と同程度にするため5倍して図に示した

は25％、シルト粘土生産量は61％、流下量は41％となる。横山（2005）は、以前に比べて最近の砂やシルト粘土生産量が減少している原因を治山による森林面積の増加によるものと考えている。

河川に目を移すと、1953年から50年間の間に、河床のおもに砂が3300万m^3（見かけ）減少したと見積もられた。最近の砂生産量が24.8万m^3/年（見かけ）であることを考慮すると、その130年分が50年間に失われたことになる。人為的な砂の持ち出し量のうち、河川改修（掘削）が14.7％、干拓用土砂採取が4.7％、砂利採取が72.9％、ダム堆砂が7.7％であった。あまりに河床低下が著しいために、砂利採取は1968年に規制された。

筑後川の河口から25.5km地点（感潮域と河との境付近）の砂流下量は、1950年代は実質10万m^3/年程度（空隙率を0.6として換算すると20万～40万m^3/年）、最近は実質2万m^3/年（換算値2万～10万m^3/年）程度と見積もられた。一方、筑後川河口の干潟の堆積状況を検討すると、1951年以前には年間18万m^3の堆積、1951年以降は年間5万m^3の堆積と見積もられた。最近は干潟域が以前ほど発達しないと考えられる。

1985年に筑後川河口から23kmの感潮域境界に可動堰である筑後川大堰が完成した（佐々木、2005c）。大堰では水位を2.44～3.15mの間に調節するように管理している。水位が基準以下になると水門を閉じて水位を上げ、基準以上になると水門を開ける。筑後川の平均流量が1000万m^3/日であり、大堰の貯水容量が550万m^3なので、平均流量のときには水が1日に2回入れ替わることになる。冬季など渇水期には水門を閉じる期間が長くなるため、大堰下流の感潮域や河口域の流量が減少して影響が出る可能性はある。大堰管理事務所でモニタリングを実施している。その結果によれば、大堰運用後に河口干潟底質でシルト粘土成分およびCODが増加しているが、大堰との因果関係は不明である。

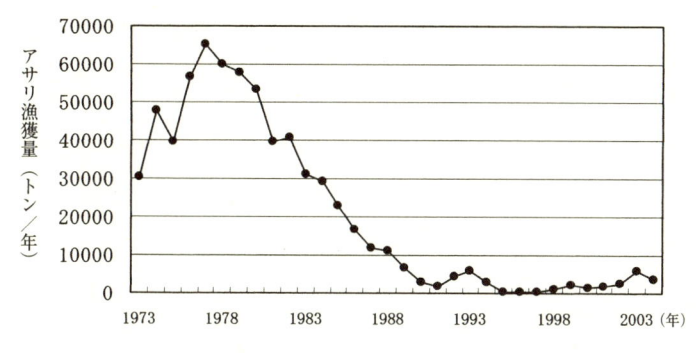

図15.3　熊本県アサリ漁獲量の推移

　筑後川の河川環境の変化は福岡県干潟に最も現われる可能性があるので、干潟と関係するガザミを除くその他のカニ類と、クルマエビを除くその他のエビ類の福岡県漁獲量推移を見た（**図15.2**）。その他のエビ類は1970年代に急激に減少している。その他のカニ類はエビ類ほど急激ではないが70年代から80年代を通じて減少している。有明海の佐賀県、長崎県および熊本県でも全体として減少傾向にあるが、漁獲量の推移には変動があり、福岡県ほど一貫した減少傾向は見られない。1960年代半ばから80年代半ばまで三池炭鉱が干潟海域で大規模に陥没したので（佐々木、2005d）、エビ類やカニ類は筑後川環境の変化と陥没の両方の影響を受けている可能性が考えられる。

15.2　緑川

　1977年の熊本県アサリ漁獲量は約6.5万トンで、この年の全国アサリ漁獲量の約40％を占めたが、その後急速に減少した（**図15.3**）。熊本県のアサリ漁場は荒尾、菊池川および白川と緑川河口に広がる干潟である。堤（2005）は、緑川干潟でアサリの稚貝が死んでいること、新しい砂をまく（覆砂）と回復することなどを調査して、アサリが成育する底質に原因があると考えて検討した。その結果、底質に高濃度のマンガンが存在し、マンガン濃度が高いとアサリが少ないことを見出した。緑川では1979〜1988年の間に毎年1万7000〜12万6000m^{3}の砂利が採取されていること、1971年に緑川ダムが完成したことなどから、河口への砂供給が抑えられて、相対的にシルト粘土成分が多く供給されてきた。緑川の源流は阿蘇の外輪山であり、火山活動にともないマンガン濃度が高い。堤（2005）はこのような干潟への砂供給の変化が緑川河口干潟のマンガン濃度を高くする原因ではないかと推定している。マンガンが直接アサリ稚貝に悪影響を与える結果が得られていないので、今後の緑川干潟におけるアサリ漁

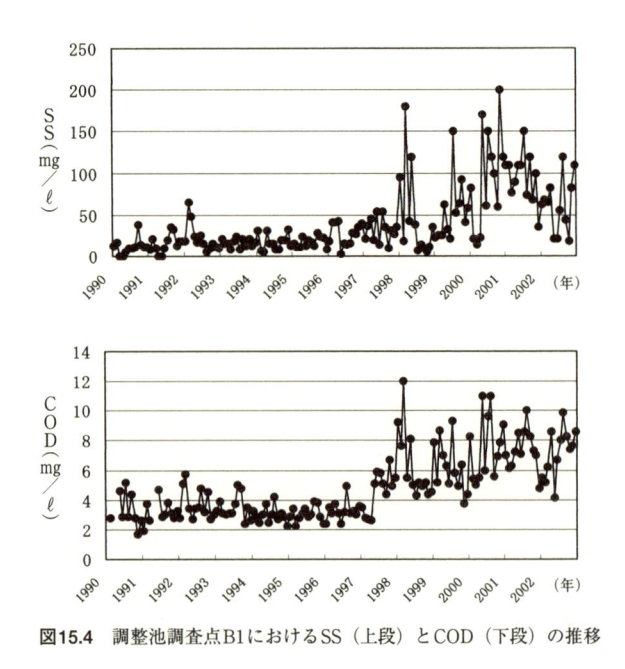

図15.4 調整池調査点B1におけるSS（上段）とCOD（下段）の推移

業衰退とマンガンとの関係の解明が注目される。

15.3 本明川

　本明川は諫早市を経て諫早湾に流入する。1997年に国営の諫早湾干拓事業のために湾奥から沖側約6kmのところに潮受堤防（**図15.1**参照）が造られ、堤防内側は淡水化した（調整池とよばれる）。堤防締め切り後、調整池の水質は大きく変化した。たとえば、水の濁りを示すSS（浮泥）は締め切り前には20mg/ℓ程度であったが、締め切り後は平均約100mg/ℓ（20～200g/ℓ）に増加した（**図15.4**）。有機物の指標であるCODは平均約3mg/ℓから約7mg/ℓに増加した。干拓事業を実施した農林水産省および長崎県は、調整池の水質保全目標はCOD：5mg/ℓ、全窒素（TN）：1mg/ℓ、全リン（TP）：0.1mg/ℓとして、下水道処理施設の建設などさまざまな施策を実施したが、締め切り後10年を経ても目標は達成されていない。

　水質が悪化した原因は3つ考えられる（佐々木、2005d）。①河川水と海水との混合拡散がなくなり、海水の希釈効果が失われたこと、②底生生物が減少したことによって植物プランクトン（赤潮）が餌として食べられなくなったこと、③淡水化したため

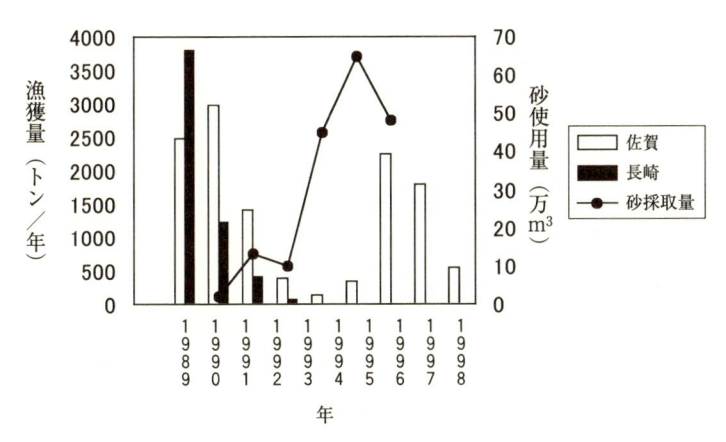

図15.5 諫早湾干拓工事以降の長崎県と佐賀県のタイラギ漁獲量と諫早湾内砂採取量の推移

浮泥が沈降しなくなったこと。水質のうち、TNとTPの増加は①と③の効果、CODの増加は①〜③の効果、SSの増加は③の効果によるものである。

調整池を管理している農水省は、2002年4月に実施した短期開門調査時に調整池に流入する物質量と、池から諫早湾へ排出する量を求めた（佐々木、2005e）。たとえばSS（主として浮泥）は2万9400kg/日流入して、5万4400kg/日流出している。ゆえに流入した量に加えて調整池のSSが2万5000kg/日巻き上がって加わって排出したことになる。1年で計算すると約2万トンのSSが排出されることになるが、排出量は流量に比例するので、流量を考慮しなければならない。調整池の浮泥濃度は約100mg/ℓであり、年間平均排出量は4.3億m^3であるので、計算すると排出量は4万3000トンとなる。短期開門調査時の資料から計算した浮泥の排出量が排水量から求めた値の約半分なのは、短期開門調査時の河川流入量が少なかったためと思われる。

いずれにしても調整池から浮泥が排出されているが、調整池ができる前の状態では浮泥は堆積して干潟をつくっていた。もしも4万3000トン/年の浮泥が排出されているとすれば、10年間では43万トンの浮泥が諫早湾に流出していることになる。調整池底質の浮泥のCOD含量は約20mg/gなので、43万トンの浮泥の流出は10年間で諫早湾底質に17mg/m^2のCODを添加したことになる（諫早湾の面積を50km^2とした）。浮泥が含む有機物のほかに赤潮としての有機物も調整池から排出されている。諫早湾では貧酸素水が多発しているのは調整池からの多量の有機物が排出されたためと推定される。干拓事業によって諫早湾漁業はほとんど壊滅した（佐々木、2005f）。諫早湾でとくに収入の大きかった長崎県のタイラギ漁は、干拓事業の堤防造りのための砂採取によって減少したと考えられる（図15.5）。砂採取終了後もタイラギ資源が壊滅し

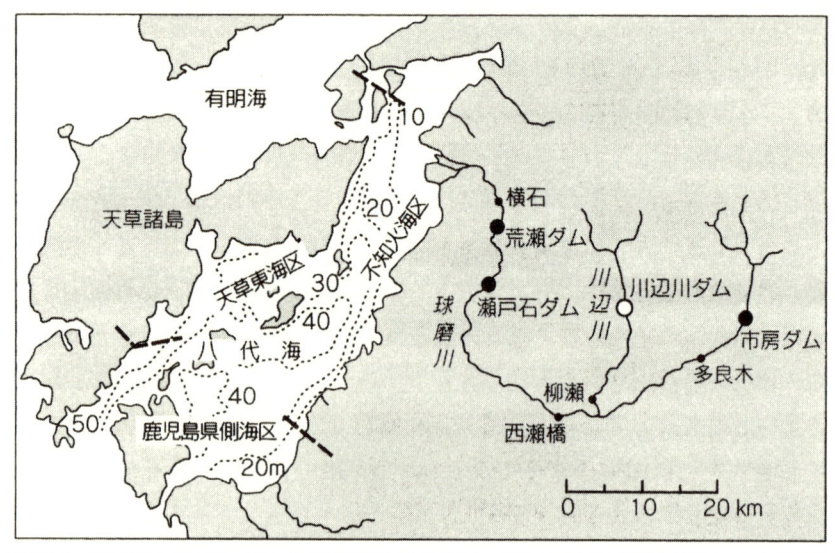

図15.6 球磨川の既設ダム（●）と建設予定の川辺川ダム（○）および八代海の3海区。人吉市は球磨川と川辺川合流点周辺に存在する（宇野木、2005より引用）

たままであるのは、貧酸素と底質が泥化したためと考察されているが、その大きな原因は調整池にあると考えられる（佐々木、2005g）。

シルト粘土質の干潟を含む河口域に堰を造って淡水化すると、調整池の例に見るように水質は悪化して、その外側の海域に大きな悪影響を与える。岡山県の児島湾を締め切って児島湖を造成した後、水質が悪化して、5000億円以上の水質浄化対策を実施してもほとんど改善されていない。少なくとも河口域に堰を造ることはすべきでない。

15.4　球磨川

球磨川は八代海の比較的奥に流入している（図15.6）。球磨川には上流に市房ダム（1959年建設）、下流に瀬戸石ダム（1958年建設）および荒瀬ダム（1954年建設）がある。図15.6に示されている川辺川ダムの周辺工事はほぼ終了したが、住民の反対のために本体工事はこれからである。宇野木（2005）は、既設の3ダムに2000年までに堆積した砂量が約480万m^3、採砂量が約220万m^3で合計約700万m^3の砂が海に流れなくなったと述べている。また、この量は14km^2の海底の砂が50cmずつ削りとられることに相当するほど膨大なものである。

表15.1 球磨川各地点における増水時COD、全窒素および全リン負荷量

(トン/日)

	地点	COD	全窒素	全リン
1	多良木	72.2	12.2	1.6
2	柳瀬	93.2	1717	2.2
3	西瀬橋	339.2	65.2	9.4
4	横石	812.8	133	22.3
5	横石（平水時）	15.5	8.1	0.3
6	横石（増水/平水）	52	16	74
7	多良木・柳瀬	165.4	29.9	3.8
8	人吉市周辺負荷	173.8	35.3	5.6
9	西瀬橋－横石間負荷	473.6	67.8	12.9
10	人吉下／人吉上	1.4	1.0	1.4

　ダムでは、砂が堆積するだけでなく、上流から流れこむ枯葉その他の有機物やダム湖で生じるプランクトンなどを沈降・堆積するので、底質環境が悪化する。このように悪化したものが、増水時にダムから流出して、ダム下流の水底質を悪化させることが予想される。程木ら（2003）は、第3回八代海域調査委員会資料に掲載されている2001年洪水期間調査結果の中の7月6～8日の結果について検討した。表15.1にその結果を示すが、横石（図15.6参照）における増水時の量を平水時と比較（表15.1の6）すると、CODは52倍、全窒素は16倍、全リンは74倍にもなることがわかる。表15.1の7は人吉市までの球磨川本流の負荷量（多良木と柳瀬の負荷量の和）である。

　表15.1の8は7の値と西瀬橋（表15.1の3）の差から求めた人吉市周辺からの負荷量である。表15.1の9は西瀬橋と横石の間の負荷量であり、表15.1の4から3を差し引いて求められる。西瀬橋と横石の間には峡谷があり、大きな町はないので、この大きな負荷量は、この間にある瀬戸石ダムと荒瀬ダムに由来する可能性が高い。表15.1の10は人吉市までの負荷量（7＋8の値）と人吉市からの下流の負荷量（9の値）の比を計算したものである。出水時には瀬戸石ダムと荒瀬ダムからの負荷量は人吉市までの負荷量と同等（全窒素）かそれ以上（CODと全リン）であると考えられ、砂をためこむ以外にもダムは下流に悪影響を与えると推定される（宇野木、2003）。

　球磨川河口も含む不知火海区（図15.6）の漁獲量は1970年ごろから一貫して減少傾向にある（図15.7）。これに対して、天草側の天草東小海区の漁獲量はそれほど減少していない。天草東小海区と比較して不知火小海区で減少している魚種は、スズキ、ボラおよびクロダイという淡水と海水が混ざり合った汽水域に生息するもの、干潟域と関連あると考えられるその他のエビ類（クルマエビを除くエビ類）およびカレイ類

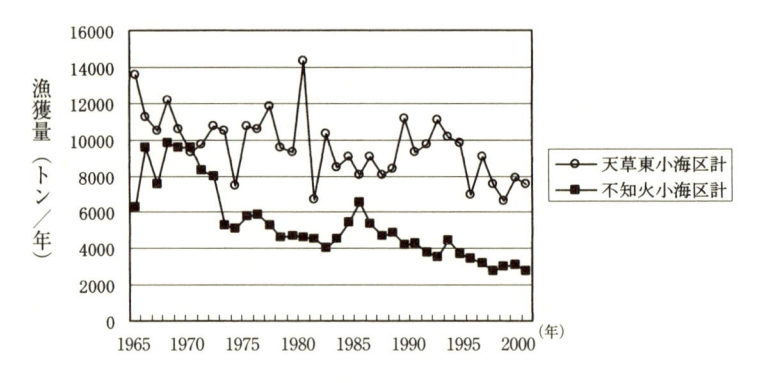

図15.7 八代海の天草東小海区と不知火小海区における漁獲量の推移

であった。カレイ以外は河川の影響を受ける魚種なので、球磨川のダム群が悪影響を与えた可能性がある。宇野木（2003、2005）は八代海における塩分や恒流の分布、小海区別の汚濁負荷や漁獲量減少率の地域差などを考慮すると、球磨川に近い海域ほどダムなどの建設の影響を強く受けて、漁獲が減少する可能性が高いことを示唆した。

秋山・松田（1984）によれば、干潟域底生生物平均現存量は293g/m^2、沖合では64g/m^{2}であり、干潟域の底生生物現存量が大きいと述べている。しかし、球磨川河口域底生生物の現存量は22g/m^2（第9回八代海域調査委員会資料）であり、きわめて低い。球磨川河口干潟の底生生物現存量がきわめて低い原因は不明であるが、これが漁獲量減少と関連している可能性が考えられる。筆者が八代漁協のある支所の漁民と懇談したとき、何を一番望むかと聞いたところ、砂を返してほしいという答えがもどってきた。砂供給の減少が漁獲量減少の原因である可能性が考えられる。

2002年12月に、日本で初めてのダム撤去へ向けて荒瀬ダムのゲートが一番下まで下げられた。そのため大量のヘドロが流出するなどの事態が生じた。その後毎年1回ゲートが下げられてダムの砂もある程度流出したと考えられる。2006年になって、それまでほとんど漁獲量がなかったアサリが豊富に漁獲されるようになった。荒瀬ダムゲートを下げたこととアサリ漁獲量増加の関連は今後の検討課題である。

15.5 おわりに

河川にダムが造られることや川砂採取が河口干潟に及ぼす影響、および河口に大きな堰が造られた場合（本明川調整池）の海に対する影響について紹介した。調整池の場合には水質汚濁化に加えて調整池のために諫早湾干潟が消失したことも漁業に悪影

響を及ぼしたことは間違いないと考えられる。有明海の海面漁獲量は1979年に約14万トンの最高を記録したのち減少の傾向にあり、最近の漁獲量は2万トン前後にすぎない。原因のひとつとして諫早湾干拓事業があげられているが（佐々木、2005h）、ここで取り上げた河川開発にともなう変化も漁獲量減少に関連していると考えられるので、今後検討していかなければならない。また、八代海においても近年の漁獲は減少傾向にあり、これと球磨川の既設ダムとの関係が示唆されている。したがって、既設ダムの2.2倍の貯水容量をもつ川辺川ダムの建設が八代海に与える影響が懸念されるので（宇野木、2003）、今後注目していかなければならない。

引用文献

秋山章男・松田道生（1984）干潟の生物観察ハンドブック．東洋館出版社．
井上尚文（1985）有明海II 物理．日本全国沿岸海洋誌．日本海洋学会沿岸海洋研究部会編、東海大学出版会, 831-845,
宇野木早苗（2003）球磨川水系のダムが八代海へ与える影響．日本自然保護協会報告書, 94, 53-69.
宇野木早苗（2005）球磨川のダム建設後の八代海．河川事業は海をどう変えたか．生物研究社, 91-99.
小林　純（1961）日本の河川の平均水質とその特徴に関する研究．農学研究, 48, 63-106.
佐々木克之（2005a）栄養塩．有明海の生態系再生をめざして．日本海洋学会編，恒星社厚生閣, 12-13.
佐々木克之（2005b）浮泥．有明海の生態系再生をめざして．日本海洋学会編，恒星社厚生閣, 14-15.
佐々木克之（2005c）筑後川大堰．有明海の生態系再生をめざして．日本海洋学会編，恒星社厚生閣, 45.
佐々木克之（2005d）有明海における干潟の減少．有明海の生態系再生をめざして．日本海洋学会編，恒星社厚生閣, 39-41.
佐々木克之（2005e）調整池水質の悪化と諫早湾・有明海への影響．有明海の生態系再生をめざして．日本海洋学会編，恒星社厚生閣, 77-87.
佐々木克之（2005f）諫早湾生態系の変化．有明海の生態系再生をめざして．日本海洋学会編，恒星社厚生閣, 161-162.
佐々木克之（2005g）タイラギ漁業壊滅過程．有明海の生態系再生をめざして．日本海洋学会編，恒星社厚生閣, 146-151.
佐々木克之（2005h）有明海環境変化と生態系変化の総括．有明海の生態系再生をめざして．日本海洋学会編，恒星社厚生閣, 167-173.
佐藤正典編（2000）有明海の生きものたち．海游舎, 396pp
代田昭彦（1998）ニゴリの生成機構と生態学的意義．海洋生物環境研究所, 153pp.
堤　裕昭（2005）熊本県アサリ漁場衰退とその環境要因．有明海の生態系再生をめざして．日本海洋学会編，恒星社厚生閣, 136-146.
程木義邦・佐々木克之・宇野木早苗（2003）川辺川ダムにおける水質予測とその問題．川辺川ダム計画と球磨川水系の既設ダムがその流域と八代海に与える影響．日本自然保護協会報告書, 94, 31-46.
横山勝英（2005）筑後川における土砂動態の現状と再生方策．第14回沿環連ジョイントシンポジウム有明海再生をめざして要旨集, 46-52.

第16章 相模灘とその流入河川

岩田静夫

16.1 相模湾の特徴

相模灘は相模湾と称されることもあるが、太平洋に面して湾口幅（下田〜大島〜洲崎）約80km、奥行（大島〜相模川河口）約57km、表面積約2697km^2、容積約2023km^3、平均水深約750mの水深が深い開放型の湾である。湾口は大島によって東・西水道に二分され、大島東水道から湾奥西部に向かって1000m以深の相模トラフが距岸5km近くまで入りこんでいる。西水道は東水道に比べて浅く、最大水深は約600mである（図16.1）。

開放型の湾である相模湾は、沖合を流れる黒潮の影響を強く受ける。黒潮流路は数年から十数年周期で典型的大蛇行型と非大蛇行接岸型になり、さらに非大蛇行型期間中には数十日から数カ月周期で接岸型と離岸型がくり返される（Kawabe, 1995）。相模湾は、黒潮流路が大蛇行型や中小規模の蛇行型のとき、黒潮分枝流が大島西水道から流入し、反時計回りの循環流が形成される（図16.2）。黒潮の影響を特徴づける現象として急潮現象があげられ、このタイプの急潮は黒潮分枝流（黒潮系水）が大島水道または東水道から流入したとき起こっている（松山ほか、1992；岩田、2004）。

一方、相模湾は、相模川・酒匂川を中心とした大小18河川と伊豆東岸の5河川から流入する河川水の影響を受ける。1959〜1968年における18河川からの年平均流量は、約115m^3/秒であり（神奈川県水産課、1969）、黒潮分枝流の約1.8×10^6m^3/秒に比べるときわめて小さいが、相模湾の表層水の形成、生物生産に深くかかわっている。

相模湾は性質が異なる各種水塊が層重し、250m以浅には河川系水、東京湾系水、表層混合層水および黒潮系沖合水、水深250〜1000mには塩分極小に特徴づけられる寒帯系中層水が分布している。1000m以深には低温・高塩分・低酸素の南極起源の深層水が分布する（図16.3）。

相模湾は日本でも有数の海洋生物の宝庫で、これまで950種以上の魚類、約350種のカニ類、約1100種の貝類、数十種のエビ類が確認され、定置網漁業を主体に刺網、釣り、引き網などさまざまな漁業が行なわれている。これらの漁業により年平均1.5万トン前後の魚介類が漁獲され、さらに120万人以上/年の遊漁者により4000〜5000

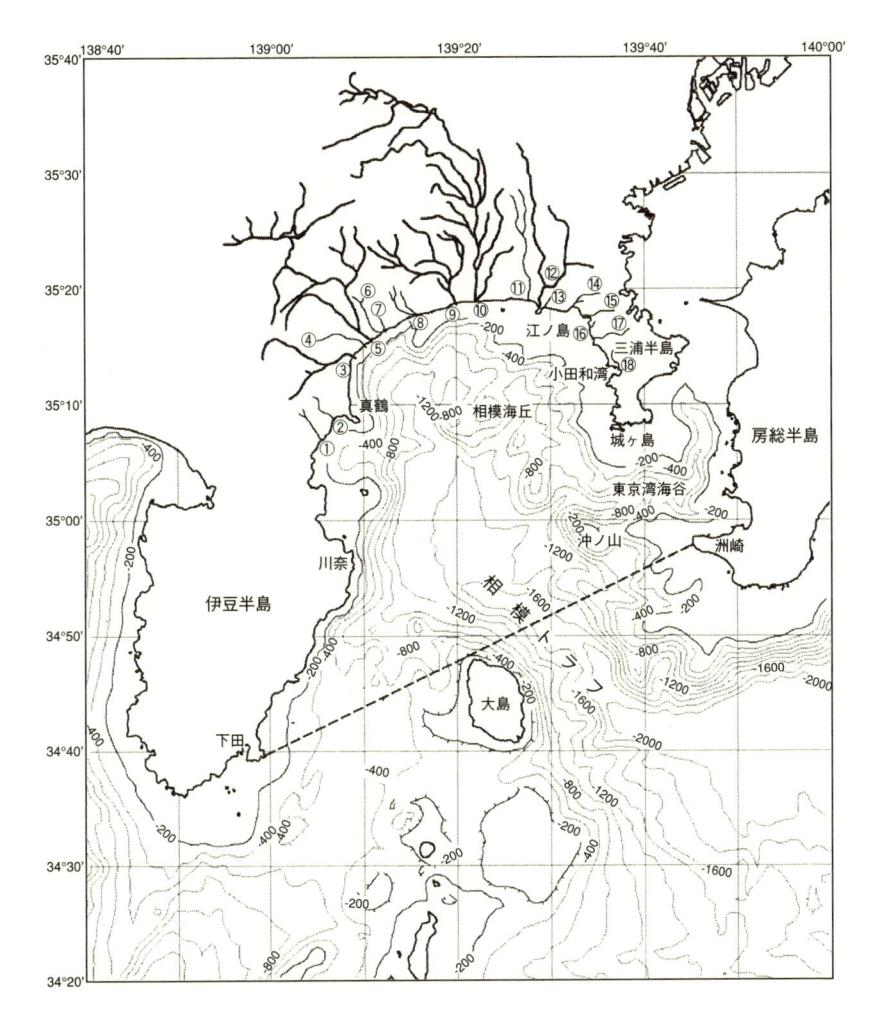

図16.1 相模湾の海底地形と流入河川
①千歳川 ②新崎川 ③早川 ④山王川 ⑤酒匂川 ⑥森戸川 ⑦中村川
⑧葛川 ⑨金目川 ⑩相模川 ⑪引地川 ⑫境川 ⑬神戸川 ⑭滑川
⑮田越川 ⑯森戸川 ⑰下山川 ⑱松越川

第16章 相模灘とその流入河川

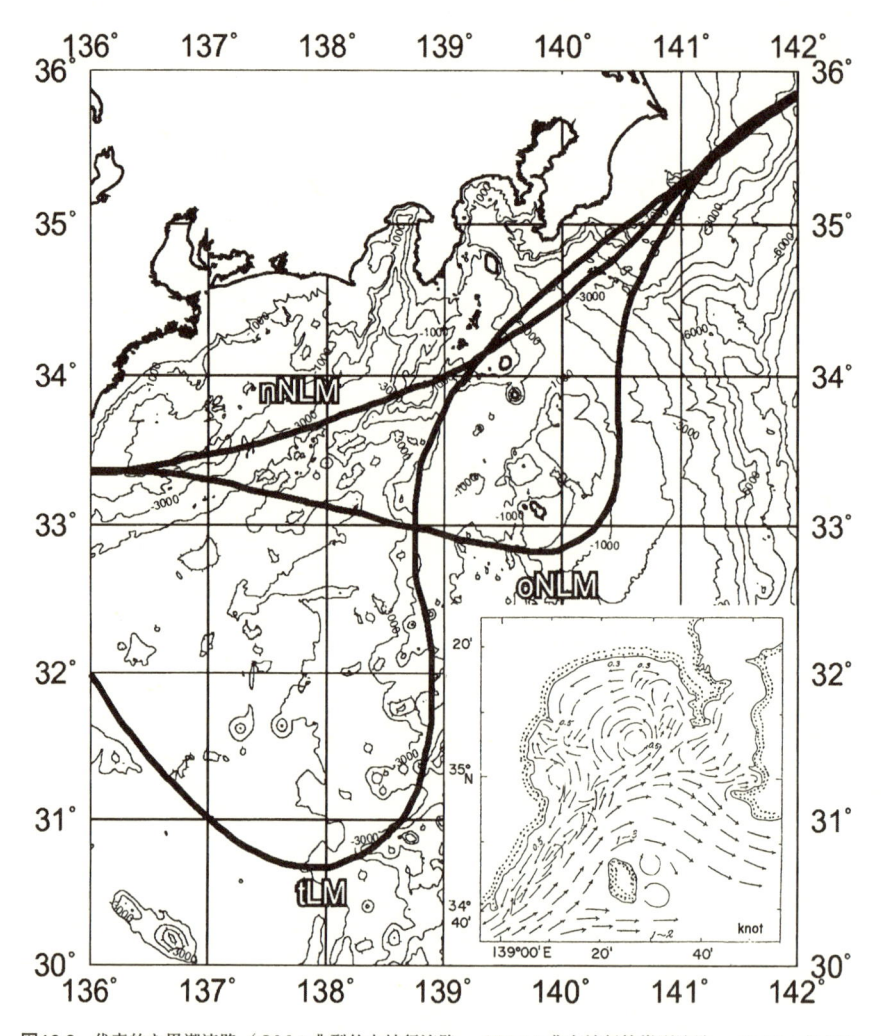

図16.2 代表的な黒潮流路（tLM：典型的大蛇行流路、nNLM：非大蛇行接岸型流路、oNLM：非大蛇行離岸型流路）（Kawabe, 1995）と相模湾の海流模式図（宇田、1937）

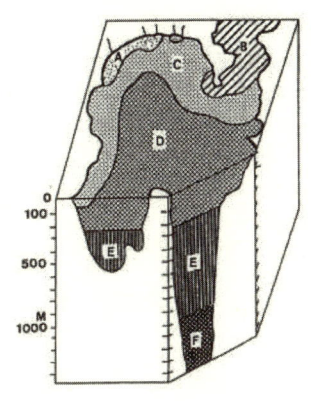

図16.3 相模湾の水塊模式図（成層形成期）
A：河川系水　B：東京湾系水　C：表層混合層水　D：黒潮系水
E：亜寒帯系中層水　F：南極起源深層水（岩田、1979）

トンの魚類が漁獲されている。また、海水浴、ヨット、サーフィン、観光など海洋レジャーの人気スポットであり、年間1000万人前後が訪れる。

相模湾を取り巻く環境は、高度経済成長期以降の人口急増と陸域の開発などによる生活用水・工業用水の需要の増大と河川水からの大量取水、生活排水・工場排水の大量流入、多目的ダムの建設と土砂の堆積による供給量の減少と海岸侵食、山林の荒廃による水資源などにより大きく変わってきた。

16.2　相模湾の表層水の特徴

相模湾の約100m以浅の海洋構造は、海面の加熱・冷却の影響を受け変化する。海洋構造は、対流期（1〜3月）、成層形成期（4〜6月）、成層期（7〜9月）、成層崩壊期（10〜11月）に大別され、表層水を構成する各種水塊の特性値と分布域は、海洋構造の季節変化と陸系水の量によって大きく変わる。

対流期の2月と成層期の8月の水温・塩分の表面分布を見ると（**図16.4**）、水温差は10℃前後である。ただし2月、8月ともに全域の水温差は1℃以内と小さい。細かく見ると、2月は沿岸域の水温が沖合域に比べて低く、8月は沿岸域と大島以南の水温は高く中間域が低い。

塩分が低く密度が小さい河川系水と東京湾系水は、季節にかかわりなく10m以浅に分布する。河川流量が少なく対流がさかんな2月には、河川系水は相模川河口域から真鶴半島の沿岸域に、東京湾系水は三浦半島東海域から城ヶ島周辺域に分布し、その沖合域に塩分34.6台の黒潮系沖合水が広がっている。一方、河川流量が多く成層構造が発達する8月になると、全域が低塩分化するとともに河川系水は伊豆半島の川奈崎付近まで広がり、東京湾系水は三浦半島の小田和湾まで広がっている。両系水の分布

第16章　相模灘とその流入河川　203

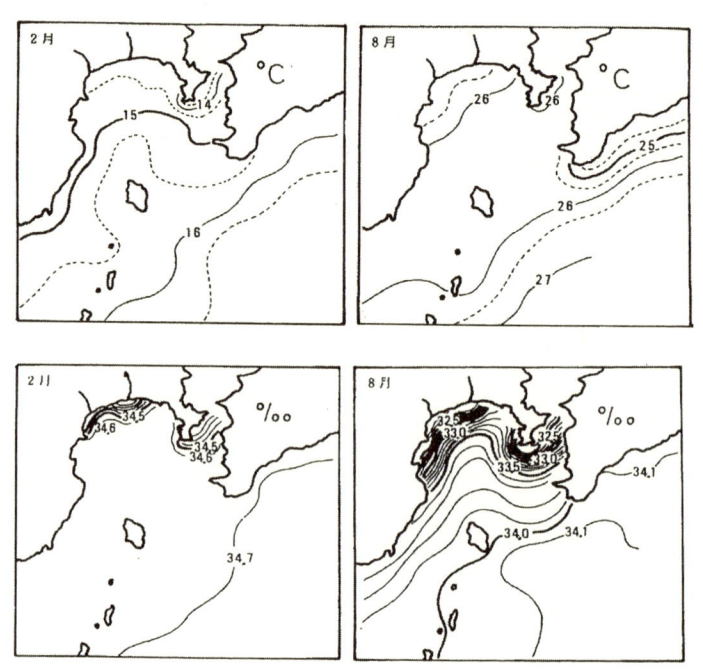

図16.4 2月と8月の海面水温分布（上図）と塩分分布（下図）。1964～1982年の平均（磯崎ほか、2004）

域に顕著な塩分前線が形成されている。その沖合には塩分33.0～33.5の表層混合層水が分布し、さらにその沖合に33.6以上の黒潮系水が見られる。これらのことから、対流期には河川系水と東京湾系水は低温・低塩分、成層期には高温・低塩分になる。

16.3　相模川・酒匂川からの取水

　水需要に密接な関係にある人口は、終戦後の1945年には約200万人、11年後の1956年には約300万人であったが、高度経済成長期に突入した1960年代から急増し、7年後の1963年には400万人、1973年には約600万人に急増した。その後人口増が鈍ったが、1981年には約700万人、1991年には約800万人、2004年には約874万人まで増加した。
　神奈川県では人口急増と工業生産の増大にともない相模川・酒匂川からの取水問題が発生した。1974～2001年における18河川からの年平均流入量は、約93.6m^3/秒であり、このうち相模川が43.5m^3/秒、酒匂川が17.9m^3/秒で、両河川の流入量は全流入量

の約66%を占めている。

相模川で本格的な貯水ダム建設が開始されたのは1944年の相模ダムからであり、1964年に城山ダム（相模湖、津久井湖）、1996年に宮ガ瀬ダム、酒匂川では1978年に三保ダムが建設された。

相模川からの取水量は戦前まで11.4万m^3/日であったが、1947年以降143.9万m^3/日まで増加した。1964年に寒川取水堰から129.5万m^3/日が取水された。その後、神奈川県では高度経済成長にともなう人口急増による上水道水と工業用水の需要の増大に対応するために相模川の寒川取水堰をかさ上げし、1971年以降それまで放流していた103.7万m^3/日の全量を取水した。その結果累計取水量は388.5万m^3/日に達した。1985年以降、寒川取水堰での取水量は96.0万m^3/日内外に据え置かれたために流下量は増加した。

一方、酒匂川では1984年から181.0万m^3/日が取水された。現在、両河川から総計569.6万m^3/日（約66.0m^3/秒）の河川水が取水され、生活排水・工場排水として再び河川と下水処理場を経由し、相模湾と東京湾に流入している（(財)相模湾水産振興事業団、2000；神奈川県相模川総合整備事務所・(財)相模湾水産振興事業団、2004）。

16.4　下水処理水の放流量と汚濁負荷量

高度経済成長期以降、生活排水と工場排水による湖沼、河川、海域の水質汚濁が大きな社会問題となり、1970年に水質汚濁防止法が成立し、水質環境基準が制定され、下水道法が改正された。神奈川県では、1969年に相模川、1973年に酒匂川で流域下水道整備に着手し、1992年には県下全市町村が公共下水道整備に着手した。2000年には相模川、酒匂川流域下水道の全関連市町が供用を開始し、下水道の普及率は全国で第2位の94%になった。現在40カ所の終末処理場（単独公共下水道：36カ所、流域下水道：4カ所）で汚水と下水を処理し、相模湾と東京湾へそれぞれ20カ所の終末処理場から放流されている。相模湾の20カ所のうち、海域に隣接している下水処理場は11カ所で、相模川の右岸・左岸下水処理水の放流量は全体の約68%を占めている。相模湾に流入する最大下水量は約$6.02 \times 10^6 m^3$/日である。そのうち相模川流域下水道は$2.45 \times 10^6 m^3$/日で全体の約37%を占める。酒匂川流域下水道を含めると、$2701.4 \times 10^3 m^3$/日（約31.3m^3/秒）になり、全体の約45%に達する（堀内、2000）。

相模湾表層水の窒素、リンのおもな起源は、河川や下水処理水の流入およびエスチュアリー循環などにともなう下層からの流入などである。相模湾に流入する18河川の河川別と相模川河口の右岸・左岸下水処理場からの放流量と全リン、全窒素、COD（有機物による汚濁指標）の濃度から、各水質の流入負荷量を10年間隔で求めた（図16.5）。相模川と境川の負荷量は他河川に比べて大きく、次いで酒匂川、相模

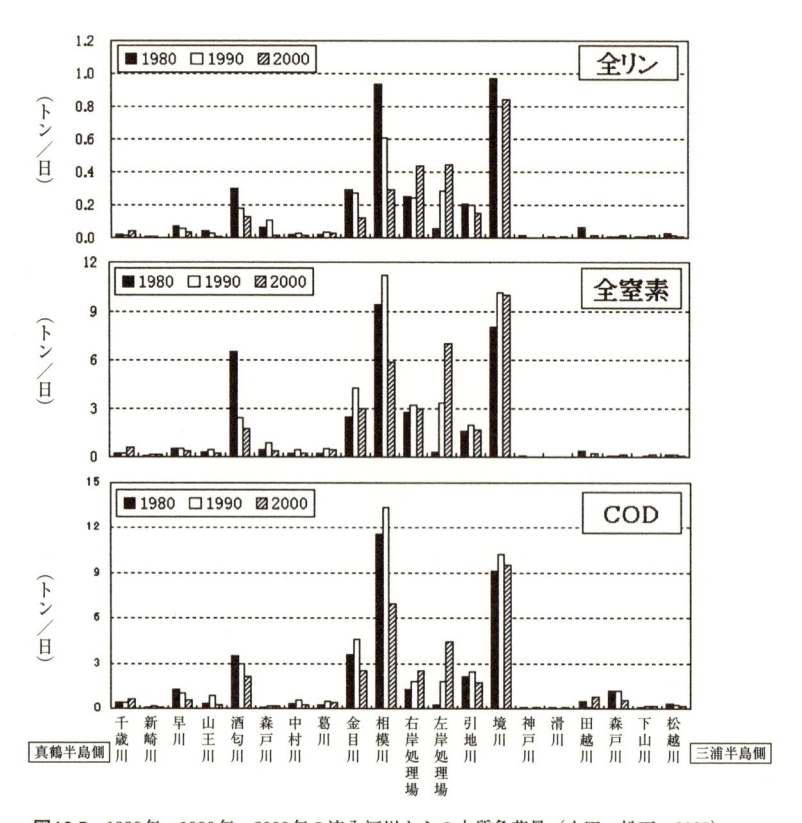

図16.5 1980年、1990年、2000年の流入河川からの水質負荷量（山田・松下、2005）

川河口の右岸・左岸処理場であり、相模川と右岸（平塚市四之宮）・左岸（茅ヶ崎市柳島）下水処理場からの負荷量は陸域からの総負荷量の約50％に達する。

　各物質の負荷量は、相模川と酒匂川では2000年は1980・1990年に比べて減少しているが、右岸・左岸下水処理場では逆に増加している。下水処理場からの負荷量の増加は処理水量に比例する。処理水の放流量は、右岸下水処理場で河川放流が開始された1974年の約0.5m^3/秒から2000年の約3.1m^3/秒、左岸下水処理場で海域放流が開始された1980年の約0.3m^3/秒から2000年の約4.4m^3/秒へと増加した。河川から流入する全窒素とCOD負荷は、1979～1981年にかけて増加したが、その後変化は認められない。1979年以降全リンは減少傾向にあるが、全窒素は増加傾向にあり、表層水は全リンがやや減少、全窒素が増加している。このことが1979年から植物プランクトン増殖（赤潮）の引き金になっている可能性が高い（山田・松下、2005）。

　エスチュアリー循環などにともなう下層からの窒素、リンの供給量は相当大きいと

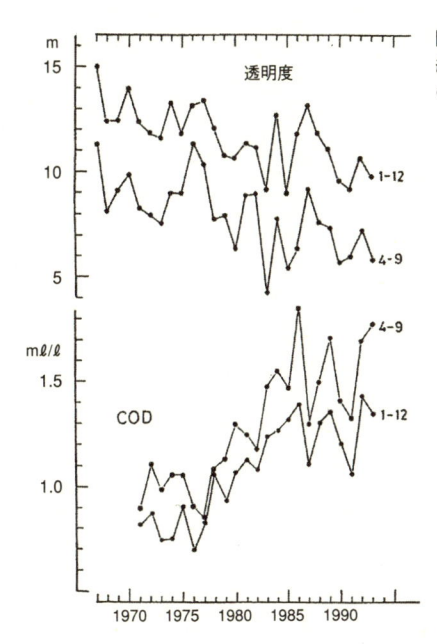

図16.6 江の島沖における透明度(上段)とCODの経年変化。1〜12：1〜12月の平均、4〜9：4〜9月の平均(渡部ほか、1997)

考えられる。相模川河口前面では、エスチュアリー循環による上昇流の流量は河川水の流入量の3〜22倍に相当することから、下層からの窒素、リンなどの栄養塩類の供給量は、陸域からの負荷量に匹敵するか上回る可能性がある(神奈川県相模川総合整備事務所・(財)相模湾水産振興事業団、2004)。この現象は河川水の流入によって引き起こされ、供給量は河口海域の流動や密度成層構造に依存すると考えられることから、河川流量と鉛直上昇流との定量的な関係について明らかにする必要がある。

16.5　河川水・下水処理水と海洋環境・生物相の変化とのかかわり

相模湾の漁業者は、1975〜1985年の間に急激に汚濁が進み、1985年ごろにはいまと同じ赤潮の頻発、クラゲの大量発生、潮が悪い(透明度が低い)などの海になり、多種多様な生物相の海から魚種が減少し、アオサ、イガイ、カキなどの汚濁に強い種が増える海に変わったことを実感している(福本、1994)。1954年に約100万尾のブリが相模湾の定置網で漁獲されたが、1966年には数万尾まで減少し、1983年以降数千尾まで落ちこんだ。かつてブリ定置漁場として有名であった相模湾は、熊野灘や土佐

湾に比べてきわめて低水準の状況に追いこまれている（久野、2005）。なぜこのような変化が起こったかを考えてみる。

CODと透明度は、図16.6によれば1970～1976年にはCODが低く透明度は高かったが、1977～1983年にはCODが高く透明度は低下し、その後は1983年のレベルで推移している。このことは、1977年以降の人口急増と陸域開発にともなう生活廃水、下水処理水の増大が深くかかわっている。すなわち河川と下水処理場からの全リンの負荷量は、1980年以降減少傾向にあるものの、全窒素の負荷量は1979～1981年に増大し、その後も微増している。このため河川系水や表層混合層水などは富栄養化し、植物プランクトンの増殖や赤潮発生などによるCODの上昇と透明度の低下を引き起こし、さらに、汚濁に強い海洋生物が増加し、ブリが定置網漁場まで回遊できないような海洋環境と生態系に変わってきた可能性が高い（武井・岩田、2004）。

16.6　海岸侵食

一方、近年湘南海岸の侵食が大きな問題になってきている。湘南海岸の砂礫は、洪水時に相模川・酒匂川を中心とした各河川から供給される土砂によって維持されている。1947～1948年と1966年の航空写真調査によると、この間に汀線は早川河口周辺で最大約63m、酒匂川河口を中心に最大約120m、大磯港東側では約40m、相模川左岸では最大約55m後退した。1963～1983年に得られた相模川周辺域の航空写真調査によると、この間に汀線は相模川河口東側で約100m後退した。

1963年以前に相模川と酒匂川で250万m^3/年以上の砂利が採取され、その後禁止されたが、その一方では相模川に相模ダム、城山ダム、宮ガ瀬ダム、酒匂川に三保ダムなどが建設された。土砂はこれらダムに堆積し、相模ダムでは26万m^3/年、三保ダムでは約30万m^3/年が堆積し、取水堰にも堆積する。このために、洪水時でも海への土砂供給量は減少し、海岸侵食の要因となっている。

相模川東側海岸で侵食された砂は岸に沿って西向きに移動し、感潮河川である相模川の河口前面に達して、その一部が導流堤に沿って河口水路に侵入・堆積する。河川流量が極端に少なかった1984年（月平均流量約8.1m^3/秒）と1987年（月平均流量約6.2m^3/秒）には河口閉塞が起こり、満潮でも航行不能になるまで航路に堆積した。

なお、相模川河口付近の地形変化は、第3章に詳細に述べてある。

16.7　今後の課題

1971年に発生した相模川河川水の全量取水に危機感をもった葉山から湯河原に至る

沿海6市5町の48漁業団体と約1700名の漁業協同組合員は、取水によって被ると見られる諸々の被害を救済するための実践機関として、1972年に㈶相模湾水産振興事業団を設立した。故鈴木二六初代理事長は1997年の退任のさいに、「半世紀にわたり、漁業を通じてこの相模湾を愛し、この海の貴重な財産を存続させるために㈶相模湾水産振興事業団を設立しました。今後とも環境汚染により厳しい目を向け、いつまでも魚と同居できるきれいな相模湾を維持していただきたい」という言葉を残している。このことを実現するためには、①自然的、社会的な環境変化に即応して、動植物資源の保護をはじめ、漁場環境の保全を図り、新しい時代に即した相模湾の自然保護に努めること、②自然の偉大さ、神秘さ、複雑さを謙虚に認識すること、③相模湾の水産業を振興するためには、山－川－海に至る水循環、環境、生態系を維持すること、④取り組むべきことは、失ったものを回復する努力といまもっているものを失わないように努めること、などが必要であると考えられる。

開放型で海水交換がよい相模湾の沿岸環境と生物相が変わってきている。筆者はこの状態に慣れてしまうことに危機感をもっている。まず、ブリが再び相模湾の定置網で漁獲された1975年以前の山－川－海に至る水循環と生態系を回復することが必要であると考えている。

謝辞

本文の作成にさいし、貴重なるご助言と資料の提供をいただいた神奈川県相模川総合整備事務所、㈶相模湾水産振興事業団の武井正理事長、平元貢特別顧問、堀内昌詔顧問、松下訓（いであ株式会社）に厚くお礼申し上げる。

引用文献

磯崎一郎・岩田静夫・石戸谷博範・渡部勲（2004）相模湾の気象と海象．磯崎一郎編集・発行．1-113.
岩田静夫（1979）相模湾資源環境調査報告書Ⅱ.神奈川県水産試験場・相模湾支所, 15-34.
岩田静夫（2004）急潮の特徴と予報について．ていち, 105, 39-66.
宇田道隆（1937）「ぶり」漁期に於ける相模湾の海況及び気象と漁況との関係．水産試験場報告, 8, 1-50.
神奈川県水産課（1969）河川取水に伴う沿岸漁業影響調査報告書．1-101.
神奈川県相模川総合整備事務所・㈶相模湾水産振興事業団（2004）平成13～15年度 相模川流域下水道下水処理水の海域放流調査総括報告書.
久野正博（2005）ブリ情報：太平洋側のブリ（ぶり銘柄）長期変動傾向．水産海洋研究, 69(3), 228.
㈶相模湾水産振興事業団（2000）㈶相模湾水産振興事業団30年のあゆみ. 1-273.
武井 正・岩田静夫（2004）河川水・処理水の放流にともなう海域環境調査のねらい．水産海洋研究, 68 (3), 194-196.
福本 威（1994）漁業者からみた海洋汚染と生物層の変化．水産海洋研究, 58 (3), 38-43.
堀内昌詔（2000）相模川流域下水道左岸処理場の処理水の海域放流影響調査について．水産海洋研究, 64 (2), 99-104.
松山優治・岩田静夫・前田明夫・鈴木 亨（1992）相模湾の急潮．沿岸海洋研究ノート, 30 (1), 4-15.

山田佳昭・松下　訓（2005）相模湾沿岸域の環境の特徴. 水産海洋研究, 69 (3), 208-212.
渡部　勲・藤縄幸雄・岩田静夫・磯崎一郎（1997）相模湾の気象・海象（その2）−相模湾の海洋環境. 防災科学技術研究所研究資料, 177, 134-155.
Iwata S. and M. Matsuyama (1989) Surface of Sagami Bay - the response to variations of the Kuroshio Axis. *Journal of the Oceanographical Society of Japan*, 40, 310-320.
Kawabe, M. (1995) Variations of current path, velocity, and volume transport of Kuroshio in relation with the large meander. *Journal of Physical Oceanography*, 25 (12), 3103-3117.

第17章 東シナ海・黄海とその流入河川

磯辺篤彦

17.1 東シナ海・黄海と長江

　東シナ海や黄海（図17.1）に注ぎこむ河川は大小数多いが、そのうち長江だけで、全河川流量の約90％を占めている（Gao *et al.*, 1992のTable 6にもとづく）。図17.2には、長江下流の大通で観測した河川流量の月平均値を示している。年平均流量は毎秒約3万トンであり、夏季に最大となる季節変化が著しい。ちなみに、7月の毎秒約5万トンは、琵琶湖を1週間程度で満杯にする量である。

　ここで、対馬海峡で観測した海面塩分の季節変化を図17.2に重ねてみよう。日本近海の塩分は、黒潮流域の34.5程度を最高に、河口に近づくにしたがって低くなっていく。もちろん、低塩分の海域には河川水（淡水）が多く含まれている。図からわかるように、対馬海峡で最も塩分が低くなるのは、毎年9月ごろである。

　夏から秋にかけて対馬海峡に現われるこの低塩分水は、長江起源の河川水と黒潮起源の高塩分水が、東シナ海の大陸棚上で混ざってできたもので、長江希釈水とよばれている。長江の流量が最大となる7月から、対馬海峡で最低塩分が記録される9月までには、2カ月の時間差がある。この時間差から、長江河口を出た河川水は周囲の海水と混合しながら、東シナ海の大陸棚上を1日に10km強の速さで、約700km離れた対馬海峡まで移動すると考えられる。

　このように、長江を発した河川水の幾分かは対馬海峡を通過して、遠く日本海に至る。もちろん、北太平洋や南シナ海へも幾分かは流れていくことだろう。この河川水の行方がわかれば、長江が海洋環境に影響する範囲がわかる。ただ、河川水の広がりを示す塩分分布の把握は、雲や水温と違って、まだ人工衛星搭載のセンサーでの計測が実用化しておらず困難である。また、東シナ海や黄海のように多くの国に囲まれた海では、船による自由な観測も制限される。このような制約から、長江河川水の行方は、現在のところ十分に理解されているとはいえない。

　はたして長江を発した河川水は、どこへ向かうのだろうか。広大な大陸棚を対象とするこの章では、本書のテーマである「川は海にどう影響するか」に答える前に、まず「どこの海に影響するか」から明らかにしていこう。

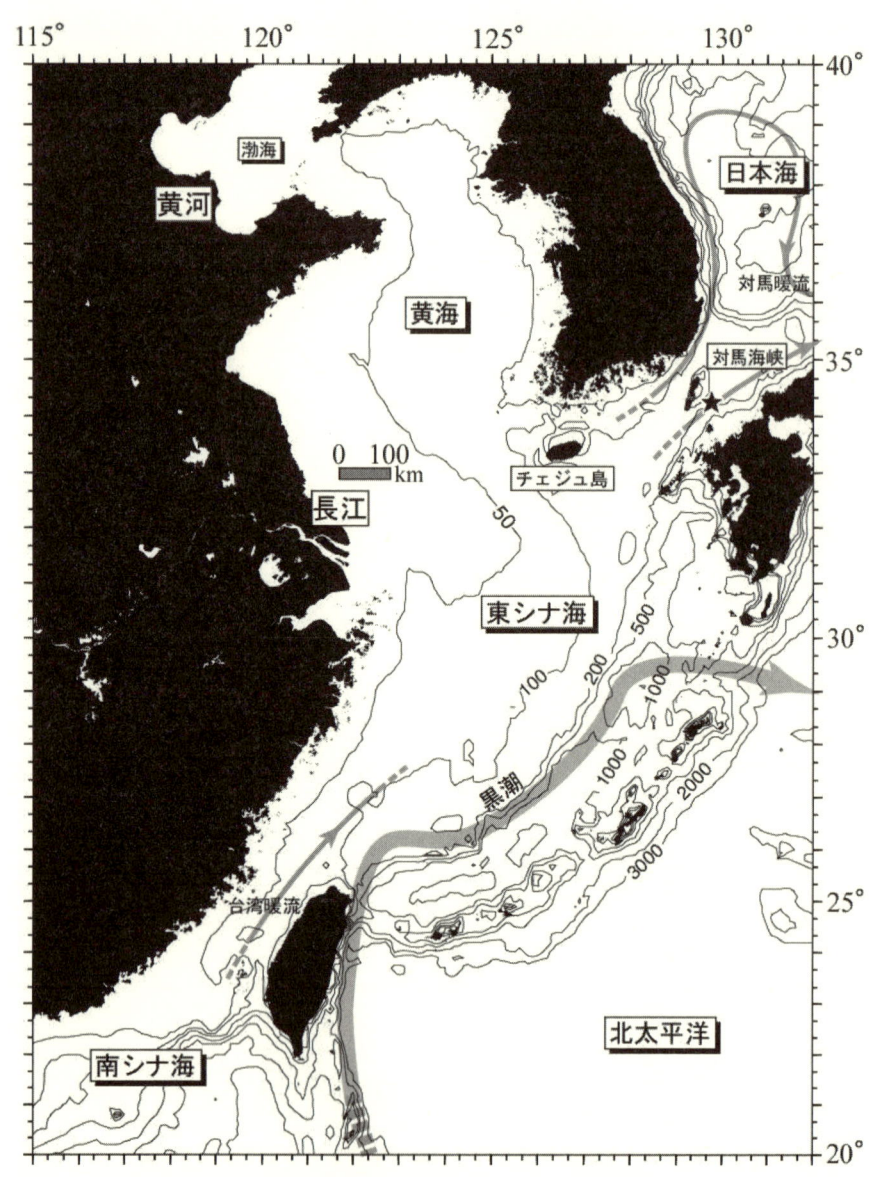

図17.1 東シナ海と黄海、およびその周辺海域。数字を記入した実線は等深線。グレーの線で黒潮、対馬暖流、そして台湾暖流を模式的に描いている

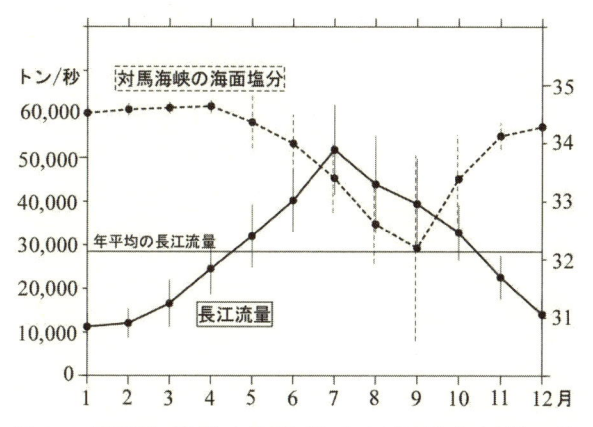

図17.2 長江流量（実線）と対馬海峡における海面塩分（破線）の月平均値。長江流量はSenjyu *et al.* (2006)が用いた1971～2000年の流量データの平均。対馬海峡の塩分は、福岡県水産海洋技術センターが、1993～2004年に**図17.1**の星印の位置で得た観測値の平均。細い縦線は各月の標準偏差

17.2 海洋観測から求めた長江河川水の行方

(1) 淡水輸送量の計測

　海水中に含まれる河川水（淡水）の量を測る方法は、じつはそれほど複雑なものではない。**図17.3**の左図に示すような、体積Vで塩分Sの海水の塊を考える。また、この海水の塊は、海流によって図中の矢印方向に輸送されているとしよう。ここで、右図に示すように、この海水中には河川水（塩分0）が、体積Fだけ含まれている。すると残りの体積V−Fは、この河川水と混ざっている、Sより高い塩分（S_0：基準塩分）の海水ということになる。図中の①式は、左右の図で塩分の総量が変わらないことを意味している。ここで、海流が運ぶ河川水の体積F（淡水輸送量）が左辺になるよう、①式を②式へと変形しておく。

　②式を見ると、あらかじめ基準塩分S_0を決めておけば、ある海域での淡水輸送量Fを知るには、その海域での塩分Sと海水の輸送量Vを測ればよいことになる。基準塩分には、その海域で観測される最も高い塩分をあてればよい。たとえば、東シナ海で淡水輸送量を求める場合は、大陸棚上で河川水と混合する前の、「純粋な」黒潮の塩分がよい。ここでは、台湾東方の黒潮表層の平均塩分（34.57）が適当である。

　長江を発する河川水の多くが、夏季に対馬海峡を通過することは、塩分低下が著しい**図17.2**を見れば予想がつく。そこで、塩分と海水の輸送量（海流の流速を測ればよ

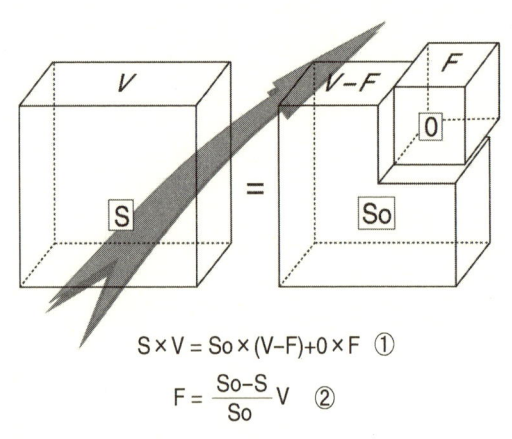

$$S \times V = S_o \times (V-F) + 0 \times F \quad ①$$

$$F = \frac{S_o - S}{S_o} V \quad ②$$

図17.3　淡水輸送量の計算の考え方

い）を対馬海峡で測定し、②式で淡水輸送量に換算する。この計算を海峡全体で行ない、結果を足し合わせれば、長江を発した河川水の相当分をとらえることができそうである。

塩分と海流流速は、それぞれCTDと超音波流速計（ADCP）という観測機器を使えば、海面から海底まで計測できる。これらの機器を海中に投じながら、対馬海峡を横断する船舶観測を行なえば、海峡全体の塩分と流速の断面分布がわかる。ただし、このようなデータから求めた淡水輸送量が、時間変化の大きい海洋で、つねに同じ値になるとは限らない。したがって横断観測と淡水輸送量の算定を、何年にもわたって粘り強く続け、より確からしい値に近づける必要がある。

（2）対馬海峡の淡水輸送量

Isobe *et al.*（2002）が用いたデータは、このような観測を対馬海峡で1991～1999年に、計26回行なって得たものである。観測で求めた淡水輸送量の季節変化を、図17.4に示す。ここでは淡水輸送量を季節ごとに、すなわち冬季（1～3月）、春季（4～6月）、夏季（7～9月）、そして秋季（10～12月）にわけて、それぞれの平均を求めている。

図で正の値は、東シナ海から日本海へ向かう淡水の輸送を意味する。対馬海峡では対馬暖流（対馬海流、図17.1参照のこと）が、東シナ海から日本海へ周年流れている。この暖流に乗って、長江起源の河川水もつねに日本海へと輸送される。

図17.4と、長江流量の季節変化を示した図17.2を比べると、2つの図が似ていることに気づくだろう。たとえば、対馬海峡での淡水輸送量は、夏季に毎秒約7万トンの最大値を示す。値は冬季や春季に激減しており、長江流量と同様に季節変化が著しい。

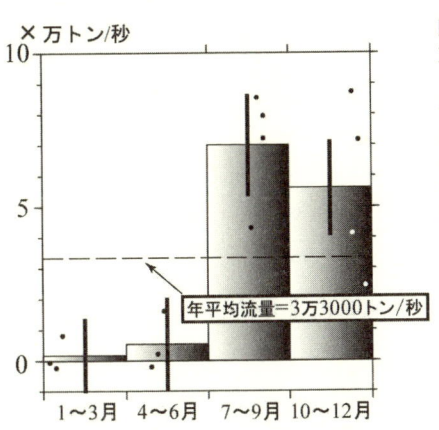

図17.4 対馬海峡で求めた淡水輸送量。正の値は東シナ海から日本海へ向かう輸送。黒と白のドットは1回ごとの観測で求めた値。バーは各季節の平均。縦の太線は、基準塩分（So：くわしくは本文参照）を観測データの標準偏差分だけ変えた場合の、輸送量の変化幅。観測は、山口県水産研究センター調査船「黒潮丸」、および水産大学校練習船「天鷹丸」で行なった

さらに、対馬海峡での淡水輸送量の年平均値は、長江の河川流量とほぼ同じ毎秒約3万トンである。ちなみに、東シナ海や黄海での降水量は、1年間で平均すれば蒸発量とほぼ釣り合う (Chen et al., 1994)。つまり、海峡を日本海へ向かう淡水輸送量のほとんどは、長江発の河川水によってまかなわれている。

もっとも、淡水輸送量の算定に用いた基準塩分（図17.3中の②式のSo）のとり方で、この値はいくらか変化する。たとえば、基準塩分を小さめの34.35に設定しよう。これは、もとの基準塩分から、台湾東方で集めた黒潮表層塩分データの、標準偏差を引いた値である。すると、対馬海峡の淡水輸送量は、長江流量の約70％に減ってしまう。また、図17.4にドットで示したように、1回ごとの観測で求めた淡水輸送量は、とくに夏季から秋季にかけて、大きくばらつく。観測とは別の方法で求めた対馬海峡での淡水輸送量と、この観測値を比べて、さらに数値の確からしさを検証する必要があるだろう。

それでも観測結果から、長江を発した河川水の大部分（少なくとも70％）が、東シナ海や黄海を通過したあとに、日本海に注ぎこむといえそうである。日本海に直接注ぎこんでいる長江ほどの大河は存在しない。すなわち、長江は東シナ海や黄海のみならず、日本海にとっても有数の大河川なのである。このように、長江が海洋環境に影響を与える範囲は、東アジアの縁辺海全域に及ぶ。

17.3　コンピュータによる長江河川水のシミュレーション

(1) シミュレーションの設定

長江発の河川水が、本当に日本海に向かうのであれば、河口から対馬海峡へと長江

希釈水の移動する様子が、実際に観察されるはずである。ところが、先にも述べたように、塩分を人工衛星から計測する技術はいまのところ実用化しておらず、また、多くの国に囲まれた海では船舶観測の範囲も制限される。実際、東シナ海や黄海には観測データの空白域が多い。

長江希釈水の広がる様子を、データの空白域も含めた広い範囲で観察するには、コンピュータを用いた数値シミュレーションが有効である。もちろん、断片的な観測データであっても、これらと比較してシミュレーションの精度を確かめることは重要である。精度が保証されたシミュレーションであれば、観測で求めた対馬海峡での淡水輸送量を検証することもできる。

Chang and Isobe (2003) では、コンピュータ・シミュレーションで長江希釈水の広がりを再現し、さらに、対馬海峡での淡水輸送量と長江流量との関係を検証している。シミュレーションでは、まず、約3万個の正方形（計算格子）を水平に並べることで、仮想的な東シナ海や黄海を作る。それぞれの計算格子は、深さ方向に11層に分割されている。計算格子には対応する位置での水深データを与えておく。もちろん陸地の水深は0である。この仮想海洋の海上には、季節によって強さや向きが変わる風を吹かせる。さらに、周辺からは黒潮などの海流を、やはり1年周期で流量を変えながら注ぎこんでやる。そのうえ、海面からは熱や蒸発・降水を与えながら、時々刻々と変化する海流流速、海面水位、塩分、そして水温を、3万個の計算格子の全層で、運動量と質量の保存則にしたがって計算する。

なお、仮想海洋の長江河口からは、**図17.2**と同量の淡水を与えている。このとき長江河川水に、河川水と同じ動きをする、濃度が1.0の物質（トレーサーとよぶ）を混ぜて、河川水の行方が追跡しやすくなるよう工夫しておく。たとえるなら、長江河川水に発色のよいインクを混ぜるようなもので、経費と海洋環境への悪影響を考えれば非現実な実験であるが、シミュレーションでは、このような設定も自由にできる。対馬海峡を通過する海水の流量に、そこを通過するトレーサーの濃度を掛け合わせれば、長江を発した河川水の対馬海峡での輸送量を、正確に求めることができる。この輸送量を先に求めた観測値と比較する。

(2) シミュレーションで見た長江河川水の行方

日本海洋データセンター (http://www.jodc.go.jp/index_j.html) は、さまざまな公的機関が得た観測データを、インターネット上で無料公開している。シミュレーションの結果を見る前に、これらの観測データから描いた、5〜8月の東シナ海での海面の塩分分布（**図17.5**）を眺めてみよう。ただし、図中の枠外には利用できるデータが少なく、したがって、黄海や中国沿岸域での塩分分布を描くことはできない。

それでも、塩分が32以下の低塩分水が、長江流量が増加する5〜8月にかけて、北東方向へと分布を広げていく様子が、はっきりとわかる。8月に対馬海峡に到達した

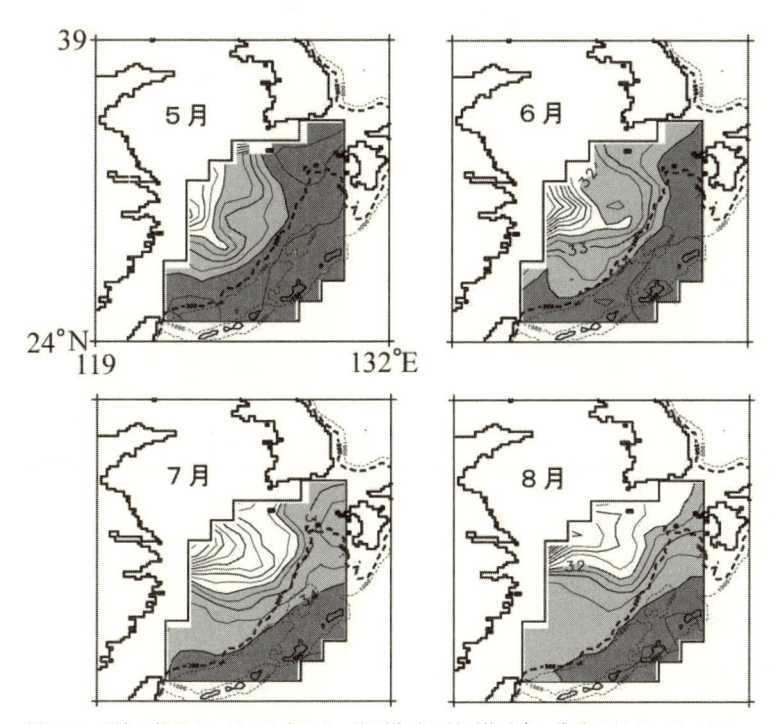

図17.5 過去の観測データから求めた、海面塩分の月平均分布。塩分32以下、32～34、そして34以上でトーンの濃さを変えた。200mと1000mの等深線を、それぞれ太い破線と細い破線で描いている。

長江希釈水は、おもに韓国側（西水道）を通過した後、日本海に注ぎこむ。

つづいて、シミュレーションで得た同じ月の海面の塩分分布（図17.6）を、観測した分布と比べてみよう。5～8月にかけて、長江希釈水がしだいに北東方向へと分布を広げていく様子や、8月に対馬海峡の西水道を通過する様子が、よく再現できている。また、長江を発した河川水の多くは、まっすぐに対馬海峡に向かうのではなく、多くが黄海に移動している。

9月を過ぎれば、東シナ海や黄海の海上には、北東季節風が吹きはじめる。図には示さないが、夏まで北東にのびつづけた長江希釈水は、この季節風によって西へともどされ、冬には中国沿岸に張りつくように分布する。対馬海峡で冬に淡水輸送量が激減するのは、東シナ海や黄海で、季節風が長江希釈水を西へ吹き寄せるためである。

先にも述べたように、このシミュレーションでは、長江を発する河川水にトレーサーを混ぜ、対馬海峡で淡水輸送量を計算している。結果は、淡水輸送量が長江流量の

第17章　東シナ海・黄海とその流入河川　　217

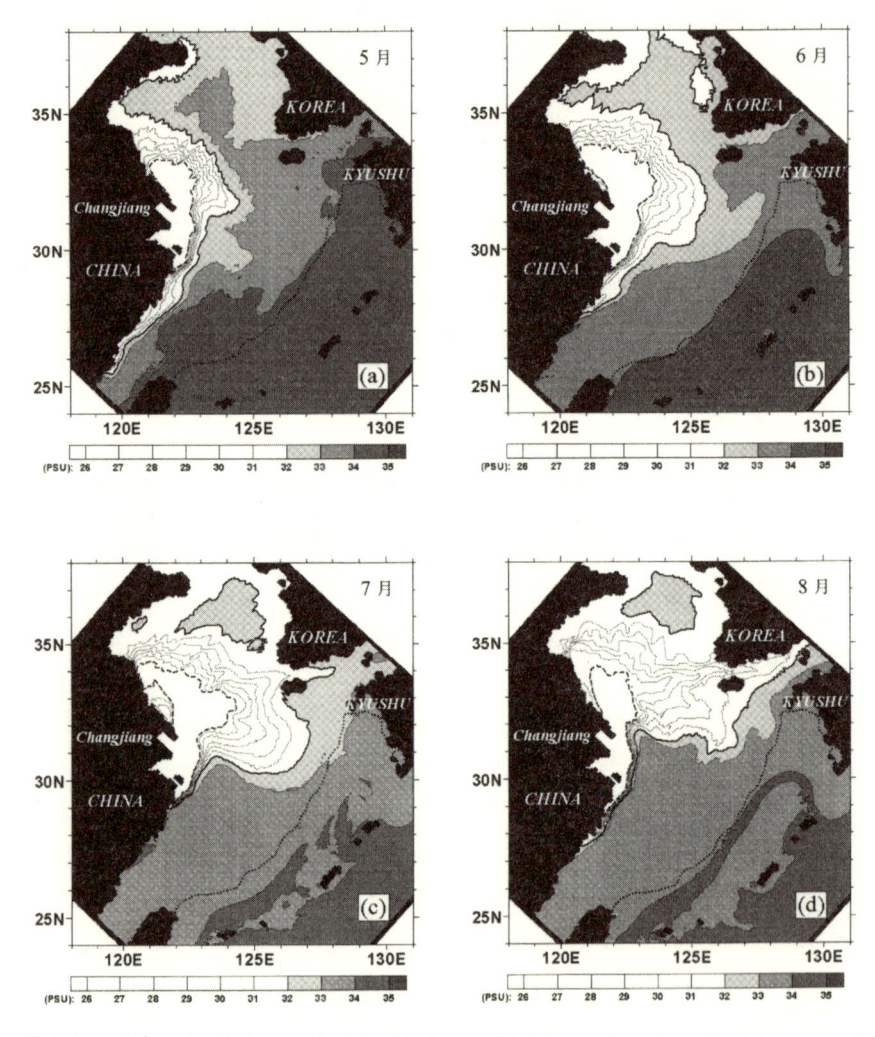

図17.6 コンピュータ・シミュレーションで求めた、海面塩分の月平均分布。トーンの濃さは、**図17.5** と同じ。200mの等深線を破線で描いている

約70％になるというものであり、17.2節の観測値とおおむね一致する。この結果からも、やはり長江を発する河川水の大部分は、東シナ海や黄海を通過して、その後に日本海へ流入するといえそうである。

17.4　長江は海にどう影響するか

　ここで、「長江は海にどう影響するか」という本書のテーマにもどって、関連する海洋学の最近の取り組みや話題を紹介しよう。
　本書の多くの章で述べているように、陸起源の窒素やリンといった栄養塩は、川から海へと負荷される。これらの栄養塩を利用して、沿岸域では植物プランクトンが生長し、時として過剰な栄養塩の負荷が赤潮の原因にもなる。概して水質悪化が進んでいる中国の河川の中で、長江は比較的良好な水質を保っている（徐ほか、2001）。それでも、河口近くで$100\mu M$を超える窒素（硝酸態）濃度が、観測されることもあり（Wang et al., 2003）、この栄養塩豊富な河川水が、周辺の海洋環境に与える影響は無視できない。
　ただ実際のところ、河川水と同様に、長江起源の栄養塩も対馬海峡に達するほど遠くへ運ばれていくものか、まだよくわかっていない。淡水輸送量のように、栄養塩輸送量を対馬海峡で計測する試み（Morimoto et al., 2005）は、ごく最近になって始まったばかりである。
　長江が、実際に遠く離れた海に影響を与えたとされる出来事が、1996年に韓国で起きている。ちなみにこの年は、長江流域で洪水が起きるほど、河川流量の多い年であった。
　長江希釈水は、夏季に対馬海峡の韓国側を通過する。このさい、例年だと韓国沿岸の塩分は、一時的に30〜33程度まで低下する。ところが、この年8月のチェジュ島は、最小で20を下回る低塩分の水塊に覆われた。この異常な塩分低下で、アワビやウニなどの重要な海産物が大量に死亡し（Suh et al., 1999）、当時の韓国で大きな問題となった。
　このような低塩分水は、普段は長江の河口近くに見られるもので、河口から700kmも離れたチェジュ島で観測されることは非常に珍しい。しかし、当時の韓国周辺では、大雨や他の河川からの影響は少なく、やはり、この低塩分の水塊は長江からきたと考えられている（Suh et al., 1999）。ただ、チェジュ島周辺の塩分が、長江の洪水年に必ず異常低下するとは限らない。異常な塩分低下を引き起こす水塊の移動には、まだわからないことが多い。
　ところで、2009年に長江中流域で完成予定の三峡ダムは、東シナ海や黄海にどのような影響を与えるだろうか。このダムの主たる目的は治水や発電にある。灌漑用など

水資源確保としての期待もあるが（徐ほか、2000）、それでも大量の水を長江から他の場所に移すわけではない。したがって、三峡ダムの建設にともなって、長江の河川流量や海での長江希釈水の分布が大きく変わるとは考えにくい。

しかし、ダムが環境に与える影響への懸念（戴、1996；徐ほか、2000）のいくつかは、そのまま隣接する海にもあてはまる。たとえば、しばしばダム建設の後に貯水池への土砂堆積が問題になるが、このことは、これまで東シナ海や黄海に流出してきた土砂が、三峡ダムの完成以降に減少する可能性を与える。また、水没した廃坑や工場跡地、あるいは有害廃棄物からの汚染物質がダムに蓄積する懸念があるが、これらも、いつかは東シナ海や黄海に流れ出ていくことだろう。さらには、ダム建設にともなって、長江下流から河口域にかけての生態系が変化するかもしれない。

本章ではくわしく述べなかったが、最後に黄河についてもふれておこう。河川流量は長江よりはるかに少ないにもかかわらず、黄河が海へ負荷する懸濁物量は長江の2倍以上に及ぶ（先述のGao et al., 1992のTable 6にもとづく）。このため隣接する海は黄色く濁り、これが黄海の名前の由来であることはよく知られている。ところが、1980年代後半より最近まで黄河の河川流量は急激な減少を続け、年によっては河川水が海まで到達しない事態も起きている。黄海が黄色い海でなくなる日がやってくるのだろうか。

長江や黄河に見られるような、人や自然がもたらす変化の周辺海域への波及を、いますぐ結論づけることは難しい。しかし、いずれにせよ、これら大河川の影響下にある黄海や東シナ海、そして日本海といった東アジアの広範な海域で、私たちは今後の経過を注視する必要がある。

引用文献

徐　開欽・林　誠二・村上正吾・牧　秀明・渡辺正孝（2000）中国長江流域の水環境問題(4) – 三峡ダムの総合効果とその環境影響．用水と廃水, 40, 37-50.

徐　開欽・張　継群・渡辺正孝（2001）中国長江流域の水環境問題(7) – 水質汚濁の現状と対策．用水と廃水, 43, 408-418.

戴　晴編（1996）三峡ダム – 建設の是非をめぐっての論争．鷲見一夫・胡　暐婷訳，築地書館，447pp.

Chang, P.H. and A. Isobe (2003) A numerical study on the Changjiang Diluted Water in the East and Yellow China Seas, *Journal of Geophysical Research*, 108, 3299, doi: 10.1029/2002JC001749.

Chen C., R.C. Beardsley, R.Limeburner, and K.Kim (1994) Comparison of winter and summer hydrographic observations in the Yellow and East China Sea and adjacent Kuroshio during 1986, *Continental Shelf Research*, 14, 909-929.

Gao,Y., R.Arimoto, R.A.Duce, D.S.Lee, and M.Zhou (1992) Input of atmospheric trace elements and mineral matter to the Yellow Sea during the spring of a low-dust year, *Journal of Geophysical Research*, 97, 3767-3777.

Isobe,A., M.Ando, T.Watanabe, T.Senjyu, S.Sugihara, and A.Manda (2002) Freshwater and Temperature transports through the Tsushima-Korea Straits, *Journal of Geophysical Research*, 107, 10.1029/2000JC000702.

Morimoto,A., G.Onitsuka, T.Takikawa, A.Watanabe, and Y.Mino (2005) Cross section observation of physical, chemical and biological components in eastern channel of the Tsushima Strait. *Proc. of workshop on the marine environment in the East Asian marginal seas - transport and materials*, 101-103.

Senjyu,T., H.Enomoto, T.Matsuno and S.Matsui (2006) Interannual salinity variations in the Tsushima Strait and its relation to the Changjiang discharge, *Journal of Oceanography*, 62, 681-692.

Suh, H.L., Y.K. Cho, H.Y. Soh and D.H.Kim (1999) The 1996 mass mortality of macrobenthic animals in Cheju Island: a possible role of physical oceanographic factor, *Korean Journal of Environmental Biology*, 17, 175-182 (in Korean with English abstract and figure captions).

Wang, B.D., X.L. Wang, and R. Zhan (2003) Nutrient conditions in the Yellow Sea and the East China Sea. *Estuarine, Coastal and Shelf Science*, 58, 127-136.

第18章 日本海とその流入河川

藤原建紀

18.1 対馬暖流と中国大陸の河川水

　日本海には東シナ海から対馬暖流が流入している。いまから30年ほど前の夏のことであるが、下関の北西沖の対馬海峡域で海洋観測を行なっていると、表層の塩分が32以下になっていた。瀬戸内海や太平洋岸の海では、塩分32以下は明らかに河口域内の数値なので（参考：図13.6）、思わずどこに河口があるのか見回した。しかし、はるか沖合におり、陸岸さえ見えない。ひょっとすると長江（揚子江）の水か？と思い、帰って調べてみると、中国大陸沿岸の水が対馬海峡に入ってくるのは例年のことであった（福岡県水産海洋技術センター、1993）。

　ただ、この対馬暖流の水は、中国から対馬の長旅の間に、懸濁物をすっかり沈殿しつくし、河川系水とは思えない青く透き通った水になり、透明度は20mに達することもある。さらに、陸から入る窒素・リンなどの栄養塩も植物プランクトンに吸収しつくされて、貧栄養な夏の外海水の特徴をもっている。つまり、この海水は塩分こそ低いものの、十分に沈殿処理が行なわれた上澄み液のような海水である。夏の日本海に、対馬暖流に乗って低塩分水が流れこんでくることは、2004年、2005年に東シナ海で大発生したエチゼンクラゲが日本海に流入し、各地の定置網に被害を与えながら北上し、やがて津軽海峡をぬけて太平洋にまで達する様子とも一致する（日本海区水産研究所HP）。

　図18.1は7～9月の日本近海の表層の塩分分布である。長江河口域は広い範囲にわたって塩分30以下であり、東シナ海の大部分が塩分32以下の海水に覆われている。塩分33以下の低塩分域は、対馬海峡を経て、さらに日本海南部にまで広がっている。

　対馬海峡東水道（対馬－博多間）の中央点における、水深10mの平年塩分と2002年度の塩分の季節変動を図18.2に示す。6月になると中国大陸沿岸からの河川水が対馬海峡に入り、大きく低塩分化し、8・9月の平均塩分は32台になる。ただ、この大陸系水の入り方は年によって大きく異なる。2002年度は低塩分化が著しく、8・9月は塩分31台となっている。長江大洪水のあった1998年にもこれと同様の低塩分化が見られた。図18.3は、とくに低塩分化の著しかった1995年9月の対馬海峡東水道の塩

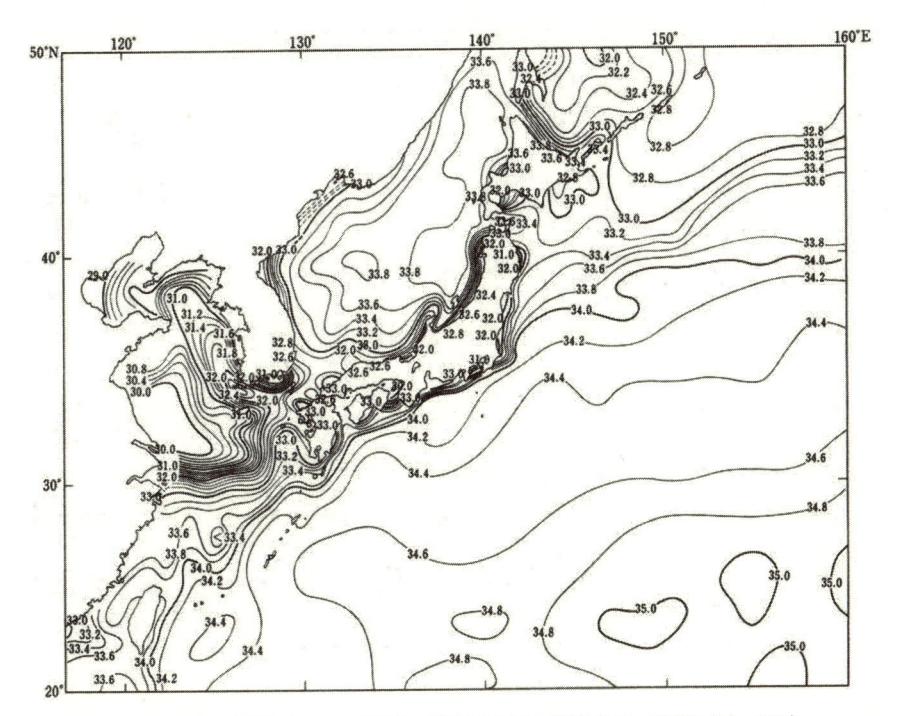

図18.1 日本近海の表層塩分、7〜9月平均（国立天文台編『理科年表　平成12年』、1999）

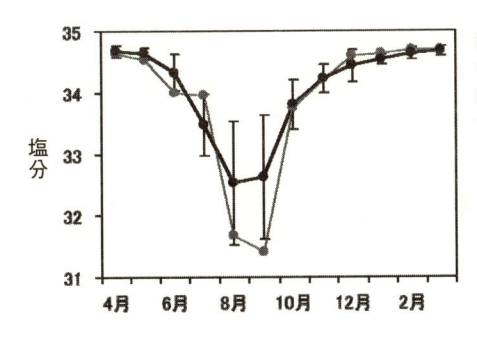

図18.2　対馬海峡東水道中央（対馬－博多間）の水深10mの各月の塩分（黒丸）とその標準偏差（上下のバー）（福岡県水産海洋技術センター、1993）。灰色線は2002年度の値

第18章　日本海とその流入河川

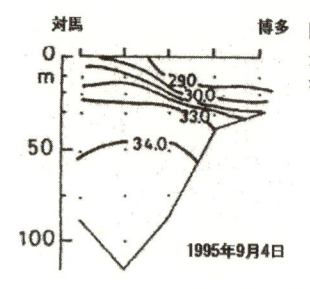

図18.3 対馬海峡東水道の断面塩分分布、1995年9月4日（福岡県水産海洋技術センター、1996）

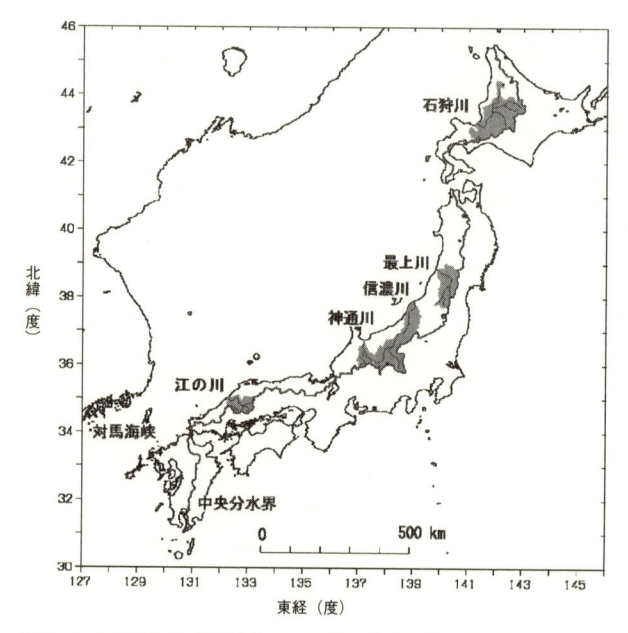

図18.4 中央分水界（灰色線）と日本海に注ぐおもな河川の流域

分断面分布である。東水道の南半分の上層は、塩分29以下となっている。日本列島は、春になると中国大陸からくる黄砂に覆われるように、海においても中国の風下（下流）側にあり、その影響を受けている。

18.2　日本海側の河川

　日本の中央分水界（分水嶺ともいう）を図18.4に示す。この分水界は、地面に降った雨水が日本海・東シナ海に注ぐ土地と、太平洋に注ぐ土地をわける境界線である。図の線は、日本山岳会が、その創立100周年記念事業として行なった中央分水嶺踏査登山のルートである。日本海に注ぐ流域面積の大きな河川をいくつか選んで、その流域を灰色に塗って示した。江の川は島根県のみならず、広島県北部をその流域に含んでいる。また信濃川は、日本で最も長い河川であり（幹川流路延長が最大）、新潟県、群馬県、長野県を流れる一級河川である。この川は、長野県では千曲川とよばれる。

　これらの河川の月平均流量を図18.5に示す。上図は石狩川（石狩大橋）の流量であり、各年の4月の流量を白丸で示した。石狩川は、雪解け水が流出する4月または5月に年最大値となるのが特徴である。このピーク値は年による違いが大きいが、その他の月の流量は信濃川（小千谷）、江の川（川平）よりも安定しており変動が小さい。島根県において日本海に注ぐ江の川の流量には春のピークは見られず、夏から秋にピークがあり、梅雨・台風・秋霖などにともなう流出が主となっている。信濃川では、4月の雪解け水のピークが例年顕著である。

　日本海沿岸、とくに北陸より北は世界的にも有数の豪雪地帯であり、この地域における河川の流出のピークは融雪期であり、出水の継続期間も長い。このことが川の影響を受ける沿岸海況やエスチュアリー循環などの季節変化に影響を与えている。

18.3　河川水の広がり

　海に流入する河川水は、海面に薄く広がる。この広がりは河川プルームとよばれる。河川プルームは、地球自転効果（コリオリの力）を受けて、北半球では岸に沿って陸を右に見る方向に進む。この岸に沿う低塩分水の流れはコースタル・カレントとよばれる。河川水の岸に沿った広がり方については、日本の北側（日本海側）と南側（太平洋側）では違いがある。

　日本南岸では、太平洋の西岸境界流である黒潮が、岸に沿って西から東に向かって流れている。日本南岸に注ぐ河川水のつくるコースタル・カレントが岸を右に見て進む本来の方向は西に向かう方向であり、黒潮に逆流する方向である。強い海流である

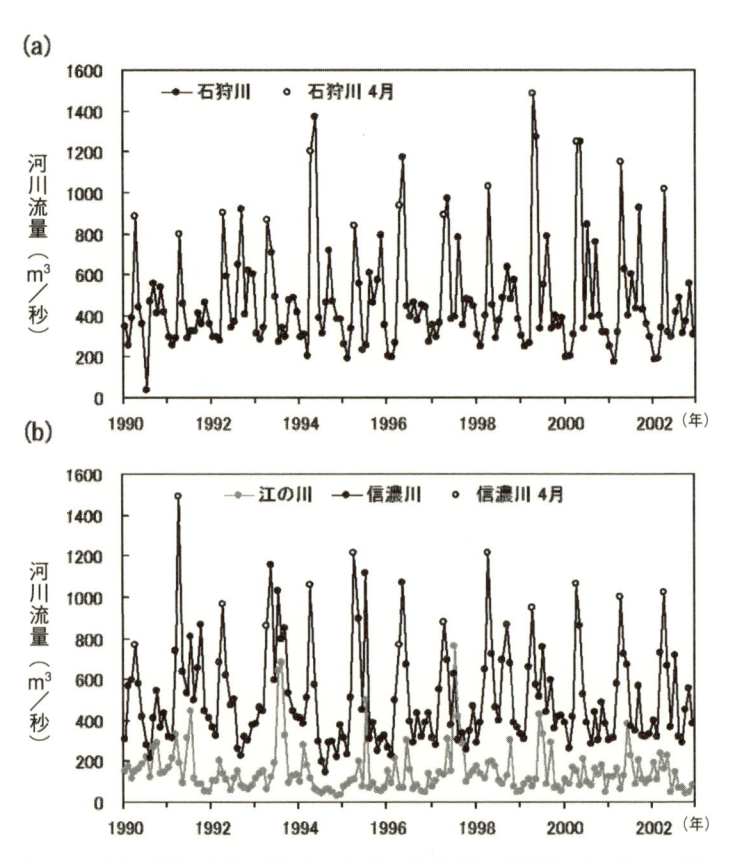

図18.5 (a) 石狩川（石狩大橋）と (b) 江の川（川平）、信濃川（小千谷）の月平均河川流量。白丸は4月の流量

　黒潮と、日本南岸の複雑な海岸線の間（黒潮内側域）には、多くの大規模な渦（エディー）があり、これが河川プルームの広がりに影響を与えている。このため河川プルームの広がる方向は、河口沖のエディーのつくる岸に沿った流れの影響を受けて変化する。
　一方、日本海側では対馬暖流が岸に沿って西から北東に向かって流れている。この方向は、日本海に注ぐ河川の岸を右に見たコースタル・カレントの方向と一致する。対馬暖流自体が、長江などの中国大陸の河川のコースタル・カレントの性格もあわせもっている。この海流の上に、日本から流入した河川水のプルームが乗って、岸に沿って北東に向かって流れる構造となっている。このため日本海側の河川プルームは岸に沿って東にのびる性格が強く、河川系水の及ぶ範囲は、沖合方向には狭く、陸岸か

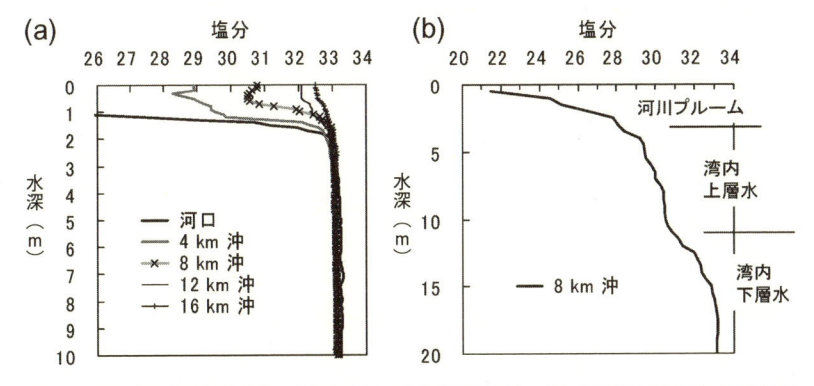

図18.6 河口沖の塩分鉛直分布。(a) 富山湾の小矢部川河口沖、(b) 伊勢湾の揖斐川・長良川河口沖（水深22m地点）。どちらも2000年8月

ら数十kmに限られる。ただ対馬暖流にもエディーがあり、対馬暖流に乗ったエディーの西から東への通過に合わせて、岸に沿う海流の方向が変わることがある。このような現象は、対馬暖流の上流部にあたる山陰沖ではしばしばあり、この影響で1週間程度の時間スケールで河川プルームの広がる方向も変わる。

　太平洋岸と比べたときの、日本海側のもうひとつの特徴は、日本海では潮汐が小さく潮流も弱いことである。このため、河口域で鉛直混合を起こす乱れの力も弱く、河口域は弱混合形となることが多い。このことは、緩混合形や強混合形が多い太平洋岸と異なる点である。河口を離れた河川プルーム域においても鉛直混合は弱く、河川水は海面を薄く広がる。図18.6は、富山湾に注ぐ小矢部川の河口および河口沖の塩分鉛直分布と、伊勢湾に注ぐ揖斐川・長良川の河口沖の塩分鉛直分布である。伊勢湾では、湾内水は河川プルームと湾内上層水、湾内下層水にわかれている（藤原、2007）。湾内下層水は外海水であり、湾内上層水は河川プルーム水と下層水が混合したものである。河川プルームと上層の間は明瞭にはわかれておらず、塩分鉛直分布はゆるやかに変化している。一方、富山湾では、河川プルームとその下の高塩分水は明瞭にわかれている。河口から8km離れた地点においても、河川系水は水深1m以浅の海面だけにある。

　このように日本海側は河川プルームが薄く広がっているため、風が吹くと風波に起因する鉛直混合によって河川プルームはその下の海水と混ざり合い、短時間のうちに消えていく。このとき、河川プルーム水に含まれていた物質も希釈され、その濃度が低下し、河川系水としての特質が失われていく。

　また出水時に濁水が流出した場合にも、高濁度層は薄い河川プルームの中にとどまっている。河川プルームの下は透明な日本海の海水が占めている。一般に、海域の補

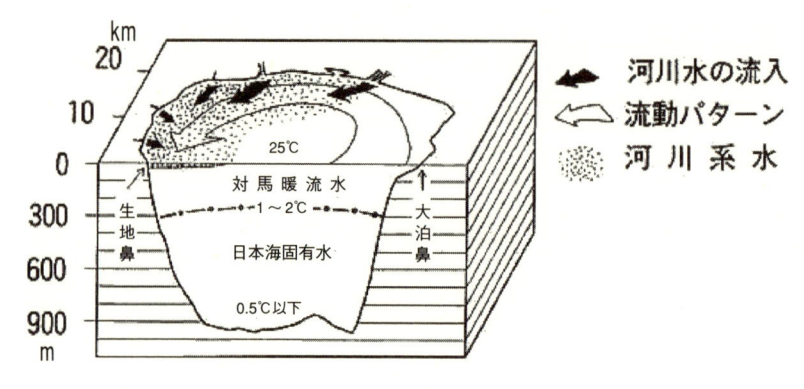

図18.7　富山湾の海洋構造模式図（北から見た夏の様子）（富山県水産試験場HP〈内山勇〉より）

償深度を透明度の2.7～3倍として見積もることが多いが、日本海側の河川影響域では過小評価となることが多い。京都府の舞鶴湾では、河川からの濁水が湾内に広がっていても、海面に注ぐ太陽光は、濁った薄い表層で減衰した後、その下では大きな減衰を受けずに海底にまで達している。このため水深14mの海底は、濁水が広がった日にも有光層に含まれている。

18.4　河川水が沿岸海域の水質に及ぼす影響

　河川プルームは、その下の海水を取りこみ、塩分を高めながら海面を広がる。日本海側の河川水影響域では、河川プルームとその下の海水が明瞭にわかれている（図18.6）。また、河川プルームに取りこまれていく下層海水中の栄養塩濃度はきわめて低い。このため、河川から注ぐ物質が海域の水質に与える影響を明瞭にとらえることができる。

　富山湾では、CODの環境基準が1976年に設定され、以降毎月の定期調査が行なわれてきた。1979年から1996年まではCOD環境基準達成率（環境基準達成地点数/測定地点数）がほぼ100％を維持していたが、1997年以降環境基準達成率が低下し、1999年には32％までに低下した。その後達成率はやや上昇したものの、達成率100％が長期的に継続するまでには至っていない。この高COD化現象の原因を究明するため、陸上から流入する物質が海域の水質に及ぼす影響の調査が長期間にわたって行なわれてきた。この調査では、河川と海域で各態COD・窒素・リンの濃度・負荷量が体系的に調べられている。

　この調査を例として、河川水が海域の水質に及ぼす影響およびその調査手法につい

図18.8 衛星画像で見た富山湾における河川水の広がり（白っぽい部分）、2006年5月25日（宇宙航空研究開発機構HPより）

て述べる（富山湾共同環境調査検討会、2007）。まず、**図18.7**は、夏季の富山湾の水塊構造である。富山湾の沿岸域表層は河川水などの影響を受けた塩分の低い沿岸表層水であり、その下は200〜300mの厚みをもった対馬暖流水、300m以深は低温の日本海固有水である。富山県北岸には、西から小矢部川、庄川、神通川、常願寺川、黒部川の5大河川が流入している。これらからの河川水は、北岸沖を東に流れる海流に乗って、岸を右に見る方向（東）へと広がる。

　河川水の広がりは、人工衛星画像にもとらえられている。2005〜2006年の間の冬は厳冬となり、富山市の積雪は79cmに達した。2006年2月中旬から融雪出水が始まり、徐々に流量は増加し、2006年5月20日に最大流量（神通川で890m^3/秒）に達した後、急激に減少していった。人工衛星だいちがとらえた5月25日の画像は、富山湾に注ぐ各河川水の広がりをよく示している（**図18.8**）。白っぽい部分が融雪水の広がりであり、各河川水は右に陸岸を見る方向に広がっている。また**図18.9**は2004年夏を再現した数値モデル計算による河川水の広がりである。5大河川からの河川プルームが合流して、東に向かう幅約10kmのコースタル・カレントとなっている様子が再現されている。

　次に、河川から入った物質が、海水との混合によって希釈されると同時に変化していく様子を示す。**図18.10**は小矢部川河口海域の模式図である。河川水は、下層の海

第18章　日本海とその流入河川　229

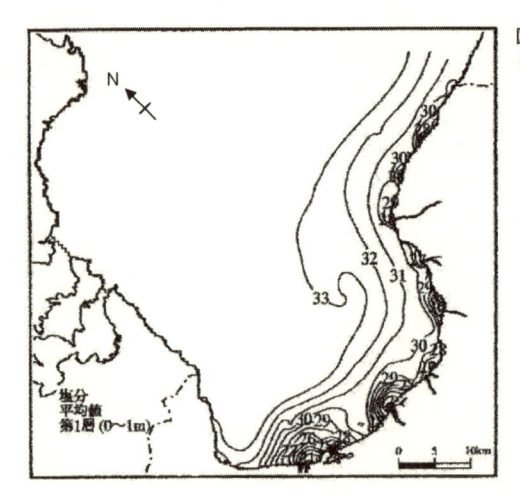

図18.9 数値モデルで求めた河川水の広がり（表層）、2004年夏

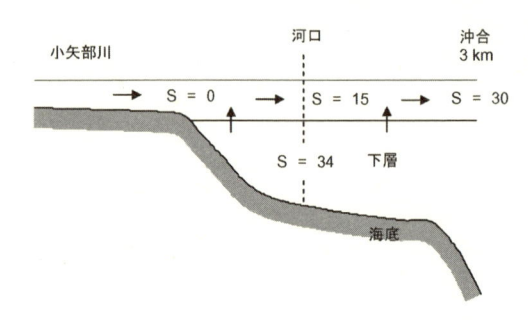

図18.10 小矢部川河口域の模式図。Sは2004年8月30日の塩分値

水を取りこみながら、厚さ約1mの薄い層として河口から沖合へと広がっていく。下層の塩分は約34であり、この高塩分水は河川河口部の下層に進入している。下層の海水の性質は、場所・水深によらずほぼ一様である。このような海洋構造であるため、上層の海水は、河川水と、一様な下層水の2つの起原の水が混ざり合ったものとして考えることができる。

河川水の平均的な水質組成を図18.11に示す。河川水の窒素の72％（小矢部川）および85％（神通川）は溶存態無機窒素（DIN ＝ NH_4 ＋ NO_2 ＋ NO_3）であり、溶存態有機窒素（DON）や粒状態有機窒素（PON）の割合は小さい。一方、リンでは粒状態有機リン（POP）の割合が比較的大きく、小矢部川・神通川ともに41％である。窒素濃度とリン濃度の比は、一般にNP比とよばれ、水系の栄養形態を示す重要なパラメータである。海産植物プランクトンのNP比（重量比）はほぼ7.2であり、この値はレッドフィールド比とよばれる。小矢部川および神通川のNP比（DIN/DIP）は小矢

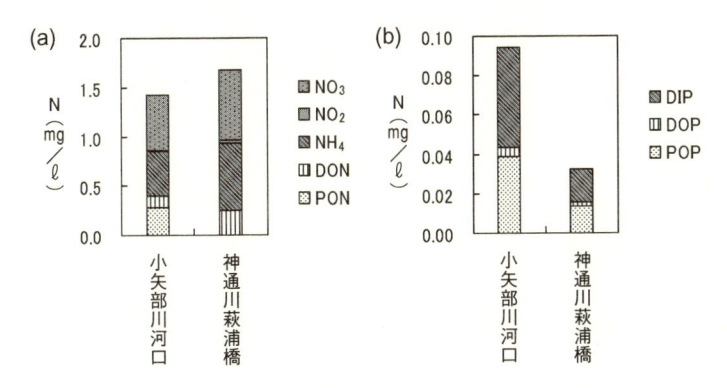

図18.11 流入河川水の窒素組成(a)、およびリン組成(b)。2003年度の平均濃度

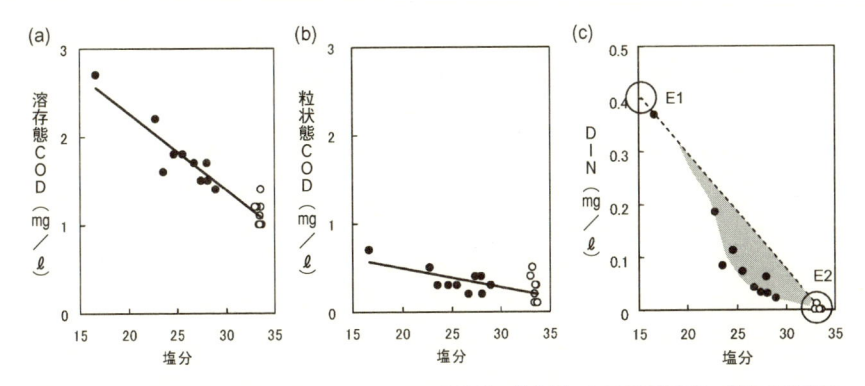

図18.12 小矢部川河口沖海域におけるCOD、DINと塩分の散布図。2004年8月30日。黒丸：表中層（水深0.5mと2mの海水を当量混合）、白丸：下層（水深10m）

部川で20、神通川で84であり、いずれもレッドフィールド比よりもずっと大きく、海域で一次生産に使われる栄養としては、やや窒素過多の肥料が流入していることとなる。

　小矢部川河口沖海域では、河口から沖合3km、海岸に沿う方向3kmの長方形の海域において表中層と下層の水質測定が行なわれている。2004年8月30日におけるCOD、DINと塩分の散布図を図18.12に示す。このような、物質濃度と塩分の散布図はミキシング・ダイアグラムとよばれ、物質の動態解析に多く用いられる。図18.12(c)では、上層の海水は、図中の丸で囲った2つの水がある比率で混ざり合ってできたと考えられる。そのひとつは河口上層水（E1：S = 15、DIN = 0.4）であり、もうひとつは下層海水（E2：S = 34、DIN = 0）であり、両者はエンドメンバーとよばれ

第18章　日本海とその流入河川　231

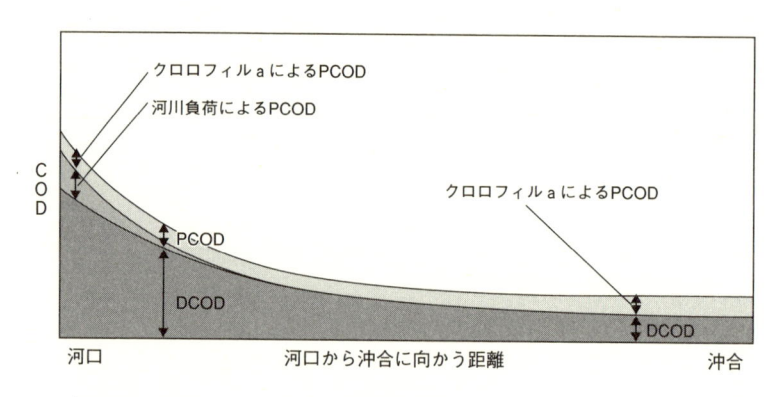

図18.13 小矢部川河口沖海域におけるCODの構成模式図。PCOD：粒状態COD、DCOD：溶存態COD

る。採水点（黒点）における両エンドメンバーの混合比率は、その塩分値から計算することができる。もし2つのエンドメンバーのDINが単純に混合され、消失も生成もなければ、この点のDINは点E1とE2を結ぶ線上に位置することになる。このような混合は保存的であるといわれる。一方、混合とともにDINの消失があれば、その採水点の点は破線よりも下に位置する。逆に、DINの生成があれば、破線よりも上に位置する。消失や生成をともなう混合は非保存的であるといわれる。図18.12（c）では、灰色に塗った部分が消失した部分であり、上層水が塩分30に達するころには、DINのほとんどが失われていることを示している。この消失は、おもに植物プランクトンによるDINの消費であると考えられている。

　一方、CODは溶存態、粒状態ともに2つのエンドメンバーを結ぶ線の近くにあり、保存的に希釈されている。とくに、溶存態CODと塩分との相関係数R^2は0.90に及び、保存性が強い。

　このような散布図を季節ごとに描き、小矢部川河口沖海域のCODの動態を明らかにし、それを模式的に示したのが図18.13である。全海域で溶存態CODの比率が高く、河川からの溶存態CODと、沖合水（図18.7では対馬暖流水）の溶存態CODが保存的に混合したものと考えられる。この海域のCODの変動は、河川水のCODの変動と、沖合水のCODの変動の両方の影響を受けていると考えられる。

　ここに例示したように、日本海の河川水影響域は、水塊構造が明確であり、海域における河川水影響を研究する格好のフィールドとなっている。また潮流による海水移動が小さいことも調査・研究を容易にしている。

引用文献

宇宙航空研究開発機構HP　http://www.jaxa.jp/
国立天文台（1999）理科年表　平成12年．地55（695）ページ．丸善(株)．
富山県水産試験場HP　http://www.pref.toyama.jp/branches/1690/1690.him
富山湾共同環境調査検討会（2007）富山湾共同環境調査検討会報告書．富山県生活環境文化部．
日本海区水産研究所HP　http://jsnfri.fra.affrc.go.jp/
福岡県水産海洋技術センター（1993）福岡県水産海洋技術センター事業報告　平成4年度．
福岡県水産海洋技術センター（1996）福岡県水産海洋技術センター事業報告　平成7年度．
藤原建紀（2007）河口域および内湾域におけるエスチュアリー循環流．沿岸海洋研究, 44 (2), 95-106.

第19章 オホーツク海とその流入河川

青田昌秋

19.1 はじめに

2005年7月、知床半島の世界自然遺産登録が決まった。登録の理由は、海と陸の生物が複合的に連携して多様性に富む自然環境、生態系が形成、維持されていると評価されたためである。"世界自然遺産知床"はこの半島に限らず、オホーツク海の豊かさの象徴と位置づけたい。なお、遺産の登録範囲は陸だけでなく、先端から半島中央部までを取り囲む岸から3kmの海も含むとされた。半島の生態系にかかわっているのは、当然ながらオホーツク海全域である。ここではオホーツク海を育む環オホーツクの自然環境、とくに流入する河川の重要な役割について考えたい。図19.1にオホーツク海の特異な風景・海氷の写真を示しておく。

19.2 オホーツク海が海氷の南限である謎

オホーツク海は、カムチャツカ半島と千島列島によって太平洋と、サハリンと北海道によって日本海と区切られた北太平洋の縁海である。平均水深は840m、面積は$1.53×10^6 km^2$で日本海の1.5倍の広さである。この海の最大の特徴は海氷の生成である。

図19.2はオホーツク海の海氷分布の平均的な季節変動（上：拡張期、下：後退期）である。11月上旬にはオホーツク海の北部・シベリア大陸沿岸や間宮海峡のアムール川河口付近は早くも凍りはじめる。氷域はオホーツク海の西に偏しながら南へ拡大していき、海氷最盛期の3月中旬にはオホーツク海の80%が海氷で覆われる。不思議なことに、ほぼ同緯度でありながら凍るのはオホーツク海だけで、日本海、太平洋側は凍っていない。図19.3の北半球の海氷限界線を追ってみよう。世界的に見てもオホーツク海は海氷の南限であることがわかる。これには何か特別な理由があるのだろうか。

オホーツク海が海氷の南限であることの謎を理解するために、真水の池や湖と海の冷却、結氷過程を比較してみる。図19.4の一番下の太線で示すように、真水の凍りは

図19.1 オホーツク海の海氷。氷野の隙間の魚を狙うオオワシが写っている

じめる温度（結氷温度、図中○で示す）は0℃、最も重くなる温度（最大密度の温度といい、いわば密度の峠で、図中●で示す）は4℃である。図から明らかなように真水は4℃以上では、冷たいほど重いから、先に冷やされる表層の水は沈降して下の水と入れ替わる。つまり、対流を起こしながら冷えていく。ところが、4℃の密度の峠を越えて4℃以下になると、冷たい水のほうが暖かい水より軽くなる。だから、4℃以下では対流なしで冷えていき、表面が結氷温度の0℃になると凍りはじめる。密度の峠（ピーク）の4℃を境に、「対流あり」の冷却から「対流なし」の冷却へ変わり、それから結氷へ向かう。これを真水型の冷却・結氷過程とよぼう。

海水は塩を含んでいるので、結氷温度（○）も最大密度の温度（●）も、塩分が高くなるほど低下する。一例として、塩分35（35は実用塩分で、従来の塩分濃度の単位でいう35パーミルとほぼ等しい）の海水が冷えていくときの密度の変化を追おう。海水は冷える（35の線に沿って左へ進む）にしたがって密度が増加するので、冷えた表層水は沈んで下の水と入れ替わる。このように対流を続けながら冷えていくが、真水とは異なり、密度の峠（●）に達する前に結氷温度（○）の−1.93℃になって凍りはじめる。つまり、全層が結氷温度になるまで対流が続き、密度の峠を越えることは生じない。これが海型の冷却・結氷の過程である。真水型結氷過程から海型結氷過程へ変わる境目の塩分は図中に示したS＝24.7である。河口付近を別とすれば、一般の海洋では塩分は24.7以上である。だから、海は深いほど凍りがたいといえる。

さて、オホーツク海の表層付近の塩分は33.5内外なので結氷温度は約−1.8℃であり、当然ながら海型の凍り方、つまり、全層が結氷温度になるまで対流が続くはずである。ところで、この海の平均水深は840mである。この海を凍らすためには、まず対流によって全層を−1.8℃まで冷やさなければならない。海から熱を奪うのは海面を吹く寒風であり、気温が低いほど風速が速いほど早く冷える。気象資料（気温、風

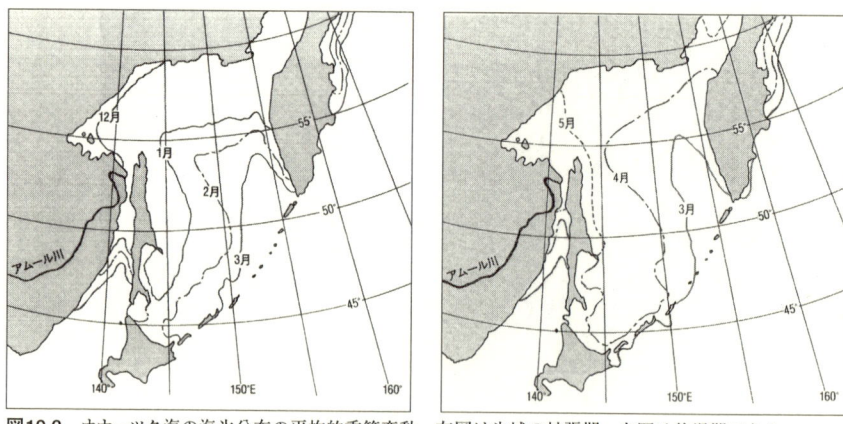

図19.2 オホーツク海の海氷分布の平均的季節変動。左図は氷域の拡張期、右図は後退期である

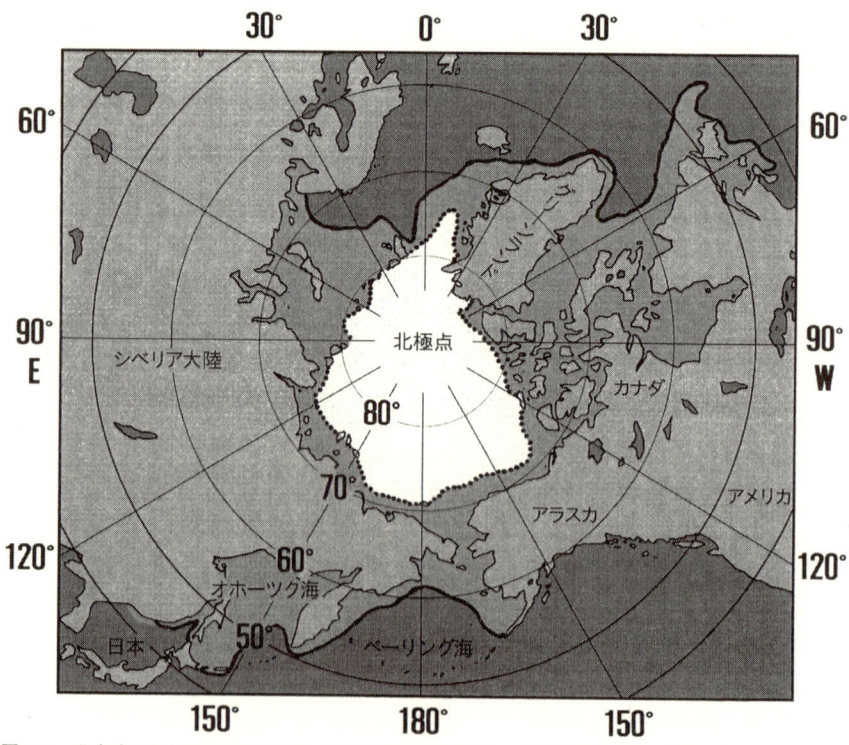

図19.3 北半球の海氷限界。外側の太い線が海氷の南限を示し、中央部の白抜きの範囲は多年氷域である

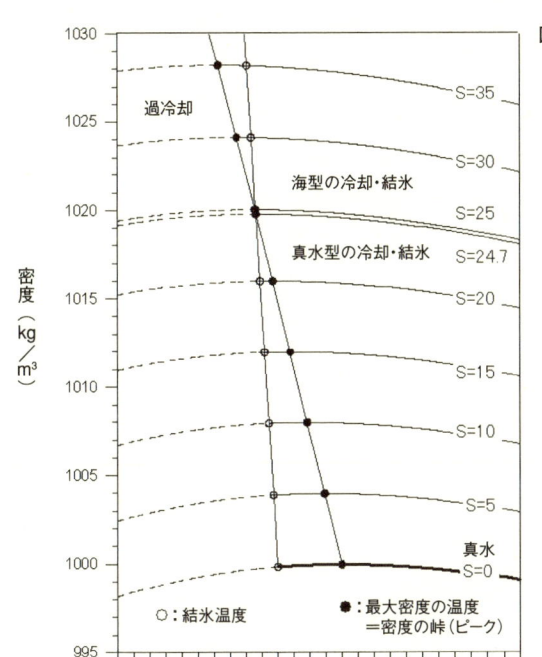

図19.4 真水および海水の密度変化

（縦軸）密度（kg/m³）
（横軸）水温（℃）

グラフ内ラベル：過冷却、海型の冷却・結氷、真水型の冷却・結氷、真水、S=35, S=30, S=25, S=24.7, S=20, S=15, S=10, S=5, S=0
○：結氷温度　●：最大密度の温度＝密度の峠（ピーク）

速）からこの海から奪われる熱量が算定できる。熱量計算の結果は、いかに寒くても一冬の間に840mの全層を結氷温度まで冷やすことはできないことになる。とはいえ現実にはオホーツク海は凍る。どうしたわけであろうか。

　図19.5は、晩秋（11月3日）のサハリン東岸沖の水温、塩分およびこれらから求めた密度の鉛直分布である。図から海面から50mあたりまでの表層は、下層に比べて著しく低塩分（低密度）であることがわかる。上下の塩分の極端な違い、これをオホーツク海の塩分の二重構造という。

　すでに述べたように、冬、オホーツク海は対流を続けながら徐々に深くまで冷えていく。しかし、対流は水深50m内外で停止してしまう。なぜなら、その下には表層の水（低塩分）よりもはるかに重い（高塩分）水が頑張っているからである。表層の50mが結氷温度に達すると対流は停止し、やがて海氷の誕生となる。オホーツク海は結氷という点からは、深さがわずか50m程度の浅くて凍りやすい海といえるのである。

　これに対して日本海、太平洋側にはオホーツク海のような明確な塩分の二重構造がない。秋以降、対流をくり返しながら深くまで冷えていくが、凍る前に春がきてしまい海氷発生には至らないのである。

図19.5 オホーツク海の塩分の二重構造

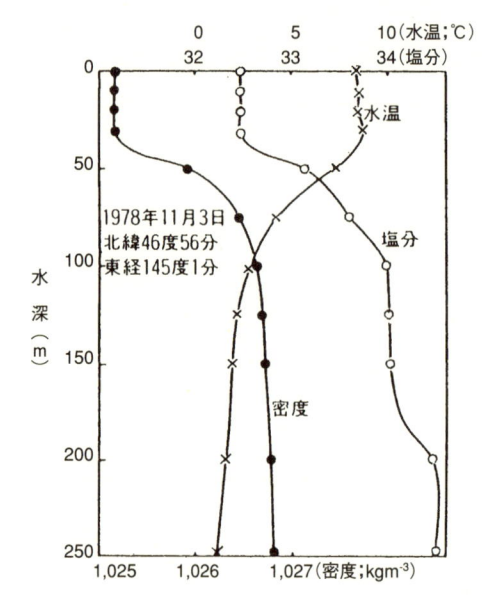

19.3　海氷の生みの親・アムール川

　では、なぜオホーツク海だけが塩分二重構造の海なのであろうか。ロシア極東の大河アムール川は、モンゴル高原に源を発し、中国・ロシアの国境沿いに北東に流れて間宮海峡に至る。その総流路は4400km、これは北海道－九州間の距離の2倍以上にあたる。またその流域面積は$1.840 \times 10^6 km^2$で、日本領土の5倍に相当する。
　アムール川はシベリアの広大な草原や原生林の雨水、雪解け水を集めて間宮海峡へ運ぶ。間宮海峡は北側のオホーツク海と南側の日本海に通じているが、河川水の大半は北上してオホーツク海へ流入する。アムール川の平均年間流量は$315km^3$（UNESCO、1974）、この河川水がオホーツク海に広がって塩分の二重構造の海をつくるのである。オホーツク海の海氷の生みの親はアムール川といえる。
　オホーツク海の海氷の最大氷厚は南部千島列島周辺で40cm弱、北部シベリア大陸沿岸で1m内外である。オホーツク海の8割を覆った海氷は、夏にはすべて解け去る季節海氷（1年氷）である。海氷は塩分を排除しながら成長するために、海氷に含まれる塩分は、もとの海水の数分の1である。このために海氷が解けると表層に低塩分水ができる。海氷生成は塩分二重構造の維持を助けることになる。
　先に述べたように、オホーツク海はほぼ閉ざされた海であり、外海からの海水の流入が少なく塩分の二重構造が維持されやすい。また、ユーラシア東部やベーリング海

では、冬、西高東低型の気圧配置が卓越し、シベリア嵐(おろし)の寒風がこの海を冷やしつづける。オホーツク海の海洋、地形、気象の3条件がそろって海氷南限の海をつくり出しているのである。

19.4　オホーツク海対北極海

オホーツク海が海氷南限である理由は、その海洋構造の特殊性——塩分の二重構造——にあることはすでに述べた。「塩分の二重構造の海はオホーツク海だけか」という質問を受けることがあるが、否である。北極海もオホーツク海と同じく塩分の二重構造をしている。両海ともいくつかの海峡、水道を通じて外海と水塊交換を行なっている。また、当然ながら降水量や蒸発量も同一ではない。ここではこれらの影響を無視して、両海の各面積と河川水の流入量を単純に比較した。

すでに述べたように、オホーツク海の表面積は$1.53 \times 10^6 km^2$、アムール川の平均年間流量は$315 km^3$である。この真水がオホーツク海に均一に広がるとすると、オホーツク海の水位を20cmほど上昇させることになる。一方、北極海の表面積は$12.0 \times 10^6 km^2$である。この海に流入する大きな河川はエニセイ川、オビ川、レナ川、マッケンジー川などがあるが、これら主要河川の年間流量は約$2500 km^3$と推定されている(Aagaard and Carmack, 1989)。これから河川水による北極海の平均海面上昇量を求めると20.1cmとなる。北極海の面積はオホーツク海の約8倍で大きく異なるが、河川水の流入量と面積の比はほとんど等しい。

両海の外海との流氷の流出量を含む水塊交換、降水量および蒸発量などの影響については今後の研究に俟(ま)たなければならないが、塩分の二重構造形成には両海とも流入河川水が大きくかかわっていることをうかがわせる。

19.5　海を育てる森

古来、日本人は森が海を育てることを知っており、これを魚付き林とよんで大切にしてきた。海の食物連鎖（食う-食われる関係）の根底は珪藻類などの植物プランクトンである。これを動物プランクトン、小魚、海底の貝やカニなどが食べる。これらの小動物を回遊魚が食べ、さらにアザラシ、トド、クジラなどの哺乳類が食べる。オオワシやオジロワシなどの鳥類は空から小魚を狙う。河川を遡上したサケ、マスをクマが狙い、キツネやフクロウが食べる。これがオホーツク圏の海と森の食物連鎖である。

海の食物連鎖の土台を担う植物プランクトンの多寡が海の豊かさを支配する。この

植物プランクトンが育つためには、陸の畑と同様に、窒素、リン、ケイ素などの養分が必須である。アムール川は、日本国土の5倍にも達する広大な大地に含まれる養分をオホーツク海へ運ぶ。近年、北海道大学を中心とする国際共同観測によると、アムール川からの陸水中に含まれる溶存有機物（植物プランクトンの主成分となる）は、きわめて高濃度である。なお、この河川水中には植物プランクトンの光合成に必須な鉄などの微量元素が含まれており、珪藻を中心とした生物生産を支えている。アムール川の流域をなすシベリア極東の草原、原生林はオホーツク海の巨大な魚付き林といえる。

19.6　氷海における栄養塩のリサイクル

海の表層付近の植物プランクトンは十分な太陽光の下、栄養塩を摂取しながらさかんに光合成を行なって繁殖する。この植物プランクトンやこれを食べる動物プランクトンの死骸などの有機物はしだいに沈降して海底に堆積する。これらの有機物は海水中の酸素によって分解されて栄養塩が再生される。したがって、栄養塩の濃度は一般に海底に近いほど高濃度である。一方、植物プランクトンが生息できるのは、光合成に必要な光が届く範囲に限られる。したがって植物プランクトンが摂取するのは表層付近の栄養塩だけである。

低緯度の海の表層は強い太陽光線で暖められ軽いので、下層の水との混合（対流）が起きにくい。強い日光の下で植物プランクトンはさかんに光合成を行なって繁殖するが、瞬く間に表層の栄養塩を消費してしまい、それ以上の繁殖はできなくなる。栄養塩類の供給がないからである。

これに対して、高緯度の海、とくに凍る海では、秋以降の寒気で冷却された表層水は密度を増して鉛直混合（対流）が発達する。海氷中にはもとの海水の数分の1の塩分が含まれているが、大半は海氷から排除される。海氷中に残った塩分も海中に排出される塩分もブラインとよばれる。排出されるブラインは低温、かつ、高塩分なので重く、海中深く沈んでいく。入れ替わって下層の水が浮上する。この海水の鉛直混合によって下層の栄養塩も浮上し、再び植物プランクトンに利用される。

19.7　海氷はプランクトンの棲み家、運び屋

海氷の下層や底面にしばしば茶色に着色した部分が見られる。これは海氷内のブラインや氷の底面を棲み家としている珪藻類を主とする植物プランクトンによるものである。氷中に棲んでいるのでアイス・アルジーとよばれている。このアイス・アルジ

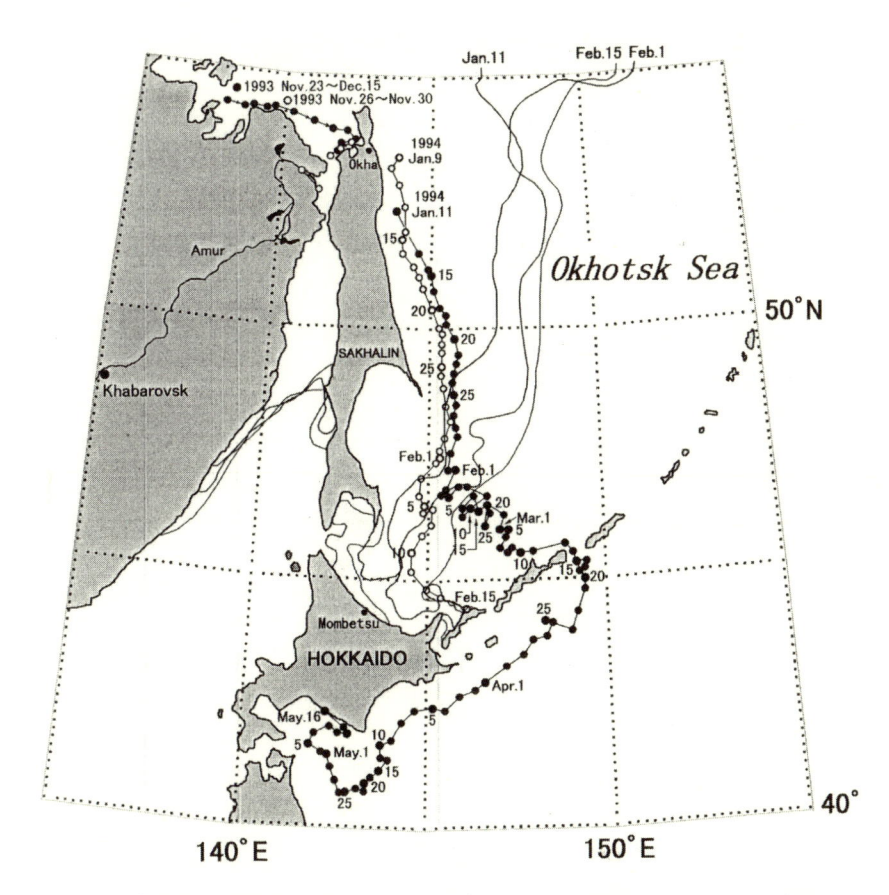

図19.6 人工衛星利用のブイによる流氷の動き。1994年1月9日および同月11日、サハリン北部のオドプト、チャイボ沖30kmの氷厚約40cmの氷野上に、それぞれ1基の人工衛星ブイを設置して漂流経路を追跡した。オドプト沖のブイは流氷に載ったまま北海道東方沖まで南下して、2月15日には国後島に漂着した。一方、チャイボ沖のブイはサハリン南端東側の中知床（アニワ）岬東方で氷を脱出、千島海盆を数回時計回りに旋回した後、択捉海峡を通過して太平洋に流出、親潮に乗って南西へ流れ、5月上旬には襟裳岬沖に達した

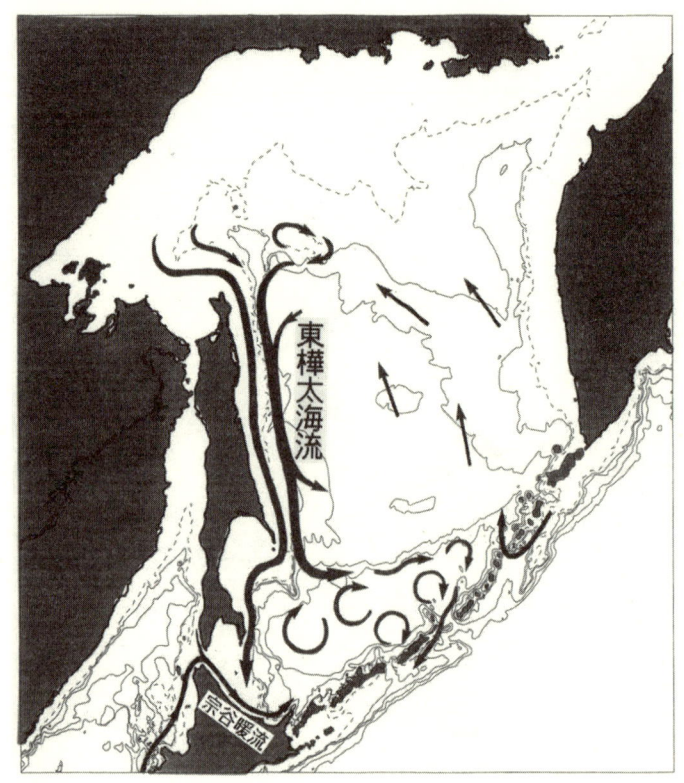

図19.7 オホーツク海の海流模式図

ーは豊かな栄養塩を摂取しながら成長し、太陽光が強まる春になると爆発的に増殖して海を豊かにしてくれる。流氷はアイス・アルジーのゆりかごといえる。

例年11月下旬オホーツク海の北西部・シベリア大陸沿岸で生まれる海氷は、風や海流によって南下する。筆者らが1993年1月中旬に北サハリンの東岸の氷上に設置したブイは1カ月余で国後島北岸に達した（望月ほか、1995）。さらに近年、北海道大学低温科学研究所が中心となって行なわれた国際共同観測によって、これまでは幻の海流とよばれて不明確であったサハリン東岸の流れ——東樺太海流——の存在が明らかになった（Oshima et al., 2002）。**図19.6**に漂流ブイの軌跡を、**図19.7**にオホーツク海の海流の模式図を示す。

流氷はこの東樺太海流と北西の季節風によって南へ漂流する。漂流だけでなく寒気によって結氷域はしだいに南へ広がっていく。オホーツク海北部で生まれた海氷は植物プランクトンを育てながら南端の知床半島、国後島、択捉島まで達する。海氷の下

には、アイス・アルジーを食べるアミなどの動物プランクトンが群がっている。海氷はプランクトンの棲み家、運び屋となってオホーツク海全体を豊かにしているのである。

　この豊かな海を回遊しながら成長したサケやマスは、オホーツク海に流れこむ大小の河川を遡上してクマや鳥の餌になる。そしてこれを食べた獣や鳥の糞は、また樹木や草の肥料となって森を育てる。このように、シベリアの森林、アムール川、オホーツク海は密接に連携し合って豊かな多様性に富む生態系を形成、維持している。

19.8　おわりに——地球村の鎮守の森

　知床半島世界自然遺産決定の数年前から地元北海道は沸いた。万国博覧会やオリンピックの誘致合戦を想起させられた。登録決定後間もなく報道合戦は急速に沈静化した。これに替わったのが、白鳥は哀しからずや……大量の油まみれの海鳥の死骸事件である。いま、あらためて"世界自然遺産"ってなんだろうと考えさせられる。その意義について自問自答したが、納得のいくイメージを得られなかった。

　知床、シベリアの草原、原生林、河川、サケ、アザラシ、ヒグマ、オオワシなどのキーワードからの連想で、ふと生態学者宮脇昭著『鎮守の森』（宮脇・板橋、2000）の文章を断片的に思い出した。「ふるさとの木によるふるさとの森－鎮守の森－は、厳しい自然環境に耐え、大災害に負けずに生き続け、人々を守り、育て、人の心の拠り所となってきた……。鎮守の森の木陰は涼を与えてくれた。水を蓄えて田畑を守ってくれた。日本人は古来、この森に社や祠をつくり、ときには祟りの言い伝えまでしてこの森を守ってきた。……」という一節である。

　頭の中の「おらが村の鎮守の森」の情景が、「ちいさな星・地球村の鎮守の森」の風景へと広がっていった。かつてわれわれの先祖が暮らしたふるさとには鬱蒼たる森があった。清い水が流れていた。豊かな海があった。人はこの一隅を拓き、ここに住まわせてもらうようになった。森の中に社を造って自然に感謝した。このようにして、森、川、海を守りつづけてきた。これがふるさとの鎮守の森である。ふるさとの集まりが地球である。われわれは地球村の鎮守の森のひとつ、オホーツクの自然を壊すことなく次の世代へ引き継がなければならない。

引用文献

宮脇　昭・板橋興宗（2000）鎮守の森．新潮社．
望月重人・高塚　徹・青田昌秋（1995）アルゴス・ブイによるオホーツク海流氷の漂流．第10回オホーツク海と流氷に関する国際シンポジウム講演要旨集, 192-196．
Aagaard, K. and E.C.Carmack (1989) The role of sea ice and other fresh water in the Arctic circulation,

Journal of Geophysical Research, 94, 14485-14498.

Oshima, K., M.Wakatuchi, and Y.Fukamachi (2002) Near-surface circulation and tidal currents of the Okhotsk Sea observed with satellite-tracked drifters. *Journal of Geophysical Research,* 107, C11, 309.

UNESCO Press (1974) Discharge of selected rivers of the world. A Contribution to the International Hydrological Decade, Vol.III (Part II), Mean monthly and extreme discharges (1979-1972), 98pp.

第20章 地中海とその流入河川

小松輝久

20.1 地中海に流入する河川

　地中海は、アジア・アフリカ・ヨーロッパの3大陸に囲まれた閉鎖的な内海で、面積$2.51 \times 10^6 km^2$、東西約3700km、南北約1400km、平均水深1400mである。ジブラルタル海峡で大西洋と通じ、マルマラ海で黒海に、スエズ運河で紅海にそれぞれ連絡する（図20.1）。地中海は、夏にはほとんど雨が降らず、冬に雨が少し降り、温和ないわゆる地中海性気候に属し、半乾燥的な気候帯に位置している。地中海は、シチリア島を境に東西地中海にわけられている（図20.1）。ジブラルタル海峡の上層を通って大西洋の表層水が地中海に流入し、下層から高塩分の海水が地中海から流出する。地中海に注ぐ大きな川の流域面積、源流標高、河川流量、流域堆積物生産速度を表20.1に示す。西地中海では、ピレネー山脈に源をもつスペインのエブロ川、アルプスおよびマッシフ・ソントラルに源をもつフランスのローヌ川が、東地中海では、アルプスに源をもつイタリアのポー川、エチオピアおよびスーダンに源流をもつエジプトのナイル川などが注いでいる（図20.1）。ナイル川はエブロ川、ポー川、ローヌ川の流量よりも倍程度ある。しかし、アマゾン川やミシシッピ川と同程度の流域面積があるものの、ナイル川の流量は、はるかに少ない（表20.1）。このように、アジア、アフリカ側から地中海に流入する河川の流量が少なく、降水量が少なく、乾燥しているため、東地中海ではポー川の影響を受けるアドリア海を除いて39という高い塩分となっている。ちなみに台湾東方の黒潮の表層塩分は34.6程度である。

　地中海では古くから文明が発展し、農牧業が営まれていた。先史時代でも陸上の土地利用が変化すると（森林の消滅と農業の発展）、土砂の供給が増加した。一方、20世紀初め以降、ダムの建設、河川敷での砂や石の採取により土砂の供給は減少した。河川からの土砂供給の急激な減少により、地中海では20世紀半ばには潜在的な土砂供給量のほぼ50％まで減少した（Poulos and Collins, 2002）。地中海の大河川では90％を超える減少があり、10m台の海岸線の侵食がエブロ川、ローヌ川、ポー川で、100m台の海岸線の侵食がナイル川で生じている。

　衛星画像や空中写真で得られたカラー画像など複数のデータから土地の被覆状態を

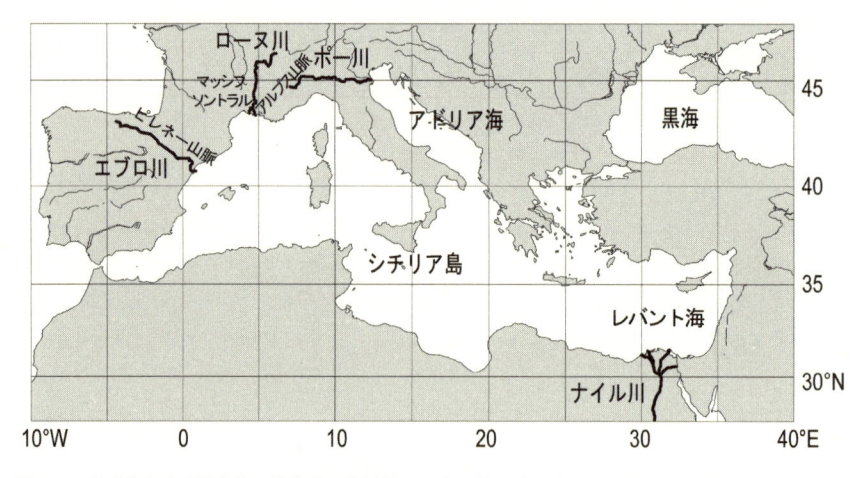

図20.1 地中海および地中海に流入する大河川のナイル川、ポー川、ローヌ川、エブロ川

表20.1 地中海のおもな流入河川とミシシッピ川、アマゾン川の流域面積、源流標高、河川流量、流域堆積物生産速度の比較（Syvitski *et al.*, 2005）

河川名	国(河口)	流域面積 (km^2)	源流標高 (m)	河川流量 (m^3/秒)	流域堆積物生産速度 トン/km^2/年
ポー	イタリア	70,000	4,800	1,490	214
エブロ	スペイン	85,000	3,404	1,400	214
ローヌ	フランス	90,000	4,810	1,510	695
ナイル	エジプト	282,6122	3,780	3,484	42
ミシシッピ	米国	3,221,200	4,400	18,400	124
アマゾン	ブラジル	6,299,000	6,768	200,000	190

調べるのによく用いられる方法に、地上で実際に確認した場所を教師として使用して分類する教師付き分類と、画像データの画素をランダムに選び、いくつかのクラスタに分類し、得られたクラスタをカテゴリーに対応づける教師なし分類がある。表層のクロロフィル濃度、水温、海面風速の衛星画像からこの教師なし分類によって地中海を分類した結果によると（Barale, 1999）、地中海に流れこむ主要な河川、すなわちエジプトのナイル川、イタリアのアドリア海の海岸線に流れこむポー川、フランスのリオン湾に流入するローヌ川、スペインのエブロ川などの河口沿岸に一次生産の高い沿岸水域が分布し、それらの沖合域に影響を及ぼしている。ただし、ナイル川河口から沖合域への影響は限定的である。地中海は貧栄養な海域であり、とくに東地中海のクロロフィル濃度はナイル川河口を除いて極端に低い。一方、西地中海では東地中海よりも相対的に高いクロロフィル濃度である。これは河川からの流入や大西洋からの海水の流入などがあり、大陸縁部部の海水の影響を西地中海が受けているためである。

　本章では、地中海に注ぐ河川が河口域および地中海に及ぼす影響を代表的河川の研究例をもとに概観してみたい。

20.2　ナイル川

(1) アスワンハイダムによる物理環境の変化

　エジプトのナイル川では河口から約1000km上流のアスワンハイダム建設によって河川流量が大きく変化した（Sharaf, 1977）。淡水の供給は、1959～1963年の平均値で見ると1年間の流量が$42.9 \times 10^9 m^3$、8～11月の洪水期の4カ月合計流量が$34 \times 10^9 m^3$であった。しかし、1964年から貯水が開始されたアスワンハイダムによって地中海に放出される流量は著しく減少した（図20.2）。地中海では塩分は39程度であり、アスワンハイダム建設以前の洪水期のナイル川河口周辺の沿岸域では26～36であった（図20.3）。一方、アスワンハイダムの貯水開始後、洪水期の塩分は非洪水期とほぼ同じ36～39.5になった（図20.3）。このことは、洪水期の低塩分と非洪水期の高塩分に耐えられる生物のみが分布できる特殊な環境であったものが、アスワンハイダム建設の結果、地中海で広域に分布する39という塩分環境に変化してしまったことを示している。特殊な環境の喪失は生息場所の多様性の喪失を意味し、その環境に適応してきた生物の消滅によって種の多様性も失われることになる。

　河口周辺おける塩分の変化は、海水の密度分布に影響を及ぼし、エスチュアリー循環のパターンに影響を及ぼす。1964年以前の洪水期ではナイル川からの淡水と混じった広い塩分範囲をもつ上層流と地中海の海水からなる下層流の2層流であった（Sharaf, 1977）。しかし、アスワンハイダム建設後は、地中海の海水のみにより構成される1層の流れに変化した。一般的な河口域では、通常2層流であり、河川から流

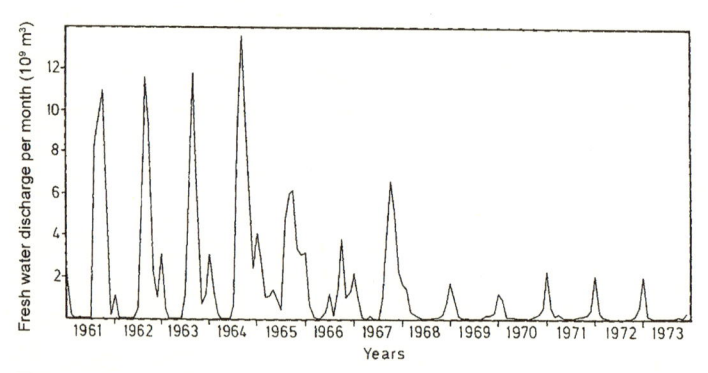

図20.2 1961〜1973年までのナイル川の分流であるロゼッタとダミエッタの河口から地中海に流入する毎月の全淡水流量の変化（Sharaf, 1977）。アスワンハイダムの貯水は1964年から開始

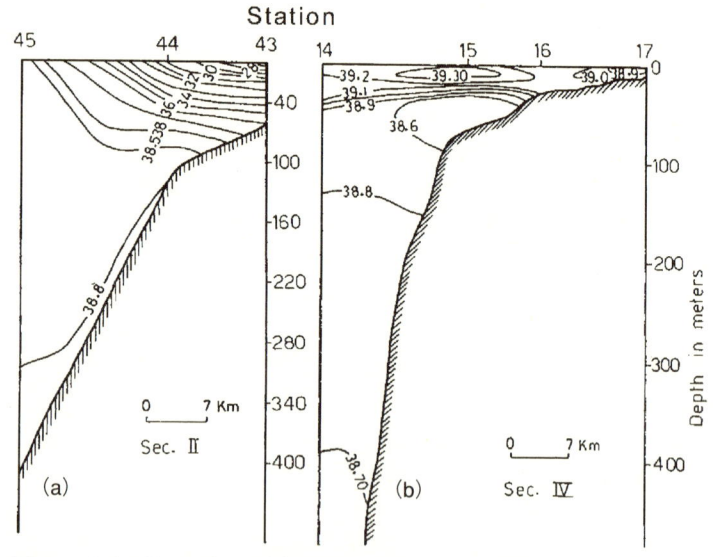

図20.3 ナイル川のロゼッタ分流河口から地中海までの塩分の鉛直プロファイル（Sharaf, 1977）。(a) アスワンハイダムによる貯水前の1960年洪水期と、(b) 貯水開始後の1970年洪水期

出する淡水の影響で密度が小さい上層の水は沖合に流れ、沖合の高い塩分をもつ大きい密度の下層の海水は河口に向けて流れるというエスチュアリー循環は生物の生活史に大きな役割を果たしている（第2章、第5章参照）。たとえば、若狭湾丹後海のカタクチイワシ卵の分布を調べた例（田中、1991）や、大阪湾におけるヨシエビ幼生の分布の数値解析の例（小田ほか、1997）では、卵発生にともなう比重の変化、ヨシエビ幼生の鉛直移動などと、エスチュアリー循環とがうまく組み合わさって生育場としての河口域へこれらの生物が到達することを示している。沿岸域に生息する海洋生物の生態を考慮すると、エスチュアリー循環の消失は、それを利用してきた海洋生物の生存に大きな影響を及ぼすことがわかる。

もうひとつの影響として、ナイルデルタ前面では流出した淡水と地中海の海水との密度差により生じる水平循環の地衡流が、1964年の貯水開始後、ナイル川からの淡水流入が減少したために、洪水期である8～11月においても非洪水期と同じパターンになったことがあげられる（Sharaf, 1977）。このような流動の変化は、遊泳力がない海洋生物、卵、仔稚魚の輸送に大きな影響を及ぼし、それらの生残、分布、豊度を変える。

農耕地を拡大するために灌漑と排水用の水路が建設されると、河川の流速が低減し、土砂を河床に沈殿させ、沿岸域への土砂の供給量は著しく減る。ナイル川河口のデルタでは、農業生産を高めるため灌漑と排水用に閘門・水門をもつ総延長1万kmの水路が2万2000km^{2}のデルタに建設されている（Stanley, 1996）。アスワンハイダムから放出されデルタに入った流量はおよそ35km^{3}で、その3分の1は蒸発と地下への浸透で失われ、3分の1がデルタの水路に入り、残りの3分の1が河口から放出されている。水路では水草や藻によって水流が弱められ、砂、シルト、泥が沈殿し、アスワンハイダム建設以前には年間に1億トン以上の土砂が供給されていたものが、現在では数百万トンまで減少している（Stanley, 1996）。その結果、1960年代のある年には、50m/年から100m/年の速度で海岸線が後退した。1965年にナイルデルタ沖で採集した海底コアの解析結果によると、完新世の大陸棚中央および外縁における堆積速度は4cm/1000年から20cm/1000年と低い範囲にあるので、ナイル川からの土砂供給がないという状況が続けば、流れによって大陸棚中央から外縁の海底も侵食されると予測されている（Stanley, 1988）。

土砂供給量の減少による海底侵食の影響を最も受けるのは海底に生活する貝類などのベントスである。1975年にナイル川河口沖合で採集されたコアサンプル中にある現世の1mm以上の殻をもつ貝の種類とその豊度を調べた研究では（Bernasconi and Stanley, 1996）、海底の不安定さを指標する日和見的な種および、泥場の貝類、砂地の貝類、底質内生貝類と濾過食性貝類という異なった性質をもつ種が複合してつくる生物相で特徴づけられる群集が、ナイルデルタ沖の大陸棚中央部で底深18～80mの間に分布していた。海水－堆積物間の高濁度と堆積物の強い撹乱を指標するこの生物

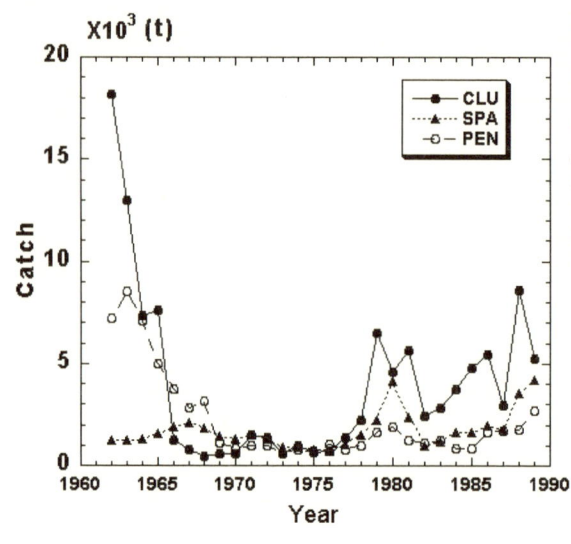

図20.4 1962年から1989年のエジプトの沿岸における主要水産魚介類3種、イワシ類（CLU）、タイ類（SPA）、クルマエビ類（PEN）の年間水揚げ量の変動（Bebars et al., 1997）。アスワンハイダムの貯水は1964年から開始。1978年にイスラエルとエジプトの平和条約が締結され、操業海域がシナイ半島に拡大

相の群集が、環境がきわめて不安定になった海底で、他の大陸棚上の生物相と置き換わりながら分布を広げていた。この生物相の分布域東側には、泥場を好むフネガイ超科フネガイ科の二枚貝で特徴づけられる生物相が分布し、岸に沿って卓越する東流により細かい堆積物が選択的に輸送されていることを示していた。ナイル川河口沖では土砂の供給量の変化による堆積物の変化に反応して、底生動物相が変化している。

（2）貧栄養化とその影響

灌漑用水の取得と発電のためにアスワンハイダムが建設されたナイル川河口域では、富栄養化とは逆の現象「貧栄養化」が生じた。アスワンハイダム建設以前には、8～12月の洪水期と河川流量が0に近い1～7月の非洪水期（渇水期）があり、ナイル川の河川水のリン、シリカ、土砂の洪水期の濃度は、$6.4\,\mu g/l$、$340\,\mu g/l$、$4kg/m^3$であった（Aleem, 1972）。この水は洪水期には河口域で5mの厚さをもって広がり、漁業者には「紅い水」とよばれていた。

洪水期が始まるとナイル川の河口沿岸では珪藻のブルーミングが始まり、珪藻細胞数は非洪水期に1l当たり数千個体であるものが10^6～10^8細胞/lに達していた（Aleem, 1972）。地中海の他の海域におけるブルーミングでは10^4～8×10^5細胞/l程度であるので、ナイル沖のブルーミングの規模がいかに大きかったかがわかる。コペポーダを中心にした動物プランクトンは、非洪水期の冬場に2000～4000個体/lしかないが、洪水期には植物プランクトンの増加に追随して5万～8万個体/lに増加する。

これらの動物プランクトンを餌とするイワシ類のサルディネラ・アウリタとサルディネラ・エバが洪水期に索餌回遊に現われ、洪水期に1万〜2万トン漁獲されていた。魚の餌となるメイオベントス、ミクロベントスが多いこと、ナイルデルタ沖に広大な泥あるいはシルトの底質があること、ブルーミングで生産された植物プランクトン由来のデトリタスや溶存有機物量の濃度が高いなどのために、底生魚類は、1トン/km^2、全体で2万8750トン/年の現存量があったと推定されている（Aleem, 1972）。しかし、1964年のアスワンハイダムの貯水開始以来、リン、窒素、ケイ素濃度は減少し、洪水期に見られたナイルデルタ沖のブルーミングが消滅し、8〜9月でも洪水期に先立つ非洪水期の群集と同じ種組成で植物細胞数は数千細胞/ℓを超えない程度にまでになってしまった。イワシ類の群れはこず、ナイルデルタ沖での漁獲量は1966年には553トンにまで低下し、脂肪含有率が洪水期に31％と22％に達していたものも、肥満度が著しく減少した。1962〜1989年のナイルデルタ域における漁獲量データ（Bebars et al., 1997）をもとに、主要な魚種の漁獲量の変化を見ると（図20.4）、アスワンハイダムの貯水が開始された1964年からイワシ類が急減に減少した。この結果はナイル川からの莫大な無機栄養塩の流出により生じた植物プランクトンのブルーミングとイワシ類の現存量が密接に関係していることを示している。なお、1978年以降見かけ上漁獲量が増えているのは、1978年にイスラエルとエジプトの間で平和条約が締結され、操業海域がシナイ半島に拡大したためである。また、クルマエビ類もイワシ類同様の減少傾向を示したが、ナイル川により輸送される粒状有機物や沿岸で生産される有機物がアスワンハイダム建設後に減少したこともひとつの要因ではないかと考えられる。上述した例は、河川流量の減少にともなって、海に供給される栄養塩が激減し、海域の貧栄養化のため一次生産が減り、生態系ピラミッド上部にある消費者のバイオマスも減少し、漁業に影響を及ぼしたことを物語っている。ナイル川がアスワンハイダムによって閉鎖されてしまったため東地中海はその主要な栄養源を絶たれ、食物連鎖が崩壊し、漁業も全部崩壊してしまった。そして、東地中海は実際に超貧栄養な海になった（Barale, 1999）。乾燥地帯の閉鎖性海域における生物生産に及ぼす河川の役割がいかに大きいかを物語っている。

　しかしながら、1980年代以降、近年エジプトにおける漁獲量は増加している。この理由として、アスワンハイダムにより供給される淡水を用いた灌漑施設の拡大、農地の拡大、投入される肥料の増加、カイロとアレキサンドリアの都市部およびその周辺における人口の増加と都市下水網の発達により、人工的に栄養塩が負荷された灌漑排水あるいは都市下水が、エジプト沿岸から地中海に排水される。Nixon（2003）の見積もりによると、アスワンハイダム建設以前にナイル川から供給されていたリンおよび窒素の総量は、それぞれ年に7〜11キロトンおよび6.7キロトン、建設後は0.03キロトン、0.2キロトンに減少した。しかし、流域下水からのリンおよび窒素の負荷量を推定したところ、貯水前の1965年にはそれぞれ2.4キロトン、12キロトンであったも

のが、1995年には15.8キロトン、108キロトンと大幅に増加している。このため、基礎生産が増大し、魚類生産も増加したことが考えられている（Nixon, 2003）。現在の沿岸生態系は、周年の恒常的な栄養塩の供給に依存して基礎生産が増大する状況にあり、アスワンハイダム建設以前の季節的な洪水に依存していた状況ではなくなっている。このようにダム建設という人間活動のインパクトが、単に、河川水を通じてだけではなく、ダムにより供給される淡水がもたらした社会的な生活様式や農業生産の変化によっても沿岸生態系に影響を及ぼし、漁業生産に変化をもたらしている。

（3）地中海の流動に及ぼす影響

ナイル川から東地中海へ流入する淡水量は、既に1902年のアスワンダムの建設以来減少していたが、それでも$9 \times 10^{10} \, m^3/$年の流量があった。しかし、アスワンハイダムの建設後には、前述のように流量は著しく減少してほぼ無視できる程度にまで落ちこんだ。一方、黒海からも東地中海へ淡水が流入している。この量は、アスワンハイダムの建設開始以前の1947年には$10.4 \times 10^{10} \, m^3/$年であったが、建設後の1981〜1985年には$5.9 \times 10^{10} \, m^3/$年まで減少し、減少量は$4.5 \times 10^{10} \, m^3/$年になる。ゆえに近年における東地中海における淡水の減少量はナイル川と黒海からの量を合わせると、$13.5 \times 10^{10} \, m^3/$年に達する。これは東地中海の海面からの蒸発量$1.8 \times 10^{12} \, m^3/$年のおよそ7％を占めるほどで、海域の塩分に大きな影響を与える（Rholing and Bryden, 1992）。この結果と、東部および西部地中海の塩分と水温の上昇という経時的変化の解析結果とから、レバント海中層水（Levantine Intermediate Water: LIW）の塩分が上昇し、シチリア海峡を通じて西部地中海に流出するLIWにより西部地中海深層水（Western Mediterranean Deep Water）の塩分および水温上昇がもたらされていると推定されている。なおこのような淡水流入の減少は、100年のオーダーの応答時間をもって海域の塩分や密度の変化に影響すると考えられている。淡水流入減少による地中海の海況の変化は、近年の数値モデルを用いた研究（たとえばSkliris et al., 2007）によっても同様の結果が提示されている。

20.3　ポー川

ポー川の流域面積および流域の人口は、それぞれ7万km^2（**表20.1**）と1600万人であり、イタリア全土の面積と人口の4分の1を占めている。ポー川流域には全イタリアの、家畜飼育頭数の55％、農業生産の35％がある。活発な集約農業により排出される栄養塩の一部はポー川に流入する。ポー川デルタの100km上流で近年測定された溶存態無機窒素、全リンはそれぞれ年10万トン、9000トンであった（Artioli et al., 2005）。

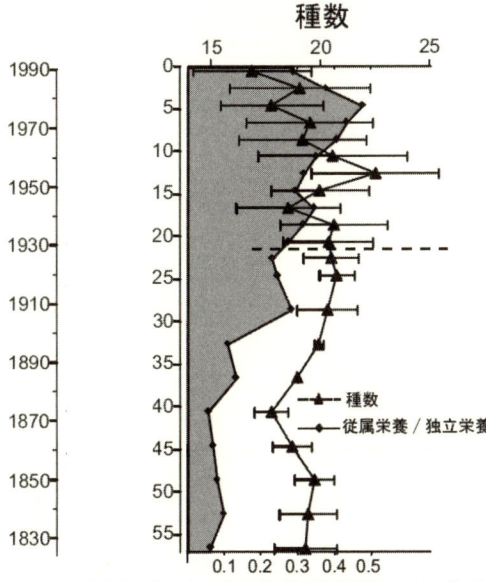

図20.5 アドリア海に注ぐポー川沖合の海底で採取されたコアに含まれていた渦鞭毛藻類のシストから復元された従属栄養と独立栄養の渦鞭毛藻のシスト細胞数比（◆）、渦鞭毛藻類の種数（▲）の経年変化（Sangiorgi and Donders, 2004）

　これらの汚濁負荷はポー川が流れこむ北部アドリア海を強烈な富栄養化の危機に陥れた。北部アドリア海は、平均水深40mで、0.35m/kmの非常にゆるい海底傾斜をもつ湾である。アドリア海では、まれにしか見られなかった、あるいは知られていなかった植物プランクトン種の出現とそれらの急激な増加により植物プランクトンの組成の変化が生じたが、それらの変化は都市や産業の発展にともなう流入河川からの栄養塩供給量の増加を介した海域の富栄養化による一次生産の増加と並行していた（Pucher-Petkovic and Marasovic, 1988）。
　これらの経年変化をSangiorgi and Donders（2004）の研究をもとに示す。彼らはポー川沖合の海域で海底から底質のコアを採集し、海底に堆積した植物プランクトンである渦鞭藻類のシスト（細胞表面に堅固な膜〈包囊〉を形成して一時的に休止状態にある細胞）を調べた。珪藻類などを直接栄養源として利用する従属栄養型渦鞭毛藻のシストが堆積物中に増加することは、珪藻類などの植物プランクトンの増殖を反映しており、それはその海域での栄養塩の増加による富栄養化を反映している。従属栄養／独立栄養の渦鞭毛藻のシスト細胞数比は、1910年ごろから高くなりはじめ、無酸素水塊の発生が報告された1977〜1988年の間に最大となった（**図20.5**）。この期間は戦後復興期にあたり、ポー川から輸送される陸における人の活動（洗剤と肥料）によるリンの栄養塩負荷が倍増し、溶存酸素の表層における過飽和と海底における貧酸

素が発生した期間に相当している。また、種数は1978年の、富栄養化、汚染、表層の過飽和の酸素水、底層の貧酸素などの発生という人為的な環境負荷が大きくなった状況で大きく減少した。1980年代中ごろからの洗剤中のリン含有量が規制され、負荷量が減少すると、従属栄養対独立栄養の渦鞭毛藻の比は減少した。アドリア海ではリンが植物プランクトンの生長を制限している。

アドリア海では、北東および南東の卓越風が吹くこと、ポー川から淡水が流出することにより反時計回りの循環流がつくられている。このため、ポー川による汚濁負荷はイタリア半島東岸のエミリア-ロマーニャ地方の海岸に大きな被害を及ぼしている。エミリア-ロマーニャ地方では1970年代から富栄養化の影響が見られはじめ、底層の無酸素層の発生、魚類の死亡、底生生態系の変化など深刻な影響を及ぼした。また、異臭と着色した"赤潮"と透明度の低下により、観光にも打撃を与えたと報告されている。

20.4　ローヌ川

北西地中海における最大の河川はローヌ川である。ローヌ川における土砂の海洋への供給の中期的な変化を調べるために Pontら（2002）は、10回の洪水を含む1992年10月〜1995年5月の期間、流量と土砂濃度を河口において測定した。その結果、土砂の流出は、ローヌ川下流域にあたるフランス南部の洪水で起こり、鉱物組成は洪水の起こった場所に関係していることが明らかになった。Pontら（2002）は、この調査結果をもとにローヌ川からの土砂負荷量を、7.4×10^6トン/年と見積もった。ダム建設以前の土砂負荷量は22×10^6トン/年と推定されているので、最近ではその3分の1に減少したことになる。また、10世紀の土砂負荷量と比較すると、現在のローヌ川はその5％しか輸送していない。

ローヌ川が流入するリオン湾の堆積物を調べた研究によると（Roussiez *et al.*, 2005）、洪水によって多くの泥が河口近くに運ばれ、圧密され、凝集力のある堆積層が岸近くにつくられる（プロデルタとよぶ）。そのため、局所的には30cm/年の速度で泥が堆積することがある。この堆積物は、ローヌ川中流沿いに点在する原子力発電所から川に流出した放射性核種、有機物、重金属などを取りこみ蓄積させるという働きをしている。また、再懸濁した泥は、底層懸濁層を通じて沖合の大陸棚中央域に帯状に分布する泥の堆積域まで輸送される。地中海におけるデルタシステムの共通の特徴は、河口近くのプロデルタであり、潮流の弱い海における大陸と海の境界で生じる特徴といえる。

ローヌ川から供給される粒状有機物が、魚類、とくにカレイ類へ及ぼす影響を安定同位体比により調べた研究によると（Darnaude, 2005）、陸起源の粒状有機物が多毛

表20.2 地中海における全有機態炭素（TOC）と溶存態無機炭素（DIC）の起源と現存量、滞留時間。TOCの（ ）内は起源別寄与率（Sempéré *et al.*, 2000）

	TOC（$\times 10^{10}$ mol C yr^{-1}）	DIC（$\times 10^{10}$ mol C yr^{-1}）
河川	20〜83 （0.08〜0.34%）	144〜168
黒海	11〜12 （0.04〜0.05%）	105
大気	10〜20 （0.04〜0.08%）	35〜185
大西洋	125 （0.51%）	−27
現存量	24,700 （100%）	961,000
滞留時間（年）	103〜149	2,098〜3,383

類により直接消費され、それらを捕食するカレイ類に影響する。また、魚類の生活史の中で、ローヌ川河口の沿岸域で稚魚期を過ごすカレイ類も陸起源の粒状有機物を利用しており、生活史の段階によって陸起源の粒状有機物に対する魚類の感受性が異なる（Darnaude, 2005）。成長初期である稚魚期の生き残りに影響するため、河川を通じた海域への陸起源粒状有機物の輸送は資源変動に大きく関係している。したがって、河川の氾濫が沿岸漁業に及ぼす影響を評価するにあたっては、河川流量の変化に対する魚類それぞれの種の感受性を生活史に沿って調べる必要がある。このことはダム建設計画などで行なわれる環境アセスメントで考慮される必要がある。

　ローヌ川から地中海に輸送される溶存態無機炭素（DIC）および粒状態有機炭素について調べた研究によると（Sempéré *et al.*, 2000）、ナイル川のダム建設以降、ローヌ川は地中海の主要な淡水と土砂の供給源になっている。ローヌ川から地中海への炭素のフラックスを調べたところ、地中海の全河川から流出する全有機態炭素の3〜14%、全無機態炭素の10〜12%を占めていた。Sempéréらは、文献のデータをもとに、全有機態炭素（TOC）量、DICの地中海へ流入する量を推定した（**表20.2**）。それによると、TOCは河川からのフラックスが大西洋から流入する海水に次いで多く、DICでは大気と同程度かあるいはそれより多いと推定されている。TOCのうち粒状態有機炭素は無視できると考え、TOCがほぼ溶存態有機炭素（DOC）であるとすると、DOCの滞留時間は103年から149年程度になり、地中海の混合時間である100年に近い。河川のTOCの地中海のTOCへの寄与は0.08〜0.3%になる。世界の海洋における河川のTOC寄与はだいたい0.02%であるので、地中海では炭素循環に河川が大変大きな役割を担っている。

20.5 まとめ

　地中海周辺は降水量が少なく河川流量が他の地域に比べて小さい。しかし、潮汐が小さい閉鎖性の海域のため、流量の少ない河川であっても大きな影響を沖合域にまで及ぼしている。とくに、ナイル川におけるアスワンハイダムの建設によって東地中海が超貧栄養な海域となり、漁業生産が著しく減少したことは、衝撃的である。さらに、1980年以降は、ダムから取水した淡水が、排水網を通じて沿岸から排水されることにより、栄養塩が沿岸に添加され、漁業生産が増大していることが指摘されている。ナイル川の事例は、ダム建設の影響が直接的、間接的に多面的な回路を通じて沿岸生態系と海洋に影響を及ぼすことを示している。エジプトにおいて将来も栄養塩の供給量が増大しつづけた場合に、その影響域が東地中海でどのように変化するのか、それらの海域の海洋環境、生態系の変化がどうなるかを把握する必要がある。日本の重要な漁業資源であるマアジなどの産卵場となっている東シナ海では、流入河川である長江の上流に三峡ダムが建設されており、同様のことが生じる恐れがある。このようなことに対処するために、今後、状況を監視していく必要がある。

　地中海では陸上の土地利用形態の変化、ダムの建設などにともなって、現在は河川を通じた土砂の供給量が潜在的な供給量に対して地中海全体で50％、大河川では90％以下になっている。このため、海岸地形は侵食を受け、生物相は変化し、大陸棚の地形にも影響を及ぼす可能性が指摘されている。また、陸起源の粒状有機物を利用する底生生物にとっては、河川の氾濫が重要であることがローヌ川の研究で示された。また、ナイル川でも季節的な氾濫による沿岸のブルーミングがあり、魚類はそれに適応した生活を送ってきた。ダム建設により季節的な氾濫がなくなることで、沿岸生態系に大きな影響を及ぼしている。

　地中海における研究例は、潮汐の小さい海において、陸上における人間活動による流量、土砂採取、汚濁負荷、河川改修、栄養塩の負荷などの影響が、河川を通じて実際に海洋に影響することを証明している。これらの例は、日本における河川と海の関係、とくに内湾、日本海、東シナ海などの海と河川との関係を考えるうえで参考になるだろう。

引用文献

小田一紀・石川公敏・城戸勝利・中村義治・矢持　進・田口浩一（1997）内湾の生物個体群動態モデルの開発．大阪湾の「ヨシエビ」を例として．海岸工学論文集, 44, 1196-1200.

田中祐志（1991）魚卵・仔魚の比重変化と流れの構造に関連した分布・移動．流れと生物と－水産海洋学特論－, 川合英夫編, 京都大学学術出版会, 60-78.

Aleem, A.A. (1972) Effect of river outflow management on marine life. *Marine Biology*, 15, 200-208.

Artioli, Y., G.Bendoricchio and L. Palmeri (2005) Defining and modelling the coastal zone affected by the Po river (Italy). *Ecological Modelling*, 184, 55-68.

Barale, V. (1999) Mediterranean coastal features from satellite observations, 142-156. In Medcoast' 99/EMECS' 99 Joint Conference, EMECS, Kobe.

Bebars, M.I., G. Lasserre and T. Lam Hoai (1997) Analyse des captures des pêcheries marines et lagunaires d'Egypte en liaison avec la construction du haut barrage d'Assouan. *Oceanological Acta*, 20, 421-436.

Bernasconi M. P. and D. J. Stanley (1996) Molluscan biofacies, their distributions and current erosion on the Nile Delta shelf. *Journal of Coastal Research*, 13, 1201-1212.

Darnaude, A. M. (2005) Fish ecology and terrestrial carbon use in coastal areas: implications for marine fish production. *Journal of Animal Ecology*, 74, 864-876.

Nixon, S.W. (2003) Replacing the Nile: Are anthropogenic nutrients providing the fertility one brought to the Mediterranean by a great river? *Ambio*, 32, 30-39.

Pont, D., J.P. Simonnet and A.V. Walter (2002) Medium-term changes in suspended sediment delivery to the ocean: consequences of catchment heterogeneity and river management (Rhone River, France). *Estuarine, Coastal and Shelf Science*, 54, 1-18.

Poulos, S.E. and M.B. Collins (2002) Fluviatile sediment fluxes to the Mediterranean Sea: a quantitative approach and the influence of dams. In *Sediment Flux to Basins: Causes, Controls and Consequences*. S. J. Jones and L. E. Frostick (eds.). Geological Society, London, Special Publications, 191, 227-245.

Pucher-Petkovic, T. and I.Marasovic (1988) Indications d'eutrophication des eaux du large de l'Adriatique centrale. *Rapp. Comm. Int. Mer Medit.*, 32, PI1, 217.

Rholing E.J. and H.L. Bryden (1992) Man-induced salinity and temperature increases in western Mediterranean water. *Journal of Geophysical Research*, 97, 11191-11198.

Roussiez, V., J-C.Aloisi, A.Monaco and W.Ludwig (2005) Early muddy deposits along the Gulf of Lions shoreline: A key for a better understanding of land-to-sea transfer of sediments and associated pollutant fluxes. *Marine Geology*, 222-223, 345-358.

Sangiorgi, F. and T. H. Donders (2004) Reconstructing 150 years of eutrophication in the north-western Adriatic Sea (Italy) using dinoflagellate cysts, pollen and spores. *Estuarine, Coastal and Shelf Science*, 60, 69-79.

Sempéré, R., B.Charriére, F.Van Wambeke and G. Cauwet (2000) Carbon inputs of the Rhône River to the Mediterranean Sea: Biologeochemical implications. *Global Biogeochemical Cycles*, 14, 669-681.

Sharaf EL Din, S.H. (1977) Effect of the Aswan High Dam on the Nile flood and on the estuarine and coastal circulation patter along the Mediterranean Egyptian coast. *Limnology and Oceanography*, 22, 194-207.

Skliris, N., S. Sofianos and A. Lascaratos (2007) Hydrological changes in the Mediterranean Sea in relation to changes in the freshwater budget: A numerical modelling study. *Journal of Marine Systems*, 65, 400-416.

Stanley, D.J. (1988) Low sediment accumulation rates and erosion on the middle and outer Nile delta shelf off Egypt. *Marine Geology*, 84, 111-117.

Stanley, D.J. (1996) Nile delta: extreme case of sediment entrapment on a delta plain and consequent coastal land loss. *Marine Geology*, 129, 189-195.

Syvitski J.P.M., A.J. Kettner, A. Correggiari and B.W. Nelson (2005) Distributary channels and their impact on sediment dispersal. *Marine Geology*, 222-223, 75-94.

第21章 マングローブ林と河川と海

松田義弘

21.1 熱帯・亜熱帯の河口域

　河口域は河川から流出した大量の泥土により広大な干潟となっている場合が多い。満潮時には海域となり、干潮時には陸域となる干潟には、河川を仲立ちとして陸から大量の栄養塩が供給され、一方、沖合からプランクトン、溶存酸素などが運びこまれ、多様な生態系が形成される。たとえば、有明海の奥部、筑後川の河口から沖に向かって4kmほどまで広がるわが国最大の干潟が有明海の生物活動を育み、豊かな漁場をつくり出していることはよく知られている（宇野木、2006）。以下に述べるように、マングローブ樹林域はこのような干潟のひとつの典型である。

　熱帯・亜熱帯の入り江や河口域の干潟（潮間帯）に群落をつくる塩性植物を総称してマングローブという。世界のマングローブ域を赤道のまわりに敷き詰めるとちょうど4kmの幅のグリーンベルトとなる。有明海の干潟いっぱいにマングローブが繁茂し、その風景が赤道を一周して覆っている地球を想像していただきたい。このような広い潮間帯を覆うマングローブ域が熱帯・亜熱帯地域の森林資源、陸岸の保全だけでなく、地球全体の食糧資源、自然環境の形成に重要な役割を果たしていると推測することは容易であろう（向後ほか、2005）。しかし、人間活動の加速化にともなって、19世紀後半から地球規模でマングローブ林の破壊が進んできた（Spalding *et al.*, 1997）。そして、このマングローブ林の退廃は、たとえば、エビ養殖池の劣化（Hong and San, 1993）、大規模海岸侵食（Mazda *et al.*, 2002）、津波災害（Mazda *et al.*, 2007a）など、人間活動の崩壊へと悪循環を引き起こしている。本章では、まず、マングローブ干潟の特異な自然環境を概観し、次いで、この自然環境が陸域、マングローブ域と外海の間の相互作用によって形成され、維持されている例を、とくに、物理過程の面から紹介する。

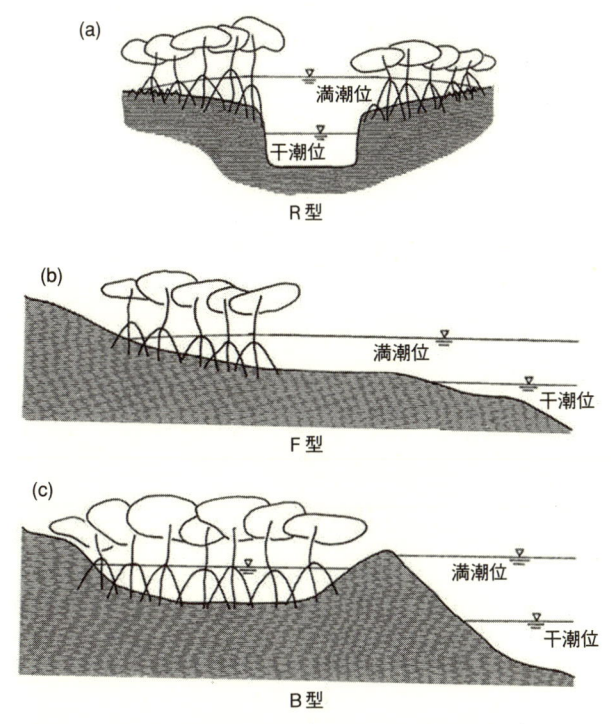

図21.1　マングローブ地形の分類（Cintron and Novelli, 1984）

21.2　マングローブ環境の概要

(1) マングローブ地形
　マングローブ域はその地形的特徴、また物理的機能を考えて、以下の3つにわけられる（図21.1）。
(a) R型（Riverine forest type）：潮汐周期で海水が遡上する感潮河川（tidal creek；クリーク）の岸に沿った泥湿地（swamp：スワンプ）に群落を形成し、河口を通して外海から遡上する海水が高潮時にクリークの岸を越えて氾濫し、低潮時には干出する。
(b) F型（Fringe forest type）：外海に面した海岸線に沿ったスワンプに群落を形成し、高潮時に浸水、氾濫し、低潮時には干出する。
(c) B型（Basin forest type）：平均海面が高くなる雨季などの満潮時に外海水が浸入し、平時は沼地化しているスワンプに群落を形成する。

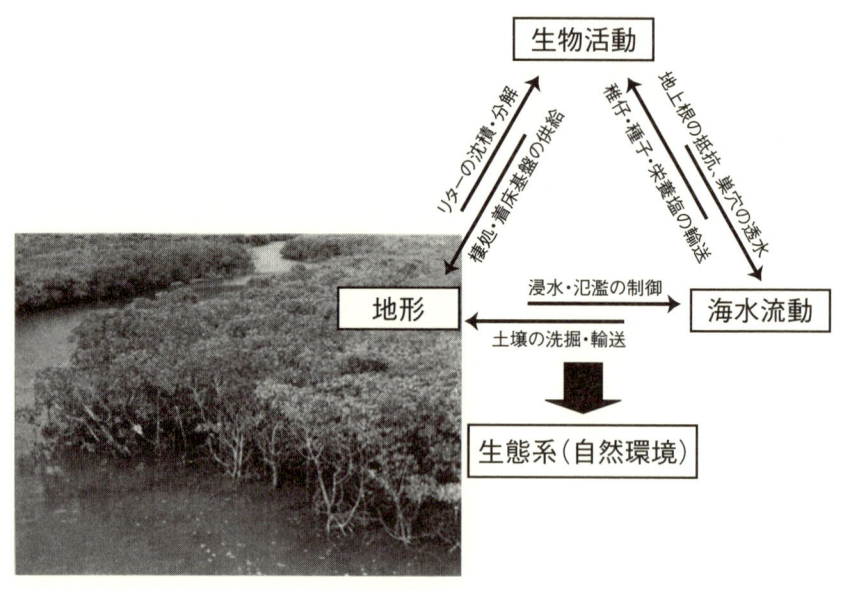

図21.2 マングローブ域における生物活動、地形、海水流動の間のフィードバック作用

群落としての発達が最も高いレベルにあり、広い面積を占めているのはR型である（Lugo *et al.*, 1988）。これらの (a) (b) (c) により外海からの潮汐による海水の浸入形態は大きく異なる。しかし、いずれの場合も外海水が浸入する場であり、陸域と海域とが直接的に相互作用を及ぼし合う点で他の多くの河口域とは大きく異なる。また、樹木が密集して群落を構成している点では、中緯度地域に見られる多くの干潟域とも異なっている。

(2) 生物、地形、海水流動のフィードバック作用

マングローブ環境の成立はまず第一に非生物的な条件、たとえば、陸土の流出・堆積、沿岸流による砂の堆積・移動、地殻変動や海水準の変動による相対的な海底面の上昇・下降に支配される（菊池ほか、1978）。しかし、いったんここに根づいたマングローブ樹木からの落ち葉や枯れ枝などはカニや巻貝により噛みくだかれ、さらにバクテリアの作用で変性し、分解して土壌、いわゆる生物地形を形成していく。一方、樹木の成長やベントス類の摂餌・営巣活動はこれらの底泥土壌や落ち葉の存在に支えられ、また栄養物質や生物自身、さらに底泥を移動させる海水流動に強く拘束されている。そして、この海水流動は堆積物や巣穴の凹凸による微地形、密集してからみ合っている地上根や幹の抵抗で流路を変える一方で、底泥を洗掘し、土壌を運んで微地

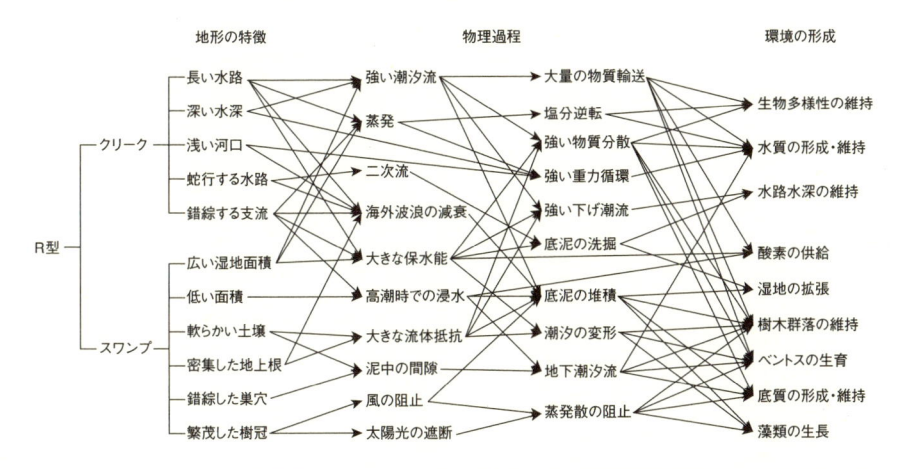

図21.3 R型マングローブ域における地形、物理過程、環境形成のつながり（Mazda et al., 2007b）

形をつくり出している。すなわち図21.2に示したように、最適なマングローブ環境を維持するために、海水流動、生物活動、底泥地形の間にきわめて強いフィードバック作用が働いているのが特徴である。なお、樹冠の存在は大気、鳥、昆虫などとの相互作用により自然環境の形成に重要な役割を果たしているが、本章では海水流動に焦点をしぼっているので、図21.2から割愛した。

（3）マングローブ域の環境形成に対する河川の役割

　R型マングローブ域の特異な地形によって生じる物理過程、そしてその結果として形成される自然環境へのつながりを図21.3に示した。クリークは深く、長く、また多くの支流で構成され（たとえば図21.4b）、一方、スワンプは広く、樹木と地上根が密集しており、1潮時ごとに大量の浸水と干出をくり返している。この大量の海水はすべてクリークを通して流入・流出する。したがって、クリークでは強い流れが生じ、この強い流れが種々の物質を広い範囲に分散させ、また、クリークの底にたまる泥土を掃き流して河口の閉塞を抑える。図21.4bに見られるように、大小の無数のクリークがスワンプの奥部に新鮮な外海水、溶存酸素を送りこみ、一方、栄養塩、貧酸素水、腐植土壌を外海に運び出す。したがって、これらの水路網はあたかも人体の生命を維持する毛細血管にたとえられる。F型、B型に比べてR型が最も広く分布し、群落としての発達が高いレベルにある（Lugo et al., 1988）のはこれらの無数のクリークが存在するためであり、言い換えれば、生態系を維持するために生態系自身がクリークをつくったと考えられる（生物地形）。図21.3に示した他の過程は、紙面が限られているので、説明を省略するが（Wolanski et al., 1992; 松田, 1997a, 2003）、クリークと

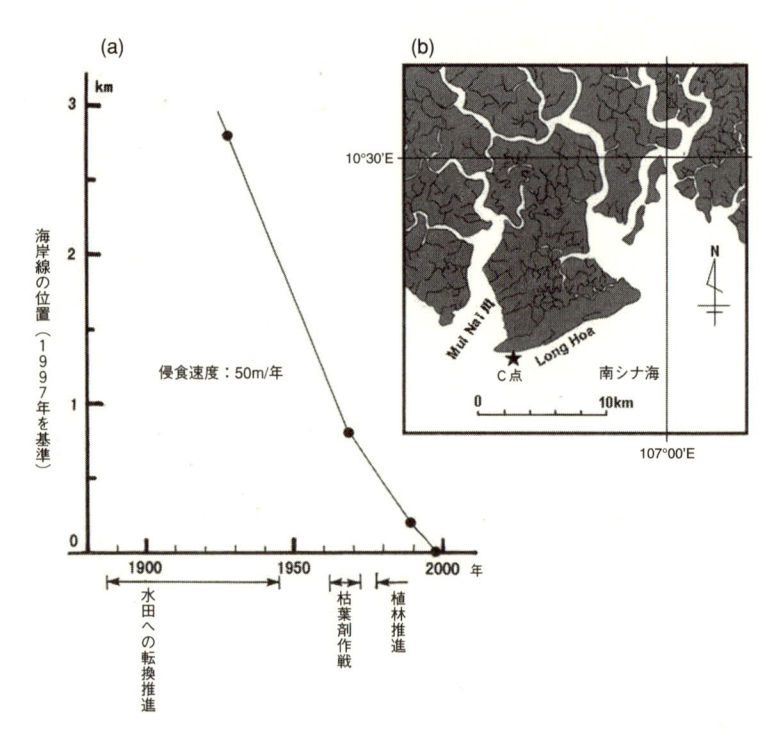

図21.4 ベトナム南部ロンホア（Long Hoa）海岸の侵食（Mazda et al., 2002）
(a) 海岸侵食の経年変化、(b) ロンホア海岸とマングローブ地形

スワンプの共存効果、また相互作用、すなわち、生態系のもつアクティブなフィードバック機能が自身の環境を維持していることを忘れてはならない。

21.3 河川を仲立ちとした遠隔作用による海岸侵食

　ベトナム南部のムイナイ（Mui Nai）川の河口に隣接するロンホア（Long Hoa）海岸は、**図21.4a**に見られるように50m/年の速度で70年以上にわたって侵食を続けている。なお、**図21.4a**の下部に記したが、ムイナイ川の岸に沿うマングローブ林はフランス植民地時代の水田への転換、そしてベトナム戦争での枯葉剤撒布により壊滅状態となり、その後の地域住民の努力により回復に向かっている。マングローブ樹林に対するこれらの長期にわたる人間活動と大規模海岸侵食の関係をMazda et al.（2002）

は、現地観測と数値実験にもとづいて、河川を仲立ちとする遠隔作用として以下のように説明している。

　一般に、砂浜海岸の侵食・堆積は継続的な外力による底質の移動によって生じる。しかし、底質の補給と消失が平衡状態にあれば侵食も堆積も生じない。したがって、ロンホア海岸での長年月にわたる侵食の事実は、①底質を移動させる強い海水流動が存在し、さらに②この海水流動が平衡状態になっていないことを意味する。ロンホア海岸では、外海からの波浪は10km沖合まで続く干潟上を伝わってくる間に減衰するので、多くの海岸で見られるような波浪による侵食はここでは考えられない。一方、侵食地点（図21.4bのC点）の底層で海岸に沿ったきわめて強い流速（最大80cm/秒）が上げ潮、下げ潮時に観測されている。このように強い潮汐流速は平坦な海岸線をもつ広い干潟域では一般に見られず、クリークを有するR型マングローブ域に特有な流動として説明される。すなわち、R型の特性としてすでに述べたように、広いスワンプへの大量の氾濫水量を補償するため、クリークの流れは氾濫域のない河川に比べてきわめて強いものとなる。この強い流速が①の条件を満たす。一方、上に述べたように、70年以上の間、マングローブ林の植生密度は大きく変遷してきた。数値実験によれば、スワンプへの海水氾濫量はそこに密集する樹木の抵抗の大きさに依存する。したがって、植生密度の変遷とともに樹木による流体抵抗が変化し、海水氾濫量が大きく変化するので、②の条件も満たされる。結局、長年月にわたるロンホア海岸の侵食は、広大なマングローブ域の存在が河口域の強い潮汐流速をつくって底質の移動を可能にし、さらに、そのマングローブ林の植生密度が経年的に遷移してきているため、河口域の潮汐流動が平衡状態に至っていないことにより生じたと説明される。言い換えれば、広大なマングローブ林の存在とその人為的変遷が河川を介して直接接していない海岸の侵食をもたらしたといえる。

　内陸部の開発が河川を介して海岸域に影響を及ぼす例は上記のマングローブ域に限らない。このような間接効果は、多くの場合、長年月を経て現われることに注意せねばならない。なお、地球温暖化により、全地球で60cmほどの海水準の上昇が予想されている。マングローブ域で現在生じている陸域への氾濫現象は、中緯度での将来を推測させるものでもある。

21.4　隣接水域の相互依存性

　マングローブ域はその外海側で生物活動の活発なサンゴ礁や藻場に接している（Por, 1984）。したがって、マングローブ域の環境は潮汐作用を介してこれらの隣接海域の環境および生物活動に強く依存する。そしてまた、これらの隣接海域の生態系はマングローブ域から掃き出される種々の物質に強く影響を受ける。潮汐作用によって

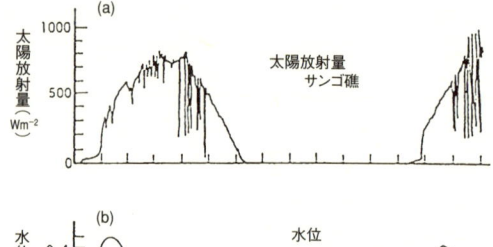

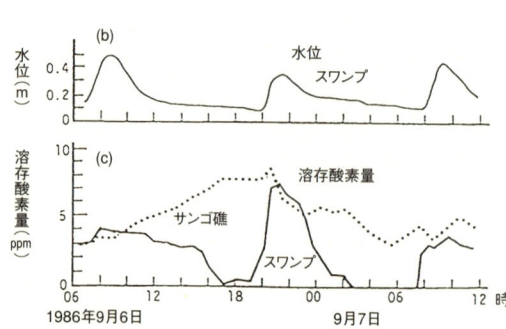

図21.5 マングローブ域とサンゴ礁域の相互作用（西表島・網取湾；Mazda *et al.*, 1990）
(a) サンゴ礁域での太陽放射量
(b) マングローブ樹林内の水位
(c) サンゴ礁（破線）とスワンプ内（実線）の溶存酸素量

　サンゴ礁域からマングローブ域へ酸素が輸送される過程の測定例を**図21.5**に示した（Mazda *et al.*, 1990）。スワンプ内では、底面近くの溶存酸素濃度が上げ潮に対応して突然上昇し、その後、徐々に減少し、次の上げ潮までの間に貧酸素状態となってしまう。これはスワンプ内での生物・化学作用による酸素消費がきわめて大きいことを示している一方、スワンプ内の生態系を維持する酸素の供給が外海に依存していることをも示している。

　サンゴ礁では、日中に光合成で大量の酸素が生成され、夜間、呼吸作用により消費される。したがって、図に見られるように、溶存酸素濃度は日没時前後に最大となり、日の出前に最小となる日周変化をする。一方、ここでは半日周期の潮汐が卓越している。また、潮汐の位相は一般に毎日約50分遅れることを考慮すれば、上げ潮によりスワンプに外海水が（したがって酸素も）流入するのは毎日50分ずつ遅れていく。したがって、いつも日没時および日の出前に上げ潮となるとは限らない。日没時に上げ潮となればスワンプは最大の酸素供給を受けるが、上げ潮が早朝に生じるときには酸素の供給はわずかである。結局、スワンプ内の生態系は、日周変化をするサンゴ礁内の生物活動と半日周期の潮汐作用による物質輸送機構の相互関係に強く依存しているといえる。

　一方、サンゴ礁がマングローブ域から多様な物質の供給を受けてその生態系を維持していることはWolanski（2001）にくわしいので、ここでは省略するが、無分別な人間活動の介入により、その生態系を維持するフィードバック機能が遮断された例とし

図21.6 マングローブ域から流出した泥土に覆われたサンゴ群落。オーストラリア東海岸ヒンチンブルック（Hinchinbrook）島のミッショナリー（Missionary）湾

て、グレートバリアリーフに面したオーストラリア東岸で、著者は図21.6の光景に遭遇した。マングローブ林をゴルフ場に転化するために伐採し、その工事途中の降雨により流出した泥土がサンゴ礁を覆い、サンゴは全滅してしまった。わが国の沖縄地域においても、陸域の開発による赤土の流出がサンゴ礁に大きな被害を与えてきたことを思い起こさせる（大見謝、2003）。

21.5 干潟環境の維持と有効利用のための課題

　これまで紹介してきたように、マングローブ域の自然環境はその周囲の生態系とのきわめて緊密なフィードバック作用のもとで形成・維持されている。とくに、潮汐周期での海水の流入・流出が隣接生態系との間を仲介していることを忘れてはならない。これは、沿岸海域の自然環境が河川を仲立ちとして陸の環境に依存していることに対応するが、さらに、ここでは双方向の依存性をもっている点が特記される。

　なお、樹林の変遷、すなわち、生態系を構成する生物の生理・生態の変化の時間スケールは潮汐など物理過程の変動スケールに比べてきわめて長い。したがって、樹林の形成、生態系の変化（環境変化）を考えるときに、海水の潮汐周期の変動、また毎日くり返される浸水と干出は忘れられがちである（Mazda and Kamiyama, 2007）。マングローブ域における既往の研究に最近まで海水流動の研究が見られず、物理過程の

研究者がきわめて少ないのはこのことを物語っている。マングローブ生態系に対する海水流動などの物理過程の役割に興味をもつ若手研究者が増え、一方、樹林、生物、化学過程の研究者が物理過程の重要性を認識して共同研究の場がもたれれば、ここでの自然環境形成・維持の機構解明は加速度的に進展するであろう（Mazda et al., 2007b）。

　最初に述べたように、マングローブ域は干潟のひとつの典型である。マングローブ樹林内のクリークは東京湾、三河湾、有明海など多くの干潟での澪筋に対応する。本文で紹介したクリークとスワンプの共存効果からこれらの澪筋の重要性が理解できるであろう。干潟と澪筋の共存効果としてつくり出される流動構造の重要性は、すでに杉本（1974）が定性的ではあるが有明海での調査にもとづいて指摘している。さらに、古川ら（2000）は、東京湾の盤州干潟、三河湾西浦の造成干潟での調査にもとづいて、干潟生物にとって重要な水はけ効果を澪筋が担っていると指摘している。

　マングローブ域は地球上での代表的な低地であり、上に述べたように、ここでは毎日、浸水現象がくり返されている。潮汐周期でしかも広域にわたる浸水・干出は、一過性の河川の氾濫や高潮による浸水の経験からは推測できない現象を生じさせる（松田、1997b）。すなわち、マングローブ域は地球温暖化による海水準上昇がつくり出すと予想される世界各地での周期的浸水現象のモデル実験地と見ることができる。このような観点からも、マングローブ域の現況と過去の変化の過程（物理過程だけでなく、生態系も含め）、そしてその機構の理解はきわめて有益であろう。

　わが国に限らず世界の沿岸域、内湾、干潟で生じている多くの環境問題が解決からほど遠い。野村ら（2002）が指摘しているように、干潟の生態系（自然環境）の形成・維持に大きな役割を果たしている海水流動の現地観測、とくに空間的な物質移動の知見が蓄積されていないのが理由のひとつである。さらに、陸域となり、海域となる場を海水流動の場として連続的にとらえることの困難さが解析を困難にしてきた（金澤・松田、2003）。しかし、加速化し、深刻化する沿岸環境の悪化に対処する必要に迫られ、この分野の研究人口は拡大しつつある。このような干潟の流れ場を再現し、さらに底泥の移動、澪筋の変化と干潟の形成に対する数値シミュレーションの精度も飛躍的に向上してきている（内山、2005）。これらにより、沿岸環境問題の解決に拍車のかかることが期待される（松田、2007）。

引用文献

内山雄介（2005）干潟のながれと地形変化. ながれ, 24, 57-66.
宇野木早苗（2006）有明海の自然と再生. 築地書館, 266pp.
大見謝辰男（2003）赤土等の流出によるサンゴ礁の汚染. 沿岸海洋研究, 40, 141-148.
金澤信幸・松田義弘（2003）氾濫原の流れ. 沿岸海洋研究, 40, 121-130.
菊池多賀夫・田村俊和・牧田　肇・宮城豊彦（1978）西表島仲間川下流の沖積平野にみられる植物群落

の配列とこれにかかわる地形 I. マングローブ林. 東北地理, 30, 71-81.
向後元彦・向後紀代美・鶴田幸一訳 (2005) マングローブと人間. 岩波書店, 230pp. (原著: The Mangrove and Us. Marta Vannucci, Indian Association for the Advancement of Science, New Delhi, 1989)
杉本隆成 (1974) 内湾における陸水の分散・流出過程. 沿岸海洋研究ノート, 12, 47-55.
野村宗弘・小沼 晋・桑江朝比呂・三好英一・中村由行 (2002) 盤州干潟における潮汐に伴う栄養塩収支に関する現地観測. 港湾空港技術研究所資料, 1020, 1-19.
古川恵太・藤野智亮・三好英一・桑江朝比呂・野村宗弘・萩本幸将・細川恭史 (2000) 干潟の地形変化に関する現地観測 – 盤州干潟と西浦造成干潟 –. 港湾技研資料, 965, 30pp.
松田義弘 (1997a) マングローブ水域の物理過程と環境形成 – 自然の保護と利用の基礎 –. 黒船出版, 196pp.
松田義弘 (1997b) マングローブ沿岸水域の物理環境. 海の研究, 6, 87-109.
松田義弘 (2003) マングローブ水域環境の定量評価. 平成11年度 – 平成14年度科学研究費補助金 (基盤研究〈C〉) 研究成果報告書, 113pp.
松田義弘 (2007) 干潟の海水流動. 海洋調査技術, 19(1), 45-49.
Cintron, G. and Y.S.Novelli (1984) Methods for studying mangrove structure. In *The Mangrove Ecosystem: Research Methods*. S.C. Snedaker and J.G. Snedaker (eds.), UNESCO, 91-113.
Hong, P.N. and H.T.San (1993) Mangroves of Vietnam. The IUCN Wetlands programme, IUCN, Bangkok, Thai, 173pp.
Lugo, A.E., S. Brown and M.M. Brinson (1988) Forested wetlands in fresh-water and salt-water environments. *Limnology and Oceanography*, 33, 894-909.
Mazda, Y., Y.Sato, S.Sawamoto, H.Yokochi and E.Wolanski (1990) Links between physical, chemical and biological processes in Bashita-Minato, a mangrove swamp in Japan. *Estuarine, Coastal and Shelf Science*, 31, 817-833.
Mazda, Y., M.Magi, H.Nanao, M.Kogo, T.Miyagi, N.Kanazawa and D.Kobashi (2002) Coastal erosion due to long-term human impact on mangrove forests. *Wetlands Ecology and Management*, 10, 1-9.
Mazda, Y. and K. Kamiyama (2007) Tidal deformation and inundation characteristics within mangrove swamps. *Mangrove Science*, 4, 21-29.
Mazda, Y., F.Parish, F.Danielsen and F. Imamura (2007a) Hydraulic functions of mangroves in relation to tsunamis. *Mangrove Science*, 4, 57-67.
Mazda, Y., E. Wolanski and P.V. Ridd (2007b) The Role of Physical Processes in Mangrove Environments. Terrapub, Tokyo, 598pp.
Por, F. D. (1984) The ecosystem of mangal: General considerations. In *Hydrobiology of the Mangal: The Ecosystem of the Mangrove Forests*. F.D.Por and I. Dor (eds.), 1984 Dr.W. Junk. Publishers, The Hague, 258pp.
Spalding, M., F.Blasco and C. Field (1997) World Mangrove Atlas. *The International Society for Mangrove Ecosystems*, 178pp.
Wolanski, E., Y.Mazda and P.V.Ridd (1992) Mangrove hydrodynamics. In Tropical Mangrove Ecosystems. *Coastal and Estuarine Studies* 41. A.I. Robertson and D.M. Alongi (eds.), American Geophysical Union, Washington, DC, 43-62.
Wolanski, E. (2001) *Oceanographic Processes of Coral Reefs: Physical and Biological Links in the Great Barrier Reef*. CRC Press, London, 356pp.

第IV部
海と河川管理

第22章 海域を考慮した河川の管理

山本民次・清野聡子

22.1 はじめに

　本書の第I部においては、沿岸海域の地形・地質・物理・化学・生物に関する自然現象および漁業生産にとって、川がいかに重要な役割を果たしているかを述べた。一方、第II部においては、河川内におけるさまざまな改変行為によって、海域の環境や生物が強い影響を受け、ときに環境と生態系の崩壊や、漁業の回復困難ともいえるほどの衰退を招いている事実を示した。そして第III部においては、いくつかの代表的海域を例にしてそれらの実態を具体的に提示するとともに、沿岸を遠く離れた外海にも河川の影響が及んでいることを知ることができた。ただし研究が遅れていて解明すべき多くの問題が残されているので、今後の活発な研究の推進が必要なことが強調された。

　これまでは、海に与える影響の重大さをほとんど考慮することなく川の管理が行なわれてきたために、上記のような問題が海側に発生している。これには川の管理に関する歴史的経過が存在するのであるが、それとともに必要な科学的な理解が川側、海側双方に欠けていたことも大きな理由になっている。

　しかし最近、川と海を含む流域圏全体を総合的にとらえて管理しなければならないという機運が高まってきたように思われる。幸い1997（平成9）年の河川法の改正によって、河川を管理するうえで環境を考慮することが必要事項になった。このことは河川内のみならず、河川が海域の環境に及ぼす影響までも考慮して、河川の管理をしなければならないことを意味するはずである。実際にも、この趣旨に添った発言を河川関係者から聞くことがあり（竹村、2007）、また河口水域の水産資源を考慮したダムの管理の試みも見出される。また、海洋や水産に関する学会活動でも河川やダムの管理に関する具体的な議論が始まっている（清野、2007a）。今後は、このような試みが積極的に実施されることを期待したい。

　そこで本章では、海域を考慮した河川の管理と運営はどうあるべきかについて考える。その基礎として22.2節において、河川の水資源に関するわが国の従来の考え方に、「海のための水」という観点を加える必要があることを指摘する。さらに22.3節では、

人間のみならず海に生存する多様な生物の環境を考慮して、「海のための水」という視点が重要であることも述べる。そして22.4節では、研究結果にもとづく具体例として、海の生態系を考慮したときにダムの運営と管理はどうあるべきか、その考え方を述べる。そして最後の22.5節で、海域を対象にして河川の管理と運営を行なう場合に考慮すべき事項をまとめる。

22.2　日本社会における「海のための水」

　ある川の管理者に「汽水域や沿岸の漁業のために、陸域で水資源を使いきらずに、海域の必要量も前提とした配分にしていただきたい」と話をしたことがある。すると、「漁業協同組合は、ダムや堰の建設時に参加していないので、漁業のための水は確保できない。産業に必要な水は出資して確保するもので、無料で欲しいというのはおかしい」との見解であった。天水として陸域に降った水は、河川を通じて海に至る、という自然の水の流れの仕組みは、実は、日本の水の配分の常識になっていない。
　このエピソードが物語るように、実情は以下の状況にある（清野、2007b）。
● 日本の水利用の法制度では、河川の水資源の開発に出資をした社会セクターに配分されている。さらに、陸域でほぼ使いきる前提になっているため、海域に流れた分は、むだという意識があった。
● その原因は、海域の産業としての漁業から水の必要性が示されない状況が、明治の近代化から今日に至るまで続いたためである。
● さらに、水産政策の中でも、法制度上、海からの視点で水資源が要求される仕組みが作られてこなかった歴史と現状のためである。
● 陸域では、河川管理者に対し、利水関係者（電力、農業、工業、水道）が必要量を申請し、協議する。河川法にもとづいて、他の利水関係者が極端に困ることはなく、河川の水が最低限流れているレベルでの取水を許可してきた。その水利権は、数十年単位で設定され、更新可能である。
● 同じ第一次産業でも、農業は、慣行水利権として、明治政府以前からの独占的な取水量を確保し、見直しもほとんどなく基本的に永続的である。
● 河川水の流入量の減少は、事実上は、漁業への影響があることはほぼ自明であり（否定するのが困難であり）、その対策として漁業補償という金銭補償がなされてきた。漁業側も、それであきらめてきた。
● 漁業行政は、"漁業者の判断を尊重して"その方向に行政的判断の舵を切ることになっており、漁業者が補償で妥結すれば、あえて"漁場や生態系の劣化の防止のために"動くことはほとんどない。

一方、瀬戸内海の水産関係者を中心にした、"漁業用水"の提案は着目すべき動きである（眞鍋、2007）。海のための水の確保の必要性が、漁業として一般の人にもわかりやすい言葉になっているため、水産関係者、自然保護、メディアで取り上げられてきた。瀬戸内海の漁業連合会なども、国行政に対して、流入河川の水の配分の見直しやダムや堰からの放水を要望してきた。沿岸漁業と河川との関係の認知を広め、河川やダムの管理者に対して、沿岸漁場への影響の認識の強化と、配慮を求めてきた。
　一方、この概念の弱点は、"産業のための用水"としての位置づけになっている点である。"業のための用水"という言葉を使うかぎり、"後発水利権の主張"といわれかねない。
　日本の近代化以降、水産業や海洋生態系のための水が確保される法制度はない。法制度は時間順序が重要で、ほとんど社会の枠組みが決まっている中に、新たに対応すべき水産業や海洋生態系の問題が発生したとして食いこんでいく立場になる。そのため、後から作られる法律は、どうしても位置づけが低くなってしまう。漁業が表立って、漁業用水という概念を作って主張しはじめたのは、この10年程度である。本書で述べてきたように、現在は川と海に関する土砂や水の問題が顕在化し、社会制度の改革に至らぬかぎりは解決しないという状況が見えてきた段階にある。すでにほとんど固まってしまった、日本の水の配分システムに、漁業用水が食いこもうとすれば、発電、工業用水などにはるかに遅れて"新規参入"産業という立場になってしまう。
　しかし、漁業が古代から連綿として存在することは明らかである。1世紀以上前に今日の状況を見通す眼と判断があれば、他の産業と伍して、水資源の配分を求める動きがあってもよかった。漁業のための水が後発的な主張だとしても、漁業者の先住性を根拠にした論理展開も可能かもしれない。日本列島への人間の居住の歴史では、遺跡、貝塚からは魚介類を採集し食べていた痕跡が発見されている。農業や工業より先に、魚食があり、魚介類を物々交換していた漁業者の存在が推定される。先住的な権利については、現在の水利権をめぐる概念を超えてしまうため、より現在の水をめぐる状況に即した概念に沿った見直しが必要と考えられる。

22.3　環境用水としての「海のための水」

　現在、日本で認知されている"用水"は、農業、発電、工業、水道である。一方、河川環境の保全のため、「環境用水」の導入も実施に向けて動いている。その法的根拠は、1997年の河川法の大改正によって、河川管理の目的の河川法第一条に「環境」が入ったことである。それにより、各河川の現場の見直しが可能になった。
　それまでも、"不特定用水"という水資源管理へのバッファーは、高度成長期に必要に迫られて設定されていた（竹村、2007）。また、ダム直下の流量が毎秒0.5トン以

上あること、というガイドラインもあった。これらをもとに、各河川の現場では、現存する制度をもとに、運用の工夫、というレベルでの対応を行なってきた。
　一方、表立って、人間以外の生物や生態系、環境を保持するための水が必要という概念の整理や、日本社会がそれを受け入れる状況が整っていなかった。
　しかし、自然保護や環境運動、世界的な動向から、環境流量の確保"environmental flow"という概念が広まってきた。「海のための水」は、むしろ、漁業という産業のための水のみにとどまらず、回遊魚の生活史や物質循環のうえでも、「海のための環境用水」としての概念があてはまると考えられる。そして、水により運ばれる「土砂」「物質」が海に運ばれるためにも、まずは流量の確保が第一歩である。それには、ダムや堰という河川横断構造物の構造、運用が見直されることになることである。その際に、海側の要求が漠然としていては実現しない。
　そして、日本社会で「川と海」の法制度的な議論が一種のタブーになってきた原因のひとつとして、漁業補償の問題がある。河川での工事、ダムや堰などの横断構造物を造れば、その下流には程度の大小はあれ、影響は生じる。その大小の評価を、漁業活動への影響として金銭価値に換算して補償金として代償する仕組みは、科学的データの取得、公開、評価を行ないにくくする部分もあるのも実情である。影響の未解明部分や不確定性も前提としたうえで、水資源の開発者、河川管理者、漁業者や関連行政、業界だけでなく、社会全体が、沿岸生態系の保全・再生や持続可能な水産業の観点から制度のあり方を考える時期にさしかかっているといえるだろう。「水は共有物（コモンズ）」という時代に、海も含めた水の配分の意思決定には、情報公開や市民参加の視点での見直しが有効であろう（清野、2007b）。

　河口、海域と陸域は同じ流域の共同体であり、豊かな海域という目標は豊かな陸域の水循環の実現という観点から、海のための河川水量確保のため、今後の展望として以下が考えられる。
●海の視点から、陸域の水資源の配分に対して要求量を提出する。
●季節、水量、流し方のパラメータを設定する。
●一般論だけでなく、個別の河川に応じた量を見積もる。
●水により運ばれる土砂や物質も、同様に行なう。

　日本の近代化の時点で、水の配分制度の大枠が決まって以降、「海のための水」は、現時点まで認知されていなかった。それをこれから主張していくには、"事例、実績、証拠の積み重ね"が必要である。多様な日本のそれぞれの河川で、海を視野に入れた河川管理のあり方が提言され、実施されるためにも、その科学的調査が、まずは第一歩であろう。
　「海のための水」の要請は、「海からの水のあり方の見直し」につながる。従来は陸

域だけで意思決定されていた水の問題に、海洋や地球の視点が加わることで、社会システム・法制度の見直しにつながり、新たな水の枠組みづくりへの貢献につながるのではないだろうか？

22.4　海域生態系の保全を意識したダムの運営と管理

　中国地方の水力発電用ダムは100余りある（中国電力株式会社HP、図22.1）。小さな堰なども含めれば300くらいあると思われる。一地方でも、この桁数の河川横断物があることになる。日本全国では大小含めて3000弱のダムや堰がある（日本ダム協会HP）。なぜこのように多くのダムや堰が造られたのか、その必要性が本当にあったのか。わが国の経済の高度成長時代、公共事業を通してコンクリート製の巨大構造物がたくさん造られた。経済のバブルもはじけ、ようやく大型公共事業の見直しがなされ、今後さらに造られる予定だったダムのいくつかは中止となった。建造中のものや必要性の高いものはいくつかあるが、海域の環境にまで配慮した構造をもったものはほとんどない。建造計画の中で海域の生態系の議論はほとんどなされないから当然といえば当然である。

　第9章で述べた内容を図22.2にまとめた。ダムの建設により、ダム湖内では植物プランクトンのブルームが起こり、とくに上層放流型のダムでは放流水中の栄養塩濃度の低下は著しい。栄養塩濃度の低い水が放流されつづけることで、海域生態系の生産性は低下する。とくにリンやケイ素の濃度の低下は窒素に比べて深刻であると考えられる。たとえば、広島湾に注ぐ太田川河川水中のDIN/DIPモル比は約50（1994年）、TN/TPモル比は約35（1995年）、瀬戸内海全域に対する発生負荷TN/TPモル比は約37（1994年）である（山本ほか、2002；Yamamoto, 2003）。これらは、通常、健全な海域生態系の指標ともいわれる海水中の窒素とリンのモル比（レッドフィールド比）である16と比べるとはるかに高い。また、自然状態（ダム建設前）に比べて、当然のことながら河川流量は平準化される。このことは連続的な栄養塩負荷に適した植物プランクトンを海域で優占させることにつながる。すでに第9章で述べたように、ケイ素の負荷量低下や河川流量の平準化は珪藻にとって不利であり、渦鞭毛藻にとって有利な条件である。

　ここで、植物プランクトンによるリンの取りこみ特性について補足しておきたい（図22.3）。ダム建設にともなって放流水中のリン酸態リンの濃度低下がケイ酸塩と並んで顕著であるが、植物プランクトンによるリン酸態リンに対する取りこみの親和性（好み）は一般に珪藻で高く、渦鞭毛藻で低い。筆者らが進めてきた室内実験では、渦鞭毛藻の中にはリン酸態リンよりも溶存態有機リンを好んで取りこむものがいる。渦鞭毛藻は遊泳能力を有し、昼間は表層で光をあびて光合成を行ない、夜間は底層で

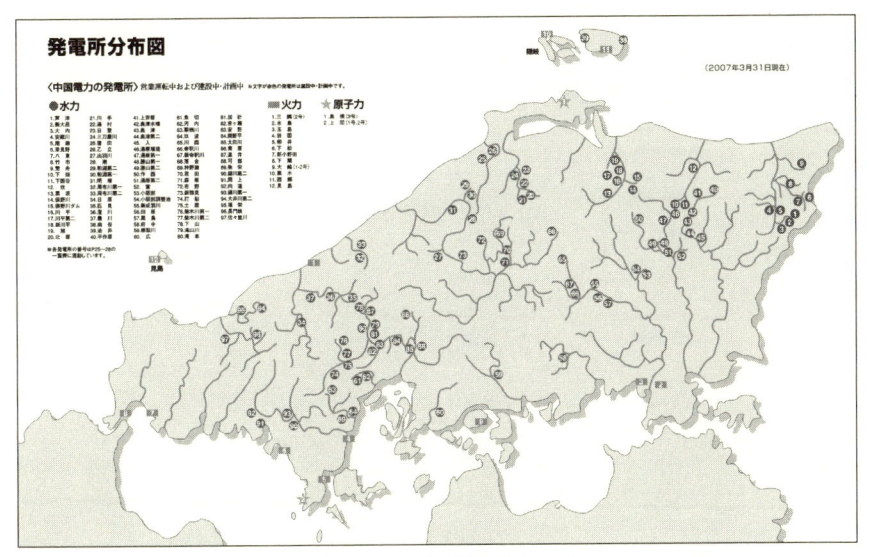

図22.1　中国地方の電力発電用ダム（中国電力株式会社HPより引用）

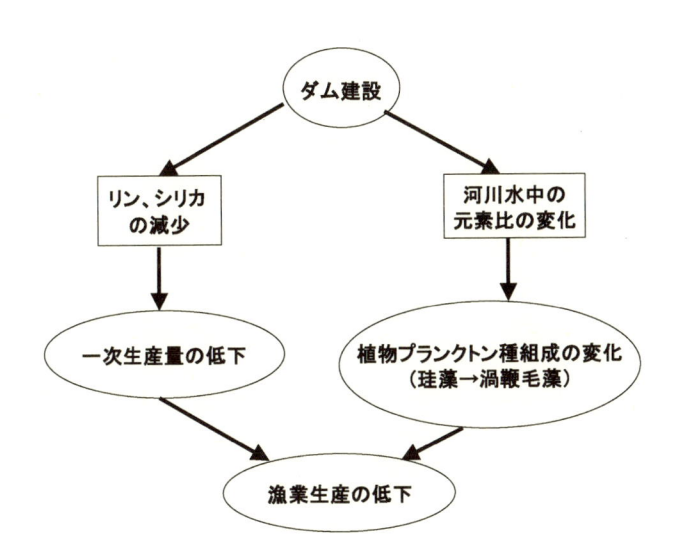

図22.2　ダム建設によって引き起こされると想定される沿岸海域生態系の一連の変化過程（Yamamoto, 2003を改変）

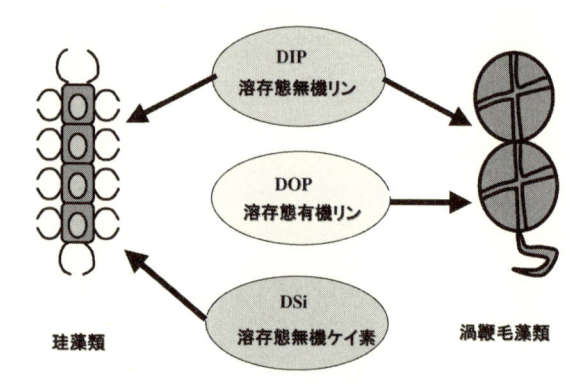

図22.3 珪藻類と渦鞭毛藻類による形態別栄養塩取りこみ特性
（山本、2004より引用）

栄養塩を取りこむという、日周鉛直移動を行なう。この移動距離は鉛直方向に30mほどもある。これを1日で1往復する。わずか数十ミクロンの細胞にとって、水の中を遊泳することは、ヒトがハチミツくらいの粘性の液体の中で泳ぐようなものであり、この遊泳に費やすエネルギーは膨大なものである。このようなことから考えて、渦鞭毛藻の炭素要求量は非常に大きい。渦鞭毛藻がリン酸態リンでなく、有機態リンを好んで取りこむのは必ずしもリンを摂取することが目的ではなく、炭素源として溶存有機物を取りこむさいについでにリンを取りこんでいるとも考えられる。このようなことから、ダム建設によるリン酸態リンの負荷量の低下は、やはり珪藻のバイオマスの低下と渦鞭毛藻のバイオマスの増加につながるものである。

わが国は瀬戸内海に対し、1980年よりCODの総量規制とともにリンの負荷削減を続けてきており、5年ごとに見直しを行ない、2005年から第6次総量規制に入った。リンの削減のみでは海域の水質の改善が十分ではないと判断し、第5次総量規制からは窒素も削減対象となった。第6次総量規制では、瀬戸内海がすでに貧栄養化してきていることが認識され、瀬戸内海の大阪湾を除く海域については今以上のリン削減の強化は行なわないということになった。貧栄養化の原因はこのように、リン負荷の削減という法的措置にもとづく人為的原因もあるが、第9章で述べたように、ダム建設も追い打ちをかけたと考えられる。

海域では栄養塩の負荷量の高低に直接影響を受けるノリ養殖が最も大きなダメージを受けている。最近（2006年現在）では肥料を使わなければノリの色とつやが出ず、出荷できる製品にはならないところが多くなってきている。さらに、周防灘や有明海ではアサリの漁獲量が激減している（**図22.4**）。貧栄養化によりアサリが餌とする植物プランクトンによる一次生産量は瀬戸内海西部ではかなり減少しているはずである。

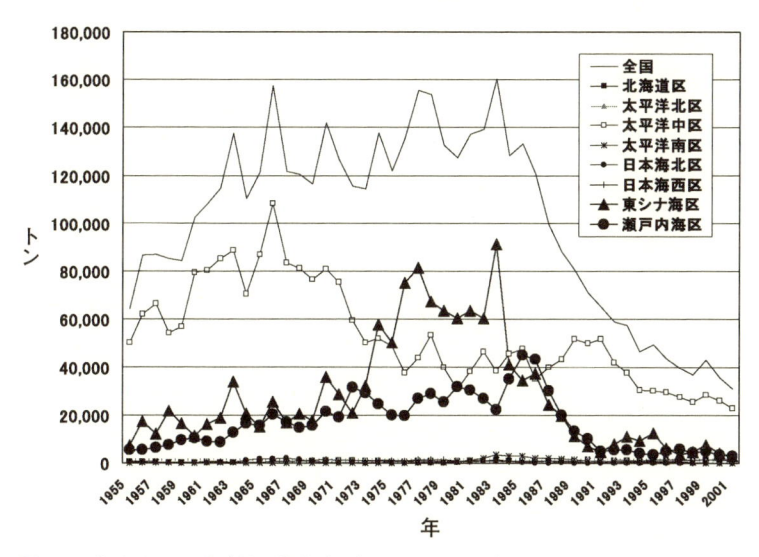

図22.4　海域別アサリ漁獲量の推移（山本、2007より引用）

　アサリの漁獲量の減少をすべて貧栄養化の影響であるとはいわないが、ダム建設は海域を貧栄養化させる原因のひとつであることは第9章や第20章で述べられてきたように明らかであり、そのうえ、砂の供給量の減少が干潟や浅場の面積の減少を通してアサリ生産に与えたダメージは決して小さいとはいえない。
　洪水時にはダムの決壊を未然に防ぐため、前もって放水を行なうこともある。洪水時の状況については5.4節に述べた通りであるが、水とともに平水時とは比べものにならないくらい大量の土砂やリン・窒素が海域に流れこむ場合もある。このようなイベント時に流れこんだ物質が海域生態系に対してどのような影響を与え、その後どれくらいの時間をかけて循環するのかについては、残念ながらまったくといっていいくらい知見がない。まったく知見がないとはいえ、たとえば黒部川出し平ダムで行なわれたようなダム湖底にたまった有機質泥の大量の放出が沿岸海洋生態系を崩壊させるであろうことは、既存の知見からでも予想はできる。今後は、是非ともダムの管理に海洋生態系の有識者の知識を引き出していただきたい。
　以上のことから、海域生態系の保全を意識したダムの運営と管理という観点でまとめると次のようになる。栄養塩や砂をダム湖内にトラップせず、海域に供給するためには下層放流がよい。ただし、ダム湖に堆積した有機質の汚泥を一気に流すようなことをすると、海域生態系の不可逆的崩壊につながる可能性が高いので、放水の量と時期は海域の状況を十分に考慮して行なう必要がある。

選択取水方式のダムであれば、取水（放水）する水深を選択できるので、海域の状況を見ながら放流することができるのでよいが、そのようなダムは少ない。ほとんどのダムの堤体は、水のコントロールや貯水の目的で造られているため、堆積した土砂や有機質を定常的に流すような構造になっていないのである。また、放水の頻度は、治水や利水に支障がないかぎり自然に近い断続的なものがよい。さらに、海域で行なわれているノリ養殖やアサリなどの重要な沿岸水産資源の保護・育成という観点からは、それらが成長する冬季から初春にかけて放水量をふやすことで、海域の植物プランクトンの増殖をうながすことが望ましい。これらのことは海域生態系の保全あるいは海域の水産資源の保護・育成という観点からいえることであり、治水や利水の観点とは相容れない部分もあろう。しかし、川と海は一体となったひとつの「流域圏」であるので、今後は上記のような下流（海）側からの要求・要望を少しでも聞き入れられるような「流域委員会」の立ち上げや、その体制作りが重要な課題と思われる。もちろん、構成委員には必ず海域生態系にくわしい有識者に加え、行政、一般住民、漁業者などに入ってもらう必要がある。

22.5 まとめ

1. 地上に降った雨や雪が河川を通って海に至る水系は、陸域のみならず海域を含めて、地球上の自然環境や生態系の形成に本質的に重要な役割を果たしていることを、河川管理者や水利用者はまず認識しなければならない。
2. したがって、河川や地下水で運ばれる水資源は、単に人間のためだけにあるのではなく、河川とその周辺の生物にとってはもちろん、海の生物にとっても必要不可欠なものであることを理解して、その保全と活用を図らねばならない。それゆえ従来の考え方にとらわれるのではなく、新たな発想と柔軟な考え方が必要である。このことは、22.2節と22.3節で示したところである。
3. ダム・河口堰の建設、河川改修工事、取水、採砂などの河川域の各種改変行為は、河川内のみならず、海域の自然環境や生態系に大きな影響を与える。水利用・災害対策などを行なう場合にも、河川および海域に与える影響を最小限にする努力が必要である。そのためにはハード面のみならず、ソフト面からの代替措置も検討されねばならない。
4. なかでもダムと河口堰の建設が、川と海の環境や生態系に及ぼす影響はきわめて大きい。ゆえに、環境重視の観点からはそれらの建設はできるかぎり控えることが望まれ、また、これらの既存の施設の管理も、海域への影響を極力小さくするようになされねばならない。22.4節にダムの場合について、海域の生態系保全を考慮した考え方が示されている。

5. 古来から、日本の海岸の多くは河川から運ばれる土砂によって涵養され、また波が弱い内湾では広大な干潟が形成されてきた。だが現在では、ダムの堆砂や河川域の取砂によって川からの砂の供給が減少し、多くの海域が海岸侵食や干潟の消滅に悩まされ、深刻な問題が発生している。海岸や干潟は海の生き物や生産にとっても非常に重要な場所であるので、正常な砂の流れが保たれるような河川の管理が強く要請される。
6. 河川から海に流入する水は海域にエスチュアリー循環を形成する。その循環の流量は河川流量の、数倍、10倍、ときには20倍以上に達するほど大きい。このためエスチュアリー循環は、海水交換や物質循環に本質的に重要な役割を果たし、沿岸の生態系の形成や生物生産の基礎となっている。また海域の正常な水質環境を維持していくためにも欠くことができない流れである。ゆえに取水などによる河川流量の減少はこれらに甚大な影響を与えるので、正常適正な河川からの水量が海に流れこむような河川管理が是非とも必要である。
7. 河川が流入する沿岸は、海洋生物の生存生活にとってきわめて貴重な場所であり、その生産力はそうでない沿岸に比べて著しく高い。しかし、日本の沿岸と河川に対する従来分の大規模、継続した開発に加え、近年のさらなる開発のために、日本沿岸の水産物の収穫量は減少の傾向にある。一方、世界の食糧事情を考慮したとき、日本におけるタンパク資源の供給源として沿岸漁業の占める位置はきわめて大きい。沿岸の水産資源の減少を食い止め、さらに増大させるために、水産資源に対する河川の役割の重要性を十分に認識して、それに必要な河川管理が不可欠である。
8. 環境重視の社会への転換や食糧問題の発生、海洋が地域や地球環境へ及ぼす影響の科学的解明の進展がみられる時代にあって、開発重視の時代に作られた水管理に関する法制度の見直しは是非とも必要である。

　これらの方向性を支える川と海への認識が、社会全体で深まるように、科学者も努力していかなくてはならない。

引用文献

清野聡子（2007a）ダムによる環境と漁業への影響の研究の展望－土砂管理・法制度・社会システムを中心に. 日本水産学会誌, Vol.73, No.1, 120-122.
清野聡子（2007b）特集「河川管理－ダムと水産」企画趣旨. Nippon Suisan Gakkaishi, 73, 78-79.
竹村公太郎（2007）日本の近代化における河川行政の変遷－特にダム建設と環境対策. Nippon Suisan Gakkaishi, 73, 103-107.
中国電力株式会社HP 電力設備の概要2007・2008 http://www.energia.co.jp/
日本ダム協会HP http://wwwsoc.nii.ac.jp/jdf/
眞鍋武彦（2007）新しい水利用概念「漁業用水」提案の経緯－水利用と食料自給の観点から. Nippon Suisan Gakkaishi, 73, 93-97.

山本民次・石田愛美・清木　徹（2002）太田川河川水中のリンおよび窒素濃度の長期変動－植物プランクトン種の変化を引き起こす要因として. 水産海洋研究, 66, 102-109.

山本民次（2004）沿岸海洋環境の崩壊－リン負荷削減とダム建設による人為的貧栄養化. 河野憲治・藤田耕之輔編著, 私たちの生活と環境－環境修復・改善にどう取り組むか. 広大生物圏出版会, 55-57.

山本民次（2007）環境再生に対する考え方と取り組み. 山本民次・古谷　研編, 閉鎖性海域の環境再生, 水産学シリーズ156. 恒星社厚生閣, 9-27.

Yamamoto, T. (2003). The Seto Inland Sea-eutrophic or oligotrophic? *Marine Pollution Bulletin*, 47, 37-42.

用語解説

ADCP　Acoustic Doppler Current Profilerの略。超音波ドップラー流速計。海中の生物や微小粒子は音波を反射する。これが流されながら反射するとき、周波数がドップラー効果で変化する。本機はこの原理を利用したもので、船底や係留計に設置して超音波を発射し、鉛直各層の流速を測定するものである。ただし海面付近では乱れによる散乱が強いので測定が困難である。

BOD　Biochemical Oxygen Demand（生物化学的酸素要求量）の略。バクテリアが有機物を分解するさいに使われる酸素の量。通常、20℃、5日間の培養で求める。CODと同様に有機物の指標となるが、存在する有機物の種類によって得られる値が異なるので、取り扱いには注意が必要。

COD　Chemical Oxygen Demand（化学的酸素要求量）の略。過マンガン酸カリウムなどの酸化剤を使って試水を分解したときに消費される酸素の量。BODと同様に有機物の指標となるが、存在する有機物の種類によって得られる値が異なるので、取り扱いには注意が必要。有機物量を知りたいのであれば、直接、炭素量を測定するのがもっともよい。

CTD　Conductivity, Temperature, Depth meter（電気伝導度・温度・深度計）の略。海面から深層までの水温、塩分、深度を連続的に測定する測器である。塩分は電気伝導度を測定して求め、深度は圧力を測定して換算する。

σ_t　海水の密度をρ（g/cm^{3}の単位）としたとき、$\sigma_t = (\rho - 1) \times 1000$で定義される。密度は水温、塩分だけでなく圧力の関数であるので、圧力は1気圧と定めてある。ρの値は1をわずかに超えて変化範囲が狭いので、σ_tは密度の変化を拡大して示して有用である。

青潮・苦潮　海域底層で有機物がバクテリアによって分解されるさい、水中に酸素があるうちは酸化分解によって酸素が消費される。酸素がなくなると硝酸イオンや硫酸イオンに結合した酸素が使われるようになり、とくに後者の場合、結果として硫化水素が生成する。これが、風向きによって表層に上がってきて、大気とふれることでイオウの単体が析出すると、これが青白く見えるので、青潮とよばれる。

　苦潮というのは、三河地方などで聞かれる漁師言葉で、青潮と同義語であるが、青潮状態になる前の底層の貧酸素状態において、プランクトンなどもほとんどいなくて異常に澄んだ状態（澄潮とも）も含めて、このようによばれる。

　海底の砂利掘削跡などの窪地は、地形的に貧酸素水塊や青潮・苦潮が発生する条件を備

えている。また、青潮・苦潮は猛毒の硫化水素を含むため、魚貝類などの生物の斃死を招き、水産業に対するダメージが大きい。

赤潮　おもに植物プランクトン（ときに動物プランクトンの場合もある）が異常に増殖して海色が変化した状態。英語訳すると red tide(s) であるが、メカニズムを科学的に表現していないので、最近では harmful algal bloom（有害藻類ブルーム）とよばれる。異常増殖する種によって、淡赤色や褐色など色はさまざまである。

アジアモンスーン地帯　東アジアから東南アジアにかけての、乾季と雨季の差が大きい気候帯に位置する地域をいう。モンスーンは語源的には季節風を意味して、アラビア海における夏の南西風と冬の北東風を指す。これがインドや東南アジアでは、風ではなくて夏の季節風がもたらす雨を意味する場合が多くなった。日本付近では、冬に大陸から吹く北寄りの風と夏に海洋から吹く南寄りの季節風を指す。

アジアモンスーン地帯の特徴に、季節的な大雨や台風による豪雨により、生態系や人間生活が、その季節変動に合わせて形成されている点がある。洪水や旱魃の被害も起きやすく、防災や水資源の確保が難しい。そのためダムなどの施設で、水の変動を人間が制御する状況が作られ、今度は、生態系や社会システムが、もとの状態とは異なる人工的な条件下に置かれることになった。

アミ類　水生の小型の節足動物で、遊泳性、潜砂性の種類がある。海洋生態系の食物網では、第一次捕食者として重要な位置を占める。

一次生産　植物による光合成生産。生態系の中で、無機物から有機物を作る最初の生産プロセスであるので、このようによぶ。基礎生産とも。

魚付き林　日本では各地で、魚類をはじめとする沿岸生態系の保全には、海に陸域から流入する水のうち、陸域からの物質供給を担う森林が重要と考えられてきた。沿岸崖地など人為があまり入っていない海岸林の価値は経験的に認められており、地域住民が自主的に伐採を禁止して保全したり、地域の自然資源の持続性利用を維持しようとする、予防的な姿勢がとられてきた。近代科学では多分野にわたるため、科学的、数値的な実証は途上にあるが、経験知や伝統的な自然の賢い利用法として注目される。日本の社会制度として、林野庁指定の「魚付き保安林」がある。

ウォッシュロード　川の砂礫は、一般に流れによって持ち上げられたり転がったりして、河床を構成する物質と交替をくり返しながら下流へ運ばれるが、これと別に、河床を構成する物質より細かい粒砂が、上流側から河床構成物質と無関係に浮遊砂として浮遊しながら下流へ流れていくものがあり、これをウォッシュロードという。

栄養塩　植物（藻類）の増殖に必要で、環境水中でよく枯渇して植物の増殖（生長）を制限する元素。通常、塩類のかたちで溶けているので、このようによぶ。具体的には、硝酸態窒素（NO_3-N）、亜硝酸態窒素（NO_2-N）、アンモニア態窒素（NH_4-N）、リン酸態リン（PO_4-P）、ケイ酸態ケイ素（SiO_2-Si）の5種類。ケイ酸については塩類よりもその他のかた

ちのものが多く、植物も塩類だけを利用しているわけではないようである。また、窒素・リンについては、必ずしも無機態のみを利用するのではなく、有機態のものも利用する植物種がかなり多くいることもわかってきている。

エスチュアリー (estuary)　海に注ぐ河川水の影響が有意である半閉鎖海域を表わす。河口域と訳されることもあるが、一般にはこれよりも意味が広く、たとえば東京湾などもこれに含まれる。最近ではROFI（Region of Fresh Water Influence; 河川影響域）という用語も提案されている。

エスチュアリー循環　河川水の流出にともなってエスチュアリーに発達する流系を指す。河川が湾奥に注ぐとき、上層では湾奥から湾口に向かい、下層では湾口から湾奥に向く鉛直循環が発達する。これは水平循環をともなうが、地形やコリオリの力の影響を受けて単純でない。エスチュアリー鉛直循環の流量は一般に河川流量よりも著しく大きく、内湾の環境の形成にきわめて重要な役割を果たしている。

塩水くさび　河川下流域において潮流の勢いが河川流に比べて弱い場合には、海水と河川水の上下方向の混合が活発でなく、海水は川の下層をくさび状になって上流に向けて進入する。これを塩水くさびという。一方、河川水は川の表層を下流に向けて厚さを減じながら流下し、河口では薄く広がって海に流出する。

塩分（実用塩分）　海水の塩分は海水1kg中に溶解している固形物質の全量を意味して、1000分の1の単位のパーミル（‰）で表わされる。しかし溶存物質の全量を直接測定することは困難であるので、現在では国際的取り決めによって海水の電気伝導度を正確に測定して求めている。これを実用塩分という。この数値は、過去のデータとの連続性を考慮して、従来の測定法で求められた塩分の値とほとんど同じになるように定めてある。一般に塩分というのはこの実用塩分を指し、単位をもたず無次元であることに注意を要する。塩分は水温とともに海水の状態を表わす最も基本的な特性量である。

海洋構造　海洋において、水温、塩分、およびそれらから定まる密度などの空間分布を海洋構造という。内湾における海洋構造は季節変化が大きい。鉛直的に見た場合、冬季には一様性が強いが、夏季には上下層の違いが大きく、近似的に2層構造の場合が多い。

画分 (fraction)　物質をたとえばサイズなどの観点からわける行為を分画する（fractionation）といい、わけられた結果、得られるあるサイズ領域にある物質の集まりを画分（fraction）という。

河川流量　河川の流量は一定でなく変化が大きいので、特定の川の流量特性を表わすのに、以下に定義する基準流量が用いられる。年間の日平均流量365日分を大きさの順に並べたとき、95番目を豊水流量、185番目を平水流量、275番目を低水流量、355番目を渇水流量という。その他に年平均流量や、極値として年間あるいは観測期間中の最大流量や最小流量も使用される。

感潮河川　海に注ぐ河川で潮汐波が遡上する河川を感潮河川という。河川内で水位の潮汐

変化が見られる上限は、河川流量、河床の勾配や粗さなどの川の特性とともに、海の潮汐の大きさに依存する。なお、潮汐周期で変化する流れの上流向き成分がなくなる地点や塩分の変化が消える地点は、上記の感潮上限よりも下流に位置する。

官能基（functional group）　物質の化学的属性や化学反応性に注目した原子団の分類で、それぞれの官能基は特有の物性や化学反応性を示す。

汽水域　海水と淡水とが混じり合った水を汽水といい、汽水が存在する河口、河口湖、内湾を総称して汽水域という。

貴重種　希少種、重要種とほぼ同義である。生物学的には、その地域にしか生息しない固有種、生きている化石に相当する生物種など学術上重要な種、個体数が極端に減少しその存続が危ぶまれる状態にある絶滅危惧種などを指す。また、社会的には、その地域の文化に根差したシンボル的な生物種や、狩猟採集・漁獲の対象の経済的な生物種を含める場合もある。

漁場環境容量　漁場とする空間の水塊の範囲内の、漁獲、増養殖などの漁業活動が持続的に行なえる、水量、窒素、リンなど物質循環から見た上限量を指す。河川や地下水を通じた淡水や負荷となる有機物の流入量や、地形や潮流などによるその範囲からの水の出入りにより、影響を受けて変動する。

　この容量の範囲を超えた、流入負荷や水量、漁業活動があると、水産資源の急減や枯渇、水質や底質の環境悪化、一次生産の減少などの現象が見られる。

魚道　河川を上下流に回遊する生態をもつ魚類にとっては、堰やダムのような河川を横断している人工構造物は、移動の障壁になる。魚道とは、このような阻害を緩和するために、魚類のための道を構造物に付加した施設を指す。アユやサケなどの水産有用種の遡上をおもな対象として設計されてきたが、近年は他の魚種や、モズガニなど回遊性の甲殻類の行動・生態も考慮した多様な設計がなされるようになった。

　しかし、人間の水利用を優先しているため、生物にとっては半人工的な通過路であるのは否めない。さらに、移動中の動物が魚道に集中するため、鳥類による集中的な捕食の危険性も増す。

キレート　原子の立体構造によって生じた隙間に金属をはさむ姿が、「蟹のハサミ」（ギリシャ語でキレートという）に似ていることから、このようによばれる。複数の配位座をもつ配位子が配位していることをいい、このようにしてできている錯体をキレート錯体とよぶ。

クロロフィル　光合成を担う色素。クロロフィルにもa、b、c、dなどさまざまなタイプがあり、光合成自体はクロロフィル以外にもカロテン、キサントフィルなどさまざまな色素が関与している。これらのうち、とくにクロロフィルaは光合成中心をなす色素であり、すべての植物に共通して存在するので、植物のバイオマス（現存量）の指標として用いられる。

顕花植物　花をつける通常の植物のこと。アマモは藻類ではなく、陸上の植物が進化の過程で海にもどったもので、海中で花をつける。したがって、「藻類」とは区別して「草類」とよぶ（よび方は同じでソウルイ）。あるいは「海草」（ウミクサ）とよぶ場合もある。また、他の藻類とまとめて「藻草類」（ソウソウルイ）という場合もある。

懸濁物質（SS）　沈降せず水中に懸濁している粒子のこと。植物プランクトンなどの生物粒子以外にそれらの遺骸や沿岸近くでは陸起源粒子などもすべて含めた総称。水中に入った光を吸収・散乱する原因となる。

光合成　植物（藻類）が太陽光エネルギーを受けて行なう有機物生産過程であり、水分子を分解して酸素放出を行なう明反応と、二酸化炭素を吸収して糖類などを生産するカルビン回路からなる暗反応がある。明反応は光依存、暗反応は温度依存である。

コリオリの力　地球上を運動している物体には地球自転の効果で、大きさは物体の速度に比例し、北半球では運動の右方向に、南半球では左方向に向く力が作用している。これをコリオリの力または地球自転の転向力や偏向力という。いま北半球において、ある地点Aから真北に位置するB点に向けて大砲を撃った場合を考える。地球表面が自転する速さは北極に近づくほど小さくなり、B点の速さはA点よりも小さい。ゆえに弾丸が目標のB点の緯度に達したときには、A点の自転速度を保持する弾丸はB点の東方に到着することになる。これは、地球上で運動している物体には運動の右方向にそらす力が働いているためと考え、この力をコリオリの力という。コリオリの力の効果は、われわれが日常経験する流体の運動ではほとんど現われないが、時空間規模が大きい大気や海洋における運動では非常に重要である。

混合層　混合作用が活発であるために上下によく混じって、水温、塩分などが一様な層をいう。冬の海の表層にこの典型例が見られる。

コンパートメント　生態系の構成要素のこと。生態系の物質循環を計算するモデルでは、一般的に形態別にコンパートメントを設定する。たとえば、リンではDIP、DOP、植物プランクトン態リン、デトライタス態リン、動物プランクトン態リン、など。

錯体（complex）　配位結合（あるいは水素結合）によって形成された分子性化合物の総称。普通、金属原子を中心として、周囲に配位子が結合した構造をもつ化合物（金属錯体）を指す。なお、配位子（ligand）とは、金属に配位する化合物で、孤立電子対をもつ基を有しており、この基が金属と配位結合し、錯体を形成する。配位する基としてはアミノ基、カルボキシル基などがあり、その配位原子はおもにリン、窒素、酸素、イオウである。

防砂ダム　土砂災害防止目的で土砂を貯留するため、石やコンクリートの材料で河道や河川区域から外れた沢を横断して建設される横断構造物をいう。高さの規定はない。

集水域　降った雨が地面を流れて特定の川へ流入する範囲全体を指す。流域とほぼ同じ。湖や湾の場合にも使用される。

純生態系代謝量　「純」（net）とは別の言葉で「正味」ともいう。つまり、植物による「光

合成−呼吸」を「純生産」とよぶのと同様に、生態系内で起こっている一次生産による生産量からバクテリアによる有機物の分解量やその他すべての生物による呼吸量を差し引いた量を指す。純生態系代謝量は、通常、リンの収支の計算にもとづいて求める。なぜなら、炭素や窒素はガス態（N_2, CO_2）もあるので、これらの形態変化を含めた計算が難しいからである。リンで求めた値を植物プランクトンの平均C/P比（=106）であるレッドフィールド比をかけて炭素ベースに換算する。

硝酸塩　自然界では、通常、有機物の分解によって生じるアンモニアが、酸化的な環境下で硝化細菌などによって硝化され、亜硝酸を経て、硝酸になる。水中では塩類の形で溶けているので、硝酸塩と呼ばれる。藻類が取りこみやすいので、取りこみが大きいと水中内で枯渇し、藻類の増殖を制限することがあるので、いわゆる栄養塩とよばれるもののひとつである。硝酸塩はまた、脱窒細菌が利用するため、脱窒細菌と藻類との間で硝酸塩の取りこみをめぐる競合が起こる。

シルト　土の種類で砂と粘土との中間の細かさをもつ泥を指し、地質学では粒子の直径が1/16（0.0625）～1/256（0.0039）mmの範囲のものと定義されている。

親生物元素　生物体を構成している主要な元素種、または生物圏に多く現われる元素種のこと。具体的には、C、N、P、O、Hを指す。

水色　太陽を背に海の上から見た海面の日陰の部分の色をいう。海面に入射した光のうち、表層付近で吸収と散乱を受けて海面まで送り返されてきた光に、海面反射光が加わった光の色である。これは、フォーレル水色計の標準液の色番号と比較して定められる。濁った海水では、これに褐色液を加えたウーレの色番号が使用される。水色は測定が簡便なため古くから資料が蓄積されているので、海水汚濁の長期変化の把握などに利用される。なおリモートセンシングにおいて、海中から海面に出てきた光の輝度の波長分布から定まる海色とは異なることに注意を要する。

吹送流　水面を吹く風によって生ずる流れをいう。表面の流速は、風の吹送距離や連吹時間によって異なるが、風速の1～3％程度の場合が多い。流れの方向も、地球の自転にもとづくコリオリの力の影響を受けて、必ずしも風向と一致せず、また深さとともに変化する傾向がある。とくに内湾では沿岸地形、水深分布、密度成層の影響を強く受けて単純ではない。

静水面交点　海域の静水面（平均海面）を河川内に延長したとき、河床と交わる点。海面変動や河川流量がない場合に、海水が河川内に及ぶ上限を与える。

遡河性魚　生活史で回遊する魚類のうち、河川と海域を移動するタイプを、その繁殖場所によって遡河性と降海性にわけている。遡河性魚類の代表種としては、サケ類があげられる。川で孵化し、海に移動して成長し、川を遡って繁殖し、そこで一生を終える。降海性としては、ウナギが代表的である。

底魚　そこうお。底生性魚類の呼称。おもな生息域を水底にもつ。浮魚（うきうお）は、

水塊の中を泳ぎ回る魚類の呼称。

ダイダルボア　河川に潮汐波が進入する場合、上げ潮の前面が切り立って、頂部が崩れながら激しい勢いで上流へ進む現象。ボアの通過後1～2時間も高水位が続く。河口の潮汐が大きいだけでなく、川幅が次第に狭くなり、水深も浅くなって潮汐が発達することが必要。段波の一種である。

脱窒　バクテリアのあるグループが行なう有機物分解過程で、硝酸イオンの酸素を用いて有機物を分解するさい、分子状窒素が放出される。これは水圏生態系から窒素分が減少する反応なので、自然生態系がもつ浄化作用といえる。世界の比較的富栄養なエスチュアリーでは、流入負荷される窒素量の約半分くらいが脱窒されると見積もられている。

ダムと堰　水を貯留するために、石やコンクリートなどの材料で河道を横断して建設される構造物で、堤体15m以上をいう。洪水調節、利水、発電などを目的とし、古いものでは単一目的のダムも多く見られるが、最近はほとんどが多目的であることを謳っている。なお、それ以下の高さのものは「堰」という。

炭酸平衡　pHは水素イオン濃度のことであるが、海水のpHは無機炭酸種の反応が大きな影響を与える。海水中に溶存する物質の中で重炭酸が7番目に多いためである。これら炭酸種を含む反応は平衡状態を保つように作用する可逆反応である。たとえば、植物プランクトンが増殖して水中の二酸化炭素が消費されると、分圧差によって大気中からも二酸化炭素が供給されるが、海水中では炭酸平衡が右から左に進み（本文第5章(5.3)式）、低下した二酸化炭素濃度を上げるように作用する。そのさい、水素イオン濃度も同時に減少するため、pHは上昇する。逆に、有機物の分解や生物の呼吸ではpHは低下する。この反応は、平衡を保つところで止まるので、たとえば強酸や強アルカリを人為的に海水に添加しても、pHは極端に変化することはなく、せいぜい、pH=6.5～9.5の範囲である。これを海水の「緩衝作用」といい、淡水にはない特徴である。酸性雨が湖沼などで深刻なのは、単に水の容量が小さいというだけでなく、炭酸平衡が作用しないからである。

稚仔魚　魚類の成長段階の呼称。仔魚と稚魚は、成長段階が異なる。一般用語としては、稚魚が多用されるが、仔魚は孵化から各鰭に分化していく細胞ができるまでの段階、稚魚は鰭が形成された段階をいう。遊泳力や餌をとる能力が十分発達していない段階であるため、一括してよばれることも多い。稚魚と仔魚では、行動や形態が異なる種もあり、さらに種によってはその中をさらに前期・後期など、生物学上は魚類の成長段階でわけることもある。稚仔魚の後は、未成魚または幼魚とよばれる段階となり、成魚に至る。

透明度　海や湖などの清濁の程度を示すひとつの指標である。これは直径30cm程度の白い円板（透明度板）を水中に沈めて、水面から見てこれが見えなくなる深さを、メートルの単位で表わしたものである。観測が簡便で誤差も少ないため、多くの場所で古くからの資料が蓄積されているので、環境の変化を調べるのに有用である。

富栄養化　もともとは陸水学用語であり、自然の湖沼に対して栄養塩類が流入し、長い年

月をかけて湖沼の栄養レベルが上がっていくことを指している。一方、人口の増加によって人間活動が活発になり、栄養塩類の人為的負荷が増加して湖沼や閉鎖性海域などの汚濁が急激に進行することは、自然現象としての富栄養化と区別して、人為的富栄養化とよばれる。日本においては経済の高度成長時代に、湖沼・河川・海域などすべてが急激に富栄養化した。厳密には、汚濁した「状態」ではなく、汚濁してゆく「過程」を指す。

フェレドキシン　鉄を含むタンパク質で、電子伝達体として機能する。光合成、窒素固定、炭酸固定など、主要な代謝系で使われる。

覆砂　ヘドロ化した海底表面に砂を覆いかぶせること。貧酸素の発生や栄養塩の溶出を防ぐことを目的としている。だが一般に面積が限られ、かつヘドロの発生を防ぐ根本対策が講じられないかぎり、時間が経つと効果がなくなるので、膨大な費用がかかるわりに効果は乏しく、一時的な対策と考えられる。また砂の供給先に新たな環境問題を生じる恐れがある。

プランクトン　語源はギリシャ語で浮遊生物のこと。小さな生物のことと勘違いされることが多いが、サイズには関係なく、遊泳力が小さく、水の動きとともに受動的にしか移動できない生物をすべて含む。したがって、巨大クラゲなどもプランクトンの範疇である。

ブルーム　語源は花が咲く（bloom）こと。水圏の藻類は陸上の植物と違い、とくに花はもたないので、単に増殖することを指す。とくに、春や秋には海表面の加熱・冷却が起こり、海洋の鉛直構造が変化するため、温度・光・栄養塩環境が藻類にとって適切な条件となり決まって増殖するので、これらを春のブルーム、秋のブルームなどとよぶ。

フルボ酸とフミン酸　植物が分解されてできる高分子物質を総称して腐植物質とよび、これらのうち酸を加えて沈殿するものをフミン酸、しないものをフルボ酸という。陸水にはフルボ酸が多く、鉄などの金属をキレートして海に運ぶ。堆積物中にはフミン酸が多い。

フロント　性質の異なる水塊が接触するときの海面上の境界線を意味する。気象の前線や不連続線に対応する。

平衡常数　化学反応において平衡状態における物質の存在比のこと。通例Kで表わされる。

ヘドロ　学術用語ではないので使用には注意が必要である。学術的に正確にいえば「有機泥」である。窒素・リンなどの負荷が多い湖沼や沿岸海域などでは、水柱内でプランクトンなどがよく増殖する。それらが底に沈んで蓄積する速度がバクテリアによる分解速度を上回っていると、どんどん蓄積して、そのような細かい有機物を多く含んだ泥となる。このような状態では透水性も悪く、嫌気分解が支配するので、硫化水素の発生もあり、生物生息は危機的な状態になる。

ベントス　底生生物の総称で、沿岸海域においては、植物では微細な底生珪藻、動物ではゴカイなどの環形動物や二枚貝などの軟体動物などが多い。

密度成層　海水の密度が下層に向けて増大している状態を密度成層、または単に成層という。河川水が流入する海域は一般に成層の程度が強い。

密度流　密度が空間的に一様でないことを原因とする流れをいう。このとき水平方向の圧力勾配が生じて流れが発生する。河川水が海に流れこむことによって生じるエスチュアリー循環は、その典型例である。

躍層　水温や塩分などが鉛直方向に急激に変化する層。たとえば、上層に暖かくて軽い水、下層に冷たくて重い水が層をなしている状態を「成層」というが、このときの上層と下層の間では水深方向に急激に温度が変化する。

湧昇　下層の海水が表層へゆっくりながら湧き上がってくる現象を湧昇といい、その海域を湧昇域という。海水が湧昇する原因はいろいろあるが、一般によく見られるのは風によるものである。風が陸から沖に向けて吹くと表層の水は沖に押しやられ、それを補うために下層から海水が湧昇する。これは局所的で短期間の現象である。発達した湧昇は、風が岸に平行に北半球では岸を左手に見て吹きつづけるときに生じる。これはコリオリの力の働きで、表層水が風の右方、すなわち沖方向に押しやられて、下層水が湧昇するためである。下層には表層で生産された粒状有機物が沈降し、それらが分解された結果、栄養塩濃度は高い。そのためこれが湧昇すると、表層では光合成が活発に行なわれて生物の生産は著しく高まる。湧昇域の面積は全海洋面積の0.1％程度にすぎないのに、その生産量は海洋全体の半分を占めるといわれる。ただし下層が貧酸素である汚濁内湾では、湧昇が発生すると魚介類が多量に斃死する青潮被害が生じる。

粒状物質と溶存物質　通常、孔径0.45μmのフィルターで濾過し、濾紙上に乗ったものを粒状物（質）、濾紙を通過したものを溶存物（質）という。この定義はあくまでも人為的なものであることを認識しておくことが重要である。たとえば、濾紙を通過した濾液中の高分子物質は「コロイド」とよばれ、この時点では溶存物質であるが、これらはくっつき合って成長すれば濾紙に引っかかる。また、微小な粒状物質は水中に浮遊して濁りの原因となるので、懸濁物質ともいわれる。

流達率　陸域で発生する物質の量を「発生負荷量」とよぶが、これがすべて海域に実際に流入するわけではなく、通常、河川の植生などにより取りこまれて海域に出る前に量的に減少する。つまり、発生負荷量を100として、実際に海域に負荷される割合を流達率という。

レッドフィールド比　プランクトン体の平均モル比であり、それらが分解した海水中の溶存物質のモル比もほぼ同じ値をとることを発見したRedfield博士の名にちなんでつけられた、C：N：P＝106：16：1の比のこと。

連行加入　上下の2層において密度や流れの向きや大きさが異なるとき、境界面が不安定になって波打って、砕け、下層の水が上層に取りこまれる。また、噴流（ジェット）の場合にも、周辺の水がこの中に取りこまれる。このように、強い流れの中に外側の水が取りこまれることを連行加入という。河川水が海に流出して生じるエスチュアリー循環の発生にこの現象が寄与している。

索引

【A～Z】
ADCP　214, 281
BOD　135, 178, 281
COD　136, 140, 205, 208, 228, 232, 281
CTD　214, 281
DIP　72, 178
DO　137
M_2分潮　88
NP比　230
pH　60, 62
ROFI　31
σ_t　155, 281

【ア行】
アイス・アルジー　240
青潮　64, 141, 281
赤潮　53, 64, 71, 86, 91, 118, 141, 282
赤潮発生件数　141
赤土　265
アサリ　53, 74, 158, 191, 193, 277
アジアモンスーン地帯　51, 282
亜硝酸塩　54
アスワンハイダム　247
厚岸湖　46, 52
渥美湾　150
アマゾン川　20, 67
アマモ場　113
アミ類　282
アムール川　34, 45, 238
アユ　79, 127, 142
荒川　135

荒瀬ダム　196, 198
有明海　53, 88, 190
有明海異変　90
安定同位体比　81, 254
諫早湾　88, 122
諫早湾干拓事業　53, 88, 147, 194
石狩川　225
伊勢湾　29, 67, 87, 150, 154, 227
磯やけ　49
一次生産　58, 67, 180, 184, 186, 282
一次生産力　70
市房ダム　196
揖斐川　150, 227
イワシ類　251
魚付き保安林　46
魚付き林　51, 239, 282
ウォッシュロード　99, 282
浮魚　71, 286
ウナギ　122
渦鞭毛藻　118, 253, 274
栄養塩　207, 219, 240, 282
栄養塩トラップ　66
エスチュアリー　31, 62, 283
エスチュアリー循環（流）　30, 64, 75, 87, 134, 148, 168, 180, 186, 205, 206, 249, 279, 283
エスチュアリー生態系　58
江田島湾　180
エチゼンクラゲ　222
越流負荷量　139
エネルギーの保存則　32
エブロ川　245

エルベ川　45
遠隔作用　262
沿岸砂州　101
沿岸生態系　252, 256
沿岸熱塩フロント　29
沿岸漂砂　96
沿岸漂砂量　92
遠州灘　34, 92
塩水くさび　24, 283
鉛直循環　23, 31
エンドメンバー　231
塩分　235, 283
塩分の二重構造　237
塩分躍層　24, 30
大阪湾　164
大芝水門　178
太田川　29, 176, 179, 180, 184
大槌湾　47
大畠瀬戸　179
沖ノ瀬環流　167
お魚殖やす植樹運動　45
汚濁負荷　253
落ち葉　55
オホーツク海　34, 45, 234
小矢部川　227, 229
音戸瀬戸　179
温排水　34

【カ行】

海岸侵食　92, 258, 262, 279
海蝕崖　92
海水交換　87, 150
海水準上昇　263, 266
海底湧水　54
回転時間　182
海氷　234
海氷南限　234, 239
開放型の湾　200

海洋構造　29, 150, 203, 283
過栄養　71
カキ養殖　180, 184
画分　59, 283
河口　36
河口域の生産力　70
河口砂州　36, 42, 97
河口堰　107, 121, 278
河口テラス　37, 97, 105
河口デルタ　101
河口導流堤　95
河口閉塞　208, 261
河口フロント　24, 27
河口レーリー数　25
河床低下　123, 192
河川改修　192
河川感潮域　19
河川生態系　123
河川扇状地　54
河川の氾濫　256
河川プルーム　34, 168, 225, 228
河川流量　172, 173, 283
カバー率　80
河畔タイプ　80
河畔林　51, 80, 124
カルシウム　47
カレイ　143, 145, 167
川辺川ダム　121, 196
灌漑　249
灌漑施設　251
環境影響評価書　161
環境基準　152, 228
環境収容力　186, 188
環境用水　272
緩混合型　23
間接効果　263
干拓用土砂採取　192
感潮河川　259, 283

索引　291

官能基　59, 284
祇園水門　178
菊池川　190
基準塩分　213
汽水域　36, 74, 284
木曾川　22, 150
木曾三川　150, 157
貴重種　284
基底流出量　14
ギムノディニウム　114, 117
急潮現象　200
強混合型　23
教師付き分類　247
教師なし分類　247
凝集作用　25, 59, 60
共振作用　23
共振潮汐　89
漁獲　112
漁業用水　272
漁場環境容量　71, 74, 284
魚道　125, 284
キレート　59, 284
球磨川　76, 121, 190, 196
クリーク　261
黒潮　34, 200
黒潮分枝流　200
黒部川　54, 86, 229
クロロフィル　247, 284
ケイ酸塩　47, 110
ケイ素　110
珪藻　47, 110, 190, 274
渓流　47
下水処理水　205
結氷温度　235
限界水深　97, 103
顕花植物　285
懸濁物質（SS）　160, 285
懸濁物量　220

懸濁粒子　25
原単位法　52
コアサンプル　249
黄河　220
黄海　34, 211
交互砂州　42
光合成　58, 63, 240, 285
洪水　68, 92, 157, 159, 219, 222, 254
洪水期　247, 250
洪水供給量　132
江の川　225
コースタル・カレント　225
児島湾　196
五風十雨　114
固有周期　23, 89
コリオリの力　27, 168, 225, 285
コロイド　59
混合層　285
コンパートメント　186, 285

【サ行】

最大密度の温度　235
細胞内栄養塩プール　117
相模川河口　37
錯体　285
サクラマス　51, 76, 125
砂泥干潟　191
砂防ダム　285
三峡ダム　219, 256
酸欠　144
サンゴ礁　263, 264
三面張り　106
潮受堤防　88, 194
シスト　253
設楽ダム　161
実用塩分　235, 283
信濃川　225
弱混合型　23, 227

シャコ 143, 145	水色 286
シャットネラ 114, 117	吹送流 286
砂利採取 93, 192	水柱 63
集水域 285	水田の治水機能 51, 52
従属栄養 253	水路 249
重炭酸 60	数値シュミレーション 216
取水 160, 204	数値生態系モデル 188
受動的再生の原則 120	スケレトネマ 114, 117
純生態系代謝量 184, 285	ストック 182
浄化作用 65, 112	砂の貯水池 105
庄川 229	隅田川 135
常願寺川 229	スモルト 126
硝酸塩 49, 54, 286	スモルト化 78
硝酸還元 63, 109	駿河湾 34
硝酸態窒素 54	スワンプ 259
蒸発 252	瀬 81
蒸発散 14	生活様式 252
消波堤 101	西岸境界流 225
縄文海進 165	静水面交点 20, 286
植物プランクトン 71, 239	成層 63
食物連鎖 111, 239	生態系 111
白川 190	西部地中海深層水 252
シルト 286	生物地形 261
シルト粘土生産量 192	世界三大漁場 45
シルト粘土層 191	世界自然遺産知床 234
シロザケ 76, 124	堰 287
人為的貧栄養化 110, 111	設計水位 23
人工孵化放流事業 76	瀬戸石ダム 196
侵食 208, 249	瀬戸内海 72
浸水 259, 261, 265	瀬戸内海環境保全特別措置法 176
親生物元素 58, 181, 286	セバーン川 20
神通川 125, 229	全窒素 136, 140
浸透能 46	全鉄濃度 47
水温躍層 30	銭塘江 20
水塊 200, 219	セント・ローレンス川 45
水源涵養林 46	全リン 137, 140
水酸化鉄 59, 109	相互作用 19, 23
水質汚濁 152, 160	総量規制 276

溯河性魚　286
底魚　71, 286

【タ行】
堆砂　93
堆積　105, 208, 260, 263
タイダルボア　19, 287
タイラギ漁　195
滞留時間　182
高潮　22
高瀬堰　178
濁度極大　26
脱窒　112, 287
多摩川　46, 135
多摩川のアユ　142
ダム　107, 114, 120, 256, 271, 274, 276～278, 287
ダム建設　126
ダム湖　112, 123
ダム堆砂　192
多様性　62, 118, 247
短期開門調査　195
炭酸平衡　287
淡水供給量　132
淡水の南北輸送　16
淡水輸送量　213
淡水流入　252
炭素循環　255
炭酸平衡　62, 287
段波　19
断流　18
地下水　54
地球温暖化　263, 266
筑後川　190
筑後川大堰　192
地衡流　249
治水　106
稚仔魚　287

知多湾　53, 150, 160
地中海　245
地中海性気候　245
着底稚貝　74
中央分水界　225
中央粒径　103
中規模攪乱仮説　118
潮間帯　258
長江　211, 222
長江希釈水　211
調整池　88, 195
潮汐　19
潮汐の増幅率　88
超貧栄養　256
潮流　19
貯水機能　56
鎮守の森　243
『沈黙の川』　129
対馬海峡　222
対馬暖流　34, 214, 222
津波　22
津波災害　258
定常波　22
底生生物　64, 143, 144
定置網漁業　200
鉄　47, 59, 60
鉄還元　109
デトリタス　63, 109
デルタ　249
転流　20
天竜川河口　92
東海豪雨　53, 157, 160
東京都内湾　134, 140
東京湾　27, 132
東京湾再生推進会議　143
東京湾のモニタリングデータ　146
等深線変化モデル　42
動物プランクトン　71, 239, 250

透明度　142, 208, 228, 287
独立栄養　253
都市下水網　251
都市再生プロジェクト　143
土砂　112
土砂供給　53, 191
土砂堆積　220
土砂負荷量　254
土砂流出防備保安林　46
土砂流出抑制機能　56
土壌侵食量　50
土壌の風化　53
ドナウ川　110
土地利用形態　256
利根川　52, 121
利根川河口堰　122
巴川　20
富山湾　54, 125, 227, 228
豊川　47, 150
豊川総合用水事業　161
豊川用水事業　160
トレーサー　216
泥干潟　191
トロフィック・サージ　108

【ナ行】

内部循環　187
内部生産　145
ナイル川　245
中海　75
長良川　19, 121, 150, 227
長良川河口堰　23, 121, 158
苦潮　281
二次汚濁　145
二次生産力　70
西宮沖環流　168, 172
日本海　222
日本海固有水　229

日本海中部地震　22
日本海洋データセンター　216
人間活動　256
温井ダム　178
熱帯・亜熱帯　258
ノリ　276

【ハ行】

バー　101
バイオマス　182
排砂　86
柱島水道　179
バスト　108
八郎潟　75
発生負荷量　138
浜松五島海岸　95, 99, 103
氾濫　259, 263
東樺太海流　242
東シナ海　34, 211
干潟　75, 105, 112, 144, 152, 160, 190, 198, 258, 263, 279
非洪水期　247
非保存的　232
微細藻　113
表面流出量　14
比流量　46
広島湾　118, 176, 184
貧栄養　66, 110, 247
貧栄養化　63, 112, 250
貧酸素　53, 71, 156, 264
貧酸素化　141, 146, 168
貧酸素水塊　91, 106, 156
ファン・デル・ワールスの力　25
フィードバック　260, 262, 264
ブーム　108
富栄養化　71, 112, 253, 287
フェレドキシン　288
覆砂　193, 288

腐植物質　47, 59
淵　81
物質循環　181
浮泥　113, 190, 195
不特定用水　272
フミン酸　47, 59, 288
浮遊幼生　74
フラッシュ　42
ブライン　240
プランクトン　288
ブリ　207
ブルーミング　250
ブルーム　107, 288
フルボ酸　47, 54, 59, 288
フルボ酸鉄　47
フロー　182
フロッキュレーション　59
フロック　26, 59, 160, 190
フロント　288
噴流　27
平均滞留時間　180
平衡常数　288
ヘドロ　110, 121, 288
ベントス　249, 288
鞭毛藻　110
ポー川　245, 252
ボーレンバイダーモデル　121
母川依存性　79
保存的　232
北極海　239
ボックスモデル　87, 150, 182
ポテンシャル流　27
本明川　88, 194

【マ行】

舞鶴湾　228
マグネシウム　47
馬込川　93

マンガン濃度　193
マングローブ　258
澪筋　266
三河湾　53, 75, 150, 158
ミキシング・ダイアグラム　231
ミシシッピ川　46
水収支　14, 15
水循環　12, 209
水の存在量　12
水の華　108
水問題　17
密度成層　90, 288
密度躍層　157
密度流　31, 157, 172, 289
緑川　190
緑のダム　52
宮古湾　47
無酸素水塊　253
ムツゴロウ　191
メタン発酵　109
藻場　152, 263
森・川・海のシステム　56

【ヤ行】

屋久島　45
躍層　24, 30, 168, 289
八代海　76, 190
矢作川　53, 68, 124, 150, 160
山国川　67
大和川　164, 173
ヤマトシジミ　75, 122
ヤマメ　78
雪解け水　225
湧昇　111, 289
溶存態無機炭素　255
溶存態無機リン　72
溶存態有機リン　186, 276
溶存鉄　47

溶存物質　58, 289
淀川　164, 173
米代川　22

【ラ行】
ライン川　45
離岸堤　96, 101
陸面水文過程　16
利水　106
流域委員会　278
流域下水道　205
流域圏　270, 278
硫化水素　63, 112
硫化鉄　112
硫酸還元　63, 109
流出土砂量　93
粒状態無機物　26

粒状態有機炭素　255
粒状態有機物　26, 255
粒状物　58, 289
流体抵抗　263
流達率　139, 289
流入負荷量　138, 205
リン　68, 109
リン酸塩　184
リン酸鉄　112
レッドフィールド比　230, 274, 289
レバント海中層水　252
連行　64, 66
連行加入　24, 27, 32, 289
ローヌ川　245, 254

【ワ行】
渡り鳥　112

【編者略歴】

宇野木早苗（うのき・さなえ）
1924年熊本県生まれ。気象技術官養成所（現気象大学校）研究科卒業。理学博士。日本海洋学会名誉会員。気象庁を経て、東海大学海洋学部教授、理化学研究所主任研究員を歴任。おもな著書に『沿岸の海洋物理学』『海洋の波と流れの科学』『河川事業は海をどう変えたか』『有明海の自然と再生』など。

山本民次（やまもと・たみじ）
1955年愛知県生まれ。1978年広島大学水畜産学部水産学科卒業。1983年東北大学大学院農学研究科博士課程後期単位取得退学。農学博士。日本学術振興会奨励研究員、愛知県水産試験場（技師）を経て、現在、広島大学大学院生物圏科学研究科教授。日本水産学会水産環境保全委員会委員長。おもな共編書に『閉鎖性海域の環境再生　水産学シリーズ』、訳書に『水圏の生物生産と光合成』『水圏生態系の物質循環』など。

清野聡子（せいの・さとこ）
1964年東京都生まれ。東京大学農学部水産学科卒業。同大学院農学系、総合文化研究科で学ぶ。農学修士（水産学）、博士（工学〈土木工学〉）。おもな共著書に『海辺に親しむ』『消えた砂浜』『新領域土木学ハンドブック』『イカの春秋』など。

【著者略歴】（五十音順）

青田昌秋（あおた・まさあき）
1938年長崎県生まれ。1963年北海道大学理学部地球物理学科卒業。1965年同学部物理学科卒業。理学博士。北海道大学低温科学研究所助手、助教授を経て、教授、同研究所付属流氷研究施設長。2002年定年退職。現在、北海道立オホーツク流氷科学センター所長。おもな著書に『白い海、凍る海—オホーツク海のふしぎ—』、共著書に『雪氷水文現象』など。

磯辺篤彦（いそべ・あつひこ）
1964年滋賀県生まれ。1988年愛媛大学大学院工学研究科修士課程修了。博士（理学）。株式会社エコー勤務、水産大学校漁業学科助手、九州大学大学院総合理工学研究院助教授を経て、愛媛大学沿岸環境科学研究センター教授。

岩田静夫（いわた・しずお）
1939年静岡県生まれ。1964年東京水産大学漁業学科卒業。1967年同大学院修士課程修了。農学博士。(社)海外漁業協力会。神奈川県水産試験場専門研究員。(財)日本水路協会海洋情報研究センター研究開発部長。(社)漁業情報サービスセンター。(財)相模湾水産振興事業団顧問。

宇多高明（うだ・たかあき）
1949年東京都生まれ。1973年東京工業大学大学院修士課程修了（土木工学）。工学博士。日本地形学連合会長。建設省土木研究所河川部海岸研究室長、河川部長、国土交通省国土技術政策総合研究所研究総務官兼総合技術政策研究センター長を経て、現在、(財)土木研究センター理事なぎさ総合研究室長。日本大学理工学部海洋建築工学科客員教授。

風間真理（かざま・まり）
1950年石川県生まれ。お茶の水女子大学理学部化学科卒業。学術博士。現在、東京都環境局環境改善部勤務。共著書に『日本の水環境行政』『都市の中に生きた水辺を』など。

小松輝久（こまつ・てるひさ）
1952年大阪府生まれ。京都大学農学部卒業、京都大学大学院農学研究科博士課程修了。農学博士。京都大学農学部助手、東京大学海洋研究所助手を経て、現在、東京大学海洋研究所准教授。おもな共著書に『流れと生物と──水産海洋学特論』『明日の沿岸環境を築く』『三陸の海と生物　フィールドサイエンスの新しい展開』など。

佐々木克之（ささき・かつゆき）
1942年中国・満州（現中国東北部）生まれ。京都大学理学部化学科卒業。理学博士。1971～2002年、水産庁（現独立行政法人水産総合センター）中央水産研究所に勤務。2002年定年退職。現在、北海道自然保護協会副会長。共著書に『有明海の生態系再生をめざして』『沿岸の環境圏』など。

藤原建紀（ふじわら・たてき）
1949年岡山県生まれ。大阪大学理学部物理学科卒業。大阪大学理学研究科物理学専攻修士課程修了。通商産業省中国工業技術試験所研究員、京都大学農学部助教授を経て、現在、京都大学大学院農学研究科教授。主な共著書に『森里海連環学』『沿岸の環境圏』など。

松田義弘（まつだ・よしひろ）
1941年新潟県生まれ。東京理科大学理学部物理科卒業。理学博士。Australian Institute of Marine Science訪問研究員。東海大学海洋学部教授。日本マングローブ学会副会長。静岡県港湾審議会会長。おもな著書に『浜名湖水のふしぎ』、編著に『マングローブ水域の物理過程と環境形成』など。

川と海
流域圏の科学

2008年6月30日　初版発行

編者————宇野木早苗・山本民次・清野聡子
発行者————土井二郎
発行所————築地書館株式会社
　　　　　　　東京都中央区築地7-4-4-201　〒104-0045
　　　　　　　TEL 03-3542-3731　FAX 03-3541-5799
　　　　　　　http://www.tsukiji-shokan.co.jp/
　　　　　　　振替00110-5-19057
組版————ジャヌア3
印刷・製本——株式会社シナノ
装丁————吉野　愛

© Sanae Unoki, Tamiji Yamamoto & Satoquo Seino 2008 Printed in Japan.
ISBN978-4-8067-1370-8

川・森・流域の本

《価格・刷数は2008年6月現在》

緑のダム
森林・河川・水循環・防災
蔵治光一郎＋保屋野初子［編］　◎3刷　2600円＋税

注目される森林の保水力。これまで情緒的に語られてきた「緑のダム」について、第一線の研究者、ジャーナリスト、行政担当者、住民などが、あらゆる角度から森林（緑）のダム機能を論じた本。

森の健康診断
100円グッズで始める市民と研究者の愉快な森林調査
蔵治光一郎＋洲崎燈子＋丹羽健司［編］　◎2刷　2000円＋税

森林と流域圏の再生をめざして、森林ボランティア・市民・研究者の協働で始まった人工林調査。愛知県豊田市矢作川流域での先進事例とその成果を詳細に報告・解説した人工林再生のためのガイドブック。

水の革命
森林・食糧生産・河川・流域圏の統合的管理
イアン・カルダー［著］　蔵治光一郎＋林裕美子［監訳］　3000円＋税

「緑の革命」から「水〈青〉の革命」へ。世界の水危機を乗り越えるために、水資源・水害・森林・流域圏を統合的に管理する新しい理念と実践について詳説。日本の事例を増補し、原著第2版、待望の邦訳。

沈黙の川
ダムと人権・環境問題
パトリック・マッカリー［著］　鷲見一夫［訳］　4800円＋税

大規模ダムから集水域管理へ。世界各地の河川開発の歴史と現状を、長年のフィールド調査と膨大な資料からまとめた大著。川を制御する土木工学的アプローチの限界を生態学的・政治的視座から描き出す。

本のくわしい内容はホームページを。http://www.tsukiji-shokan.co.jp/

自然再生・環境の本

有明海の自然と再生

宇野木早苗［著］　2500円＋税

豊饒の海と謳われた有明海の自然は、諫早湾潮受堤防の締め切りによって、どう変化したのか？　半世紀にわたり日本の海を見続けてきた海洋学者が、潮の減衰、環境の崩壊、漁業の衰退の実態と原因を、これまでに蓄積されたデータをもとに明らかにし、有明海再生の道をさぐる。

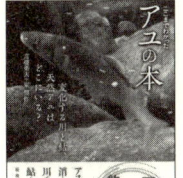

ここまでわかったアユの本

高橋勇夫＋東健作［著］　◎6刷　2000円＋税

アユ不漁と消えゆく天然アユ……。川と海を行き来する魚、アユの秘密を探った本。川に潜ってアユを直接見てきたアユ研究者がわかりやすく語る、本当のアユの姿。

自然再生事業
生物多様性の回復をめざして

鷲谷いづみ＋草刈秀紀［編］　◎3刷　2800円＋税

失われた自然を取り戻すために「自然再生」とはどのようにあるべきか。NGO、第一線の研究者、フィールドワーカー、行政担当者がそれぞれの現場から詳述。その理念と技術的な諸問題を幅広く紹介した。

海辺再生
東京湾三番瀬

NPO法人三番瀬環境市民センター［著］　2000円＋税

日本の海辺再生のシンボル、東京湾の奥に残された三番瀬の保全・再生活動を通して、市民・研究者・行政・漁業者たちが協働する自然再生事業の具体的なあり方が見えてくる。

森林の本

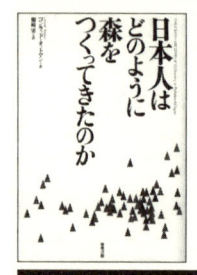

日本人はどのように森をつくってきたのか
コンラッド・タットマン[著]　熊崎実[訳]　◎4刷　2900円+税
強い人口圧力と膨大な木材需要にも関わらず、日本に豊かな森林が残ったのはなぜか。古代から徳川末期までの森林利用をめぐる村人、商人、支配層の役割、略奪林業から育成林業への転換過程まで、日本人・日本社会と森との1200年におよぶ関係を明らかにした名著。

森なしには生きられない
ヨーロッパ・自然美とエコロジーの文化史
ヨースト・ヘルマント[編著]　山縣光晶[訳]　◎2刷　2500円+税
◎国立公園評=ヨーロッパの自然・環境保護の取り組み、環境倫理形成の歴史を、人間本位の自然観からの脱却やホリスティックな観点から色鮮やかに論じた本書は、この分野に関心のある方々の必読の一冊。

森林ビジネス革命
環境認証がひらく持続可能な未来　　4800円+税
ジェンキンス+スミス[著]　大田伊久雄+梶原晃+白石則彦[編訳]
森林/木材認証制度を取り入れ、世界市場のなかで利潤を上げている先進的なビジネス・ケーススタディを紹介。世界で大きな反響を呼び起こしたリポート。

樹木学
トーマス[著]　熊崎実+浅川澄彦+須藤彰司[訳]　◎5刷　3600円+税
生物学、生態学がこれまで蓄積してきた、樹木についてのあらゆる側面を、わかりやすく魅惑的な洞察とともに紹介した樹木の自然誌。「この本を一読して身近な木々をもう一度眺めてみると、けなげに生きている樹木の一本一本が急にいとおしく思えてくる」(訳者あとがきより)